最详尽的

甜点基本功教科书

[日] 川上文代◎著　　周小燕◎译

中国民族摄影艺术出版社

前言

经常有人会问我，想做出美味的甜点，该怎么做呢？首先，只有做才会迈出第一步。尽量参考有详细步骤的食谱，然后开始尝试吧。

做完的甜点，如果和自己想象的味道有差别，一定要写出差别是什么。想要做出这样的甜点！想要吃到美味甜点！有这样的决心非常重要。

制作甜点，必须有一定的知识储备。本书详细地说明了材料、必备工具、称量方法、制作步骤、处理食材的方法和准备、打发方法、搅拌方法、烘烤方法等基本知识。在实际制作甜点前，掌握这些基础知识能让你事半功倍。

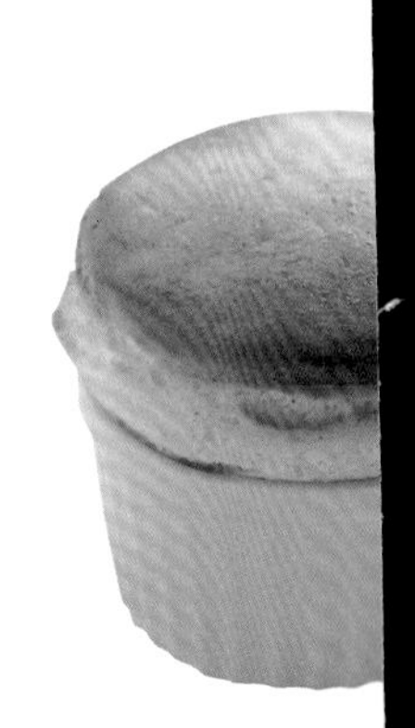

即使是专业甜点师，制作甜点过程中也会失败。只有积累大量的经验，思考失败的原因，才会慢慢做出美味的甜点。

味道再浓郁一点？要是口感绵软一点会不会更好呢？即便尝试失败，也是制作甜点的乐趣所在。记住这种感觉，你也会成为制作美味甜点的高手！

希望本书能成为大家制作甜点前的教科书。即使是经常制作甜点的人，有时也会忘记基础，导致失败，所以希望大家反复翻阅，活学活用。

川上文代

世界各国甜点

品尝各国的传统甜点，
各国的风土、气候、历史
也会略知一二。

舒芙蕾
蛋白霜和卡仕达奶油制作而成，松软可口。

咕咕霍夫
在德国也很常见，kugel意为「球体」，opf意为「啤酒酵母」。

法国甜点

甜点大多有着黄油的浓郁醇香。
色彩鲜艳，外表华丽，赏心悦目。

焦糖卡仕达布丁
布丁和焦糖酱一起烘烤而成。

圣多诺黑香醍泡芙
来自巴黎圣多诺黑大街的知名甜点店。

可露丽
意为「布有沟槽」，旧时由修道院制作。

达克瓦兹
名字来源于达兹小镇，用蛋白霜制作而成。

马卡龙
用加入杏仁粉的蛋白霜烘烤而成，奶油做夹馅。

蒙布朗
用栗子制成的山形甜点，因形状比照阿尔卑斯山白朗峰制作而得名。

巴斯克蛋糕
巴斯克地区的传统甜点，内有卡仕达奶油和樱桃。

泡芙
因外观膨胀，形似卷心菜而得名。

法式草莓蛋糕
法国最受欢迎的蛋糕。

布列塔尼可丽饼
将布列塔尼地区的可丽饼改造成甜点。

圣诞木柴蛋糕

形似木柴的蛋糕卷，圣诞节不可或缺的甜点。

歌剧院蛋糕

富丽堂皇的歌剧院，人们盛装前来的意境。

玛德琳

贝壳形状的甜点，有着黄油的浓郁芳香。

费南雪

意为「金融家」，形状类似金砖。

千层派

因形状层叠而得名，Mille意为「千」，Feuille意为「薄片」。

意大利甜点

甜点被称为Dolce。原本用作神的供奉品，所以多数来自基督教。

提拉米苏

用咖啡浸泡过的手指饼干和奶油奶酪层叠而成。

圆顶蛋糕

形状类似神职人员的帽子。

意大利脆饼

两度烘烤烤干水分，Bis意为「两次」，Cotti意为「烘烤」。

奶油布丁

Panna意为「淡奶油」，Cotta意为「煮」，口感顺滑。

英国甜点

甜点大多口感酥脆、制作简单，旧时多在下午茶时享用。

司康

来自苏格兰的甜点，抹上果酱食用。

奶油酥饼

Short意为「松脆」，口感酥香。

水果蛋糕布丁

海绵蛋糕和水果混合叠加做成的甜点。

周末蛋糕

周末家人一起享用柠檬味道的黄油蛋糕。

德国甜点

德国地大物博，贴近自然的甜点居多。以使用口感较好的优质食材见长。

年轮蛋糕

形状类似年轮的甜点，将材料反复涂抹在铁棒上烘烤而成。

黑森林蛋糕

使用大量的樱桃，烘托出黑森林的感觉。

澳大利亚甜点

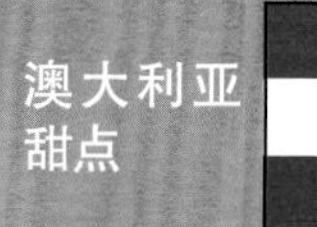

甜点大多品质高雅。在当地有下午4点去咖啡厅喝下午茶的习惯。

古典巧克力蛋糕

浓郁醇香的古典巧克力蛋糕。

薄酥卷饼

意为『漩涡』，用面皮将馅料层层卷起而成。

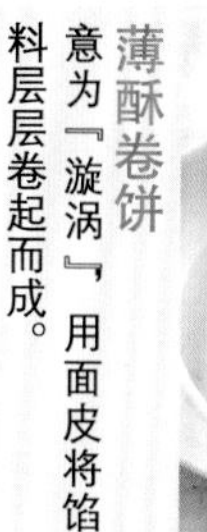

美国甜点

份量十足，外观诱人，香味浓郁。大多方法简单，容易制作。

甜甜圈

旧时就非常受欢迎，用圆圈状的面团油炸而成。

玛芬

大多放入水果、坚果、巧克力碎等。

布朗尼

内有坚果，口感浓郁的巧克力蛋糕。

苹果派

酸酸的苹果巧妙搭配酥脆的派皮，是一道经典甜点。

西班牙甜点

甜点大多使用大量的鸡蛋和奶油。因为坚果品质优异，所以常用来制作牛轧糖和蛋糕。

吉拿果

星型花嘴挤出稍硬的面糊，油炸制成。

比利时甜点

甜点大多着力于外观和口感。以种类丰富的巧克力甜点闻名。

华夫饼

根据口感不同，分为列日华夫饼和布鲁塞尔华夫饼。

中国甜点

此类甜点也叫做“点心”，饭后食用，为了消除饭菜的油腻感。

越南甜点

大多为大量使用水果的凉点，用于消暑纳凉。很多甜点受法国影响。

日本甜点

日式甜点搭配茶一起食用，有“茶点”的作用。大多使用红豆馅，依四季变幻出不同种类。

芝麻球

淀粉和糯米粉揉成团，包入馅料，撒上芝麻油炸而成。

三色冰

水果、豆类、凉粉等层层叠加，口感类似红豆粥。

馒头

奈良时期从中国传入日本，有栗子馒头等多个种类。

月饼

用于赠礼的经典甜点。在中国的形状和样子因地而异。

泰国甜点

甜点大多使用椰子制成，口感甘甜顺滑，可以缓和泰国料理的辛辣感。

萩饼

米做成的日式甜点。

杏仁豆腐

杏仁有独特的香味，口感顺滑。

南瓜椰奶布丁

南瓜里放入椰奶、鸡蛋蒸熟而成的布丁。

团子

将粳米制作的团子串起来，裹上红豆馅。

东南亚受欢迎的甜点

在年平均温度25℃以上的东南亚，经常使用放入椰果和凉粉的冰冻甜点。椰果就是将纳塔菌放入椰汁中发酵，表层形成的物质。凉粉由木薯中提取出的淀粉做成。

长崎蛋糕

由葡萄牙传入日本，改良后成为一道用鸡蛋做成的甜点。

目录

第1章

甜点制作基础

甜点制作工具

甜点制作前的准备

第2章

基本动作

第3章

基本面糊和奶油酱

第4章

基本装饰和包装

第5章
甜点制作材料

甜点制作的辅助材料

本书规格

·材料表中，1杯=200ml，1大匙=15ml，1小匙=5ml。
·烤箱和微波炉功能因品牌而异，要酌情调整时间和温度。
·保存方法和期限受季节、温度和环境影响而变化，酌情参考。

第1章

甜点制作基础

准备工具

制作甜点时，精准的称重和快速的操作是成功的关键。建议相同款式的工具，多购买一个备用。

搭配想要挑战的甜点，逐渐备齐各种工具

称重工具、碗、粉筛、打蛋器等，作为甜点制作的必备工具，也能在烹饪时使用，所以大部分家庭应该都有。

但是在制作甜点的过程中，称重牛奶、低筋面粉等大量使用的东西或者区分各种材料时，这些工具和烹饪的用途有所不同。量杯分大小，打蛋器的钢丝是否结实，要考虑到操作效率重新选择。

准备几个不同尺寸的碗会比较方便。使用不锈钢碗，不只可以用作搅拌材料，也可以隔水加热，凝固果冻，用途多样。

搭配制作的甜点，慢慢备齐必要的工具吧。

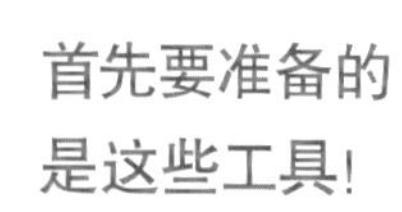

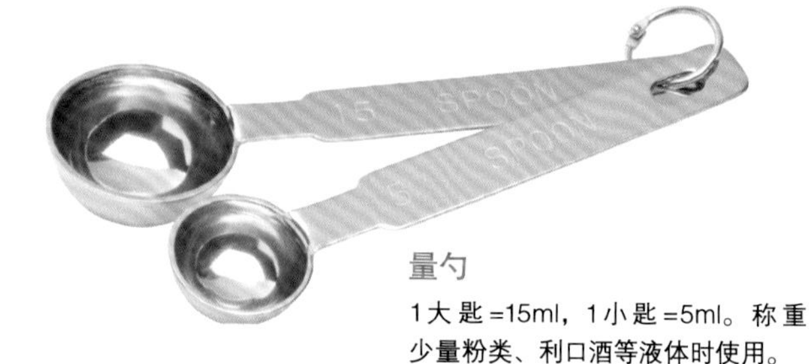

量勺

1大匙=15ml，1小匙=5ml。称重少量粉类、利口酒等液体时使用。

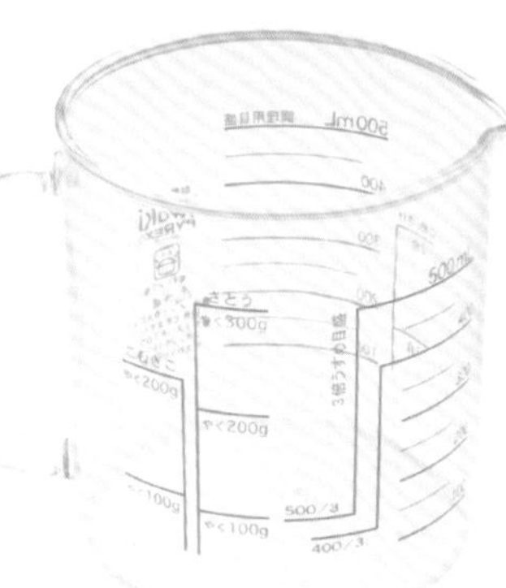

量杯

称重牛奶、淡奶油等液体时使用。容量为200ml和500ml的会比较方便。

厨房秤

可以精确地称量放入容器内的材料。建议使用一眼就能看懂的电子秤。

碗

直径15cm、18cm、24cm的碗多备几个。耐热容器可以在微波炉里使用。不锈钢碗能用于冷却和隔水加热。

甜点制作必备工具在这里!

有这10种基本工具,可以挑战大部分甜点

A.长柄锅

加热牛奶、融化黄油、隔水加热时使用。最好备有直径16cm和20cm两只。

B.粉筛

杯子形状,分为手持把手的手动粉筛和自动粉筛两种。选择方便使用的尺寸。

C.滤网

过滤液体或者代替粉筛使用。带有钩子的滤网,可以搭在锅或者碗的边缘,非常方便。

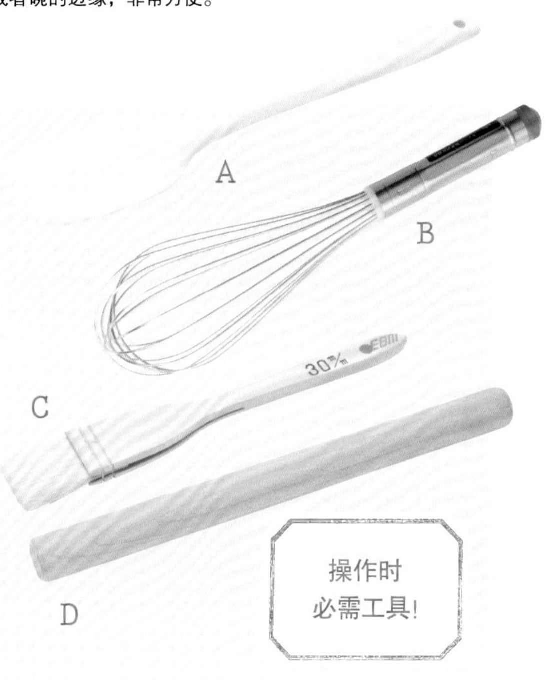

A.橡皮刮刀

选择可以在加热的锅内搅拌的耐热橡皮刮刀。最好备有长24cm和长16cm两种。

B.打蛋器

选择钢丝和手柄都非常坚硬的打蛋器。因为要用于搅拌,长度比常用的碗的直径稍长一点比较好。

C.刷子

有山羊毛、马毛和尼龙等材质,可选择自己喜欢的柔软度。也有无需担心掉毛的硅胶材质。

D.擀面杖

长40cm~45cm的木制擀面杖,可以均匀用力,容易擀平面团。使用后无需清洗,擦掉污迹即可。

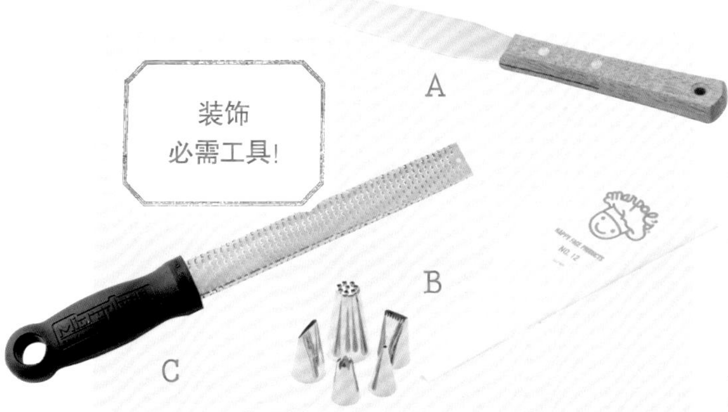

A.抹刀

用于将奶油抹在蛋糕胚上,刀刃长15cm~20cm,使用比较方便。也可以用于蛋糕装盘。

B.裱花袋&裱花嘴

最好使用可以反复用的裱花袋,无需加热的奶油使用一次性塑料裱花袋比较方便。裱花嘴从圆形和星型开始准备。

C.擦丝器

将橘皮或者硬奶酪裹入面糊中时使用。最好选择突起较坚硬的擦丝器。

让操作更便利的工具

巧妙利用烹饪中也经常使用的便利工具！

提高操作效率，成品会越来越好

操作太缓慢时，黄油会融化，蛋白霜会消泡，面糊变得绵软，最终影响味道和外观。花费时间的琐碎步骤，需要搭配适合的工具。

除了以下介绍的工具之外，磨碎果仁时可以使用研磨器或研磨棒，打散鸡蛋时可以使用叉子，让操作更顺畅。

凝固冷却时用方盘

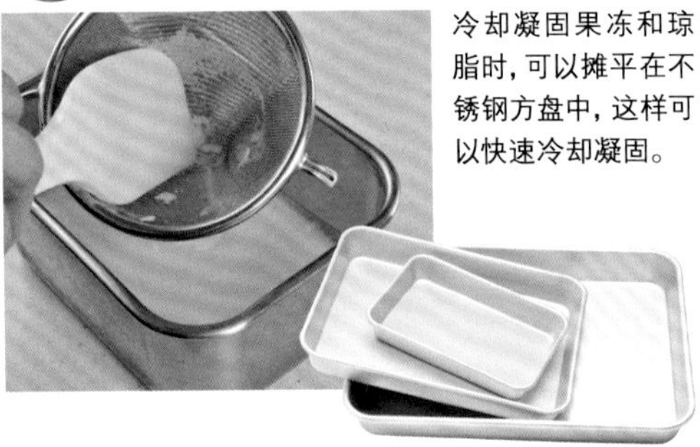

冷却凝固果冻和琼脂时，可以摊平在不锈钢方盘中，这样可以快速冷却凝固。

搅拌面团时用刮板

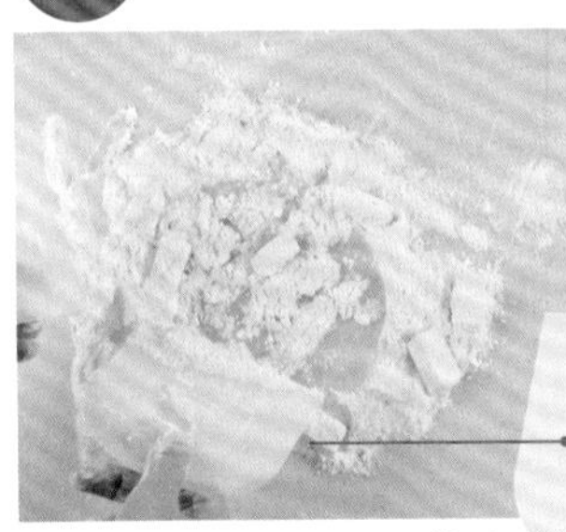

切拌塔皮面团时，将粘在碗上剩余的材料刮净再搅拌，让操作更顺利。

可以用2块刮板，将黄油切拌到塔皮面团中。

少量过筛时用滤茶器

过筛装饰用的糖粉时，可以使用滤茶器，这样在小范围内撒得更均匀。

用手掌敲滤茶器的边缘过筛。

要剪得干脆时用厨房剪刀

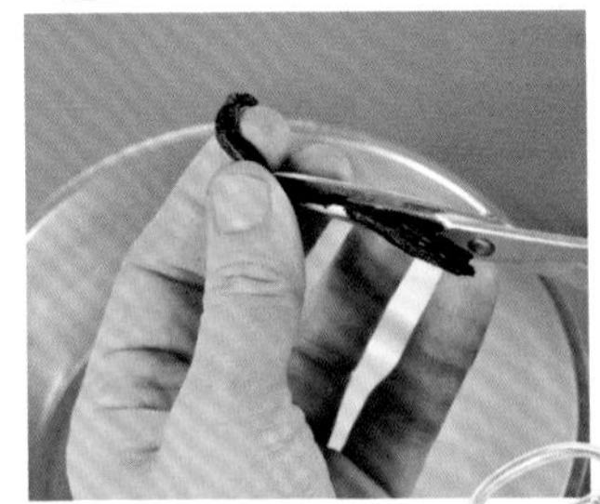

剖开香草豆荚、剪下裱花袋尖端、裁剪烘焙纸等。

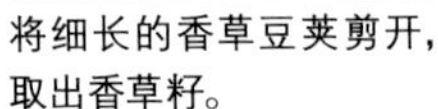

将细长的香草豆荚剪开，取出香草籽。

要准确表示温度时用温度计

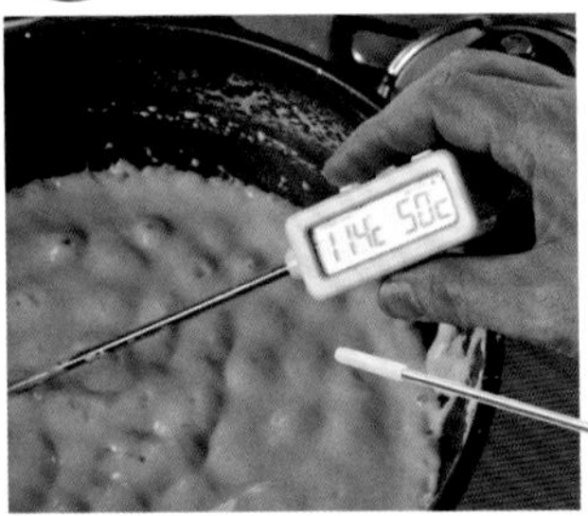

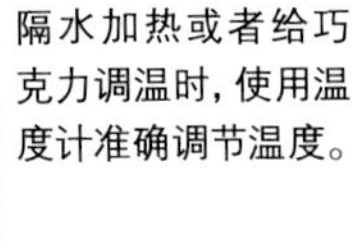

隔水加热或者给巧克力调温时，使用温度计准确调节温度。

建议使用快速显示温度变化的电子温度计。

严格挑选的工具

谨慎选择适合自己的常用工具。

不管什么样的工具，适合自己方能事半功倍

购买常用工具时，与其选择便宜的，不如选择质优物美的东西。比如，价格便宜的打蛋器可能钢丝不够坚硬，搅拌黄油和砂糖时，钢丝容易弯曲，不能充分搅匀。使劲搅拌时，也马上会疲劳。就算价格稍贵，也要选择适合自己的、能搭配现有工具的东西。

有大小不同的打蛋器更为便利!

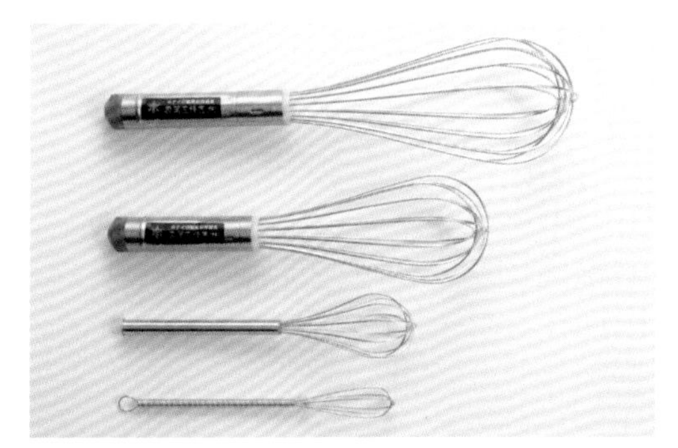

搅拌大量材料时用大尺寸，打发淡奶油时用中尺寸，制作酱汁时用小尺寸。

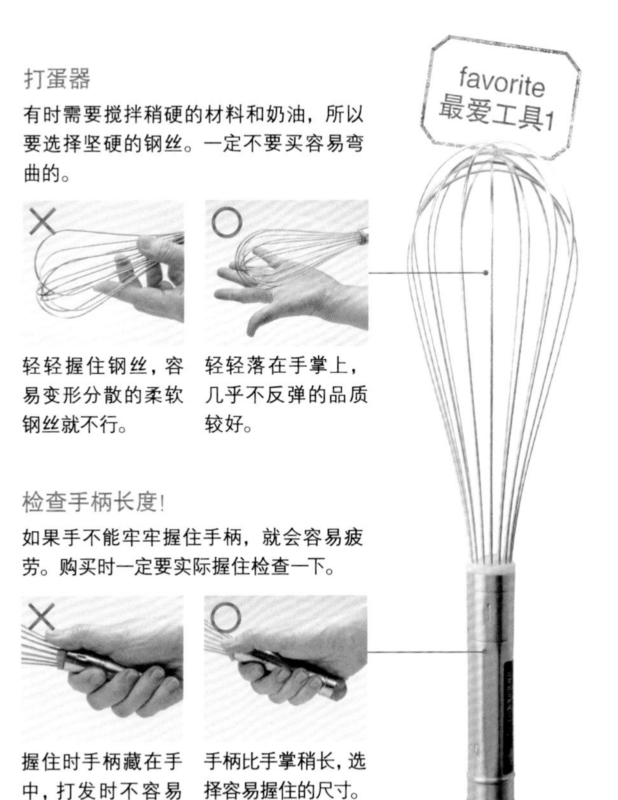

打蛋器

有时需要搅拌稍硬的材料和奶油，所以要选择坚硬的钢丝。一定不要买容易弯曲的。

× 轻轻握住钢丝，容易变形分散的柔软钢丝就不行。

○ 轻轻落在手掌上，几乎不反弹的品质较好。

检查手柄长度!

如果手不能牢牢握住手柄，就会容易疲劳。购买时一定要实际握住检查一下。

× 握住时手柄藏在手中，打发时不容易操作。

○ 手柄比手掌稍长，选择容易握住的尺寸。

刮板

favorite
最爱工具2

确认柔韧度

将刮板压入碗底，检查一下弯曲度。选择弯曲时能紧紧贴合的刮板。

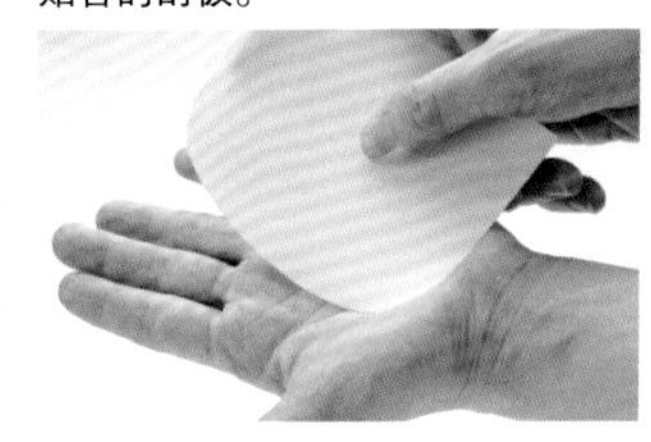

将刮板放在手掌上，稍稍反压一下。选择稍硬的刮板。

油布

favorite
最爱工具3

选择可重复使用的

建议使用和烤盘一样大小、可清洗、可重复使用的油布。

使用后用水洗净，完全晾干。有几块烤盘买几块油布。

主要家电

熟练使用家电，有缩短时间、减轻疲劳、提高成品品质等诸多优点。

常用家电创新使用方法，也能在制作甜点时发挥重要作用

手工操作时，最费力气的就是打发操作，建议使用电动打蛋器。这样不只可以减轻疲劳，也会又快又好地完成。

另外，微波炉也可以用在甜点制作中。提前准备时需将黄油室温软化，用微波炉加热约5秒，就能软化得恰到好处，这样无需等待软化就能开始制作甜点了。

真正令人心动的工具

只需放入材料，搅拌、打发一键完成！

搅拌操作从低速到高速有6档速度。除了蛋白霜和奶油，也可以制作海绵蛋糕糊和塔皮面团等。

厨师机

打发时不可或缺的电动打蛋器

记住正确的操作和换挡方法

依照速度分别使用

低速

打发初期先将材料打散，另外打发到最后，可以用低速使气泡更细腻。

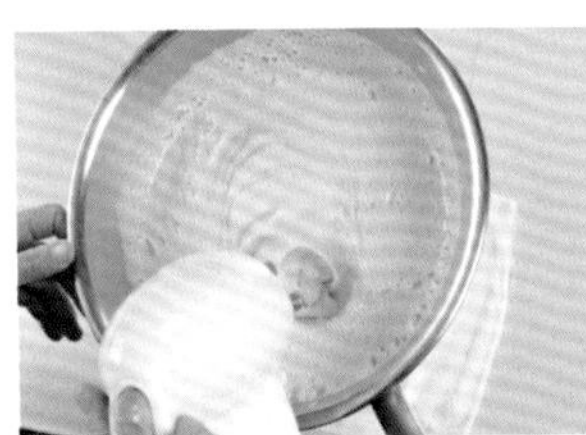

中速

从低速切换到高速迅速打发之后，切换到中速调整打发程度。是完成时所使用的速度。

高速

低速打散材料，再用高速快速打发，这样可以裹入更多空气。

电动打蛋器

打发蛋白霜和淡奶油时使用。因为可以快速搅拌，所以泡沫非常细腻。

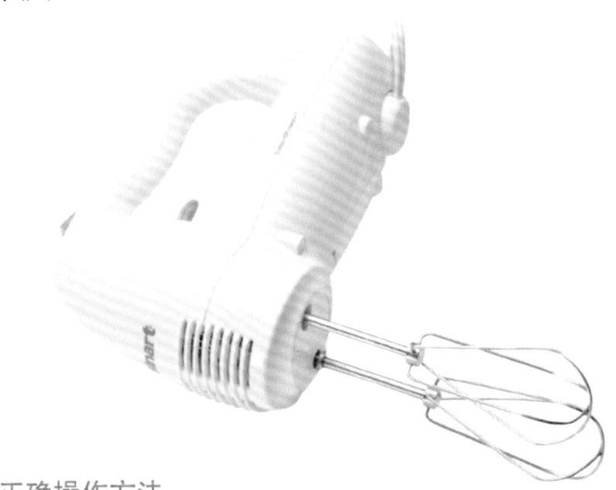

正确操作方法

将碗稍倾斜，抵住前端

握住打蛋器，将钢丝垂直抵住碗中央。材料较少时，将碗稍稍倾斜，让打蛋头完全接触材料。

使甜点制作事半功倍的家电

提前准备时使用搅拌机、操作简单的华夫饼机，1台机器也能变换出不同用法！

华夫饼机

将面糊倒入模具中烘烤，就能轻松完成华夫饼的制作。更换模具，可以做成鲷鱼烧或者热三明治。

食品料理机

可以快速切碎搅拌，所以可将果仁搅碎，制作塔皮或者饼干面团时使用。

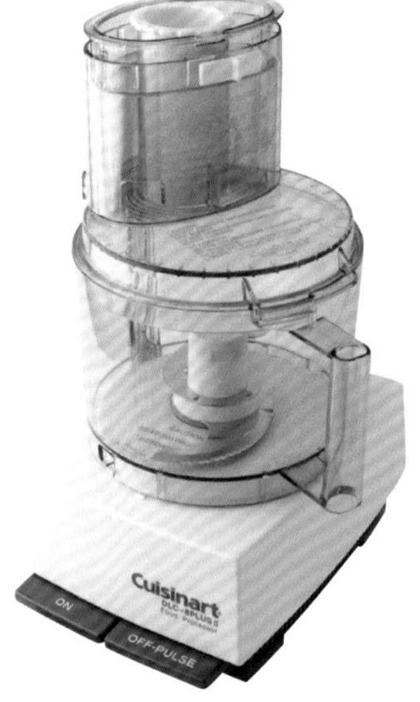

搅拌机

将固体和液体搅拌到顺滑时使用。制作果泥和酱汁非常方便。

熟悉的家电也能在制作甜点中大显身手！

小烤箱

除了烘焙果仁等材料外，还可以烘烤饼干或者红薯等小点心。可以当作简易版烤箱。

热水瓶

需要加热放入碗内的巧克力或者黄油，或者用微波炉隔水加热时，会用到热水。

微波炉

软化黄油或者奶酪，融化吉利丁或者巧克力时使用。软化坚硬的葡萄干时也会使用。

微波炉可以烘焙小海绵蛋糕。

冰淇淋机

在零下18℃的环境下边冷却边搅拌材料，冷却凝固。轻松做出顺滑的冰淇淋或者雪酪。

甜点制作工具

专用工具

准备好基本工具后，再介绍一些更专业的工具。

准备专用工具，尽享甜点制作的乐趣

在家里制作甜点，无需像甜点师一样准备正统全套的工具。

不过，等慢慢熟练后，可以购买能把蛋糕装饰得很漂亮的旋转台，制作派皮面团的工具、派皮镇石、滚刀、揉面垫等，不仅可以用来做派皮，做塔皮也十分方便。

切蛋糕或者装饰时非常好用。请选择适合自己常做蛋糕的尺寸。

旋转台

放上蛋糕胚，边旋转蛋糕，边涂抹奶油装饰蛋糕。

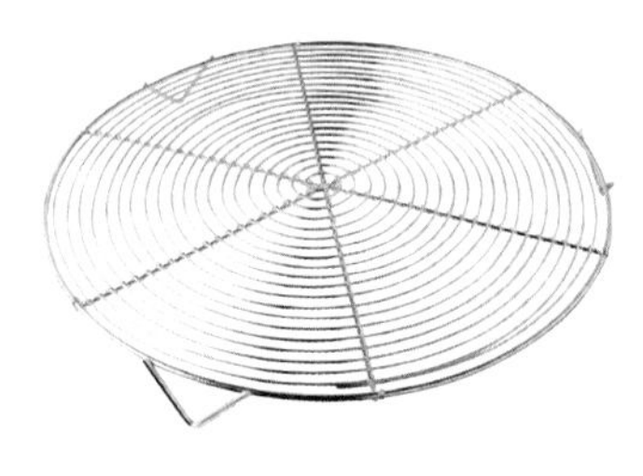

冷却架

放上刚烤好的蛋糕冷却。因为是网状结构，且有架子，所以蛋糕底部不会遗留水分，能快速晾凉。

甜点制作常用刀具

锯齿刀

刀刃呈波纹状，类似锯刀，可以将蛋糕漂亮地切割开来。最好备有刀刃长15cm和35cm两种尺寸。

削皮刀

刀刃尖细，用于切割水果、给面团整形，适合完成阶段时使用。

切割水果用来装饰，或者切纹时使用。

切割辅助器

金属棒，要将蛋糕均匀切片时使用。1.5cm厚的比较方便使用。

这样使用!

用两根金属棒将蛋糕夹在中间，沿着金属棒，用锯齿刀将蛋糕均匀切割。

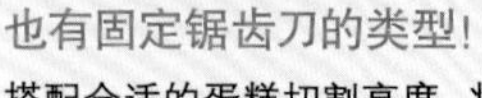

也有固定锯齿刀的类型!

搭配合适的蛋糕切割高度，将锯齿刀固定在辅助工具上。可以有不同高度，非常方便。

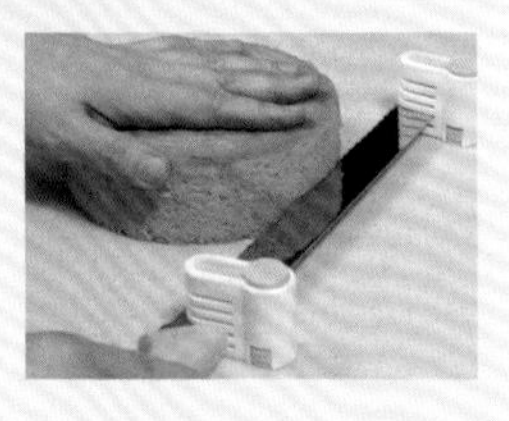

派皮·塔皮工具

切拌、整形、打孔等稍难的操作，利用专用工具让操作更顺利。

滚刀

切割派皮时不会破坏派皮的层次，也有带有波纹的派皮剪刀。

网状滚轮

在派皮上滚动压出纹路。只需轻轻滚动就能形成漂亮的网格纹路。

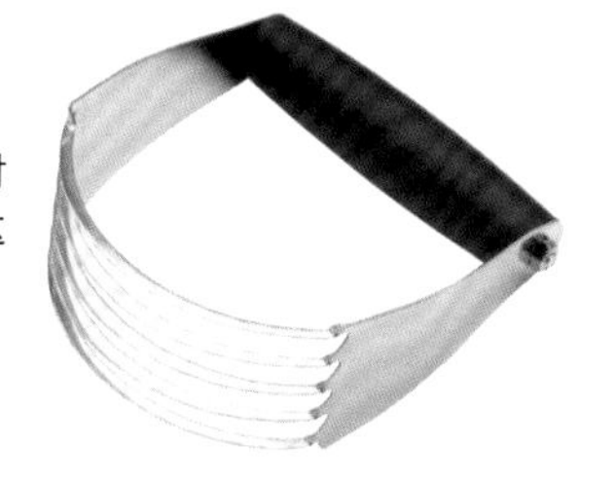

切刀

切拌黄油或者饼干材料到松散状时使用。这样无需用手接触面团，面团不容易软化。

派皮滚轮

烘焙前，在面皮上滚动打孔。打孔可以让水蒸气排出，面皮不会膨胀。

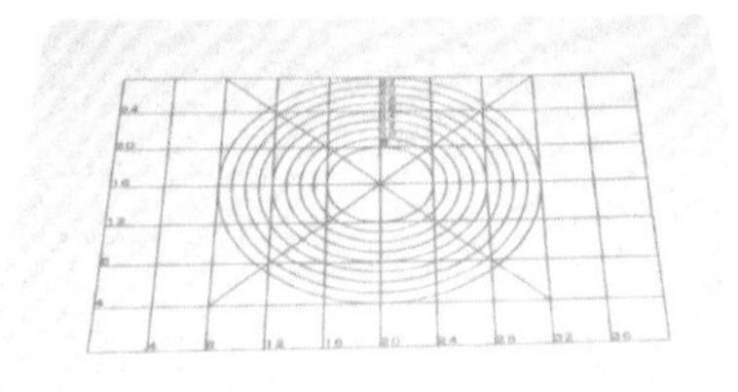

夹子

铺在模具里的塔皮，沿着边缘夹一圈，就能做出漂亮的花边了。

揉面垫

将面皮放在揉面垫上擀薄。可以保持低温，所以面团容易擀薄。也有标注尺寸的类型，擀薄时可以参考。

派皮镇石

铝制小粒镇石。烘焙塔皮或者派皮时放在面皮上，可以防止底部膨胀。

派皮·塔皮工具也可使用替代品

可用叉子代替派皮滚轮打孔，用两块刮板代替切刀切拌，用米或者红豆代替镇石等。

其他工具

只为了一种甜点！挑战一下店内令人向往的专业工具吧。

可丽饼锅

摊出又薄又均匀的可丽饼专用锅。最好选用直径20cm~24cm的锅。

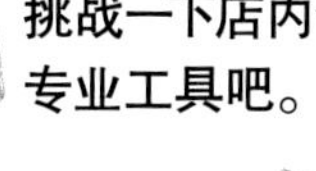

冰淇淋勺

将冰淇淋舀出球状的工具，也可用烫过的大汤匙代替。

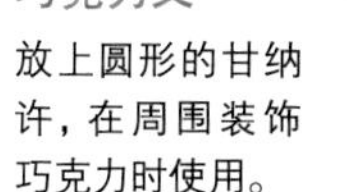

巧克力叉

放上圆形的甘纳许，在周围装饰巧克力时使用。

蒙布朗花嘴

有8个小洞，用于挤蒙布朗奶油酱，可将奶油酱挤成线状。

制作前的准备

黄油室温软化，粉类过筛等，为了不中断操作，提前准备好非常必要。

为了让操作顺利进行，准备工作非常重要。

隔水加热时没有热水，使用黄油时忘记室温软化等等，如果中断操作，材料或者奶油状态就会发生变化，可能会导致失败。

在开始操作前，一定要熟知菜谱的流程，了解何时需要作何步骤。比如，材料称重、烤箱预热、准备模具等，需要在操作前准备好的事情非常多。

如果材料和面团需要冷却，冰箱就要有足够的冷藏空间，也必须要确认所需工具没有被弄脏。

甜点制作前的准备

必须掌握的5种准备工作。

熟读菜谱

掌握操作的全部流程

首先将菜谱从头读到尾。了解全部流程后，写出必需的材料、工具和需要准备的工作。然后，标注出准备的优先顺序，这样就可以有条不紊地操作了。

看菜谱时需要确认的事情

- 材料是否有恢复状态的时间?
- 面团要静置多久?
- 烤箱要预热到多少度?
- 隔水加热时热水是否要煮沸?
- 黄油和鸡蛋适合的温度是多少?
- 使用几个模具?

准备工具

多准备几个常用工具，操作更顺畅

参考2～9页准备操作必需的基本工具。另外，小碗、汤匙等最好多准备一些备用。

为了不妨碍操作，尽量准备齐全。

确认没有污渍和水滴!

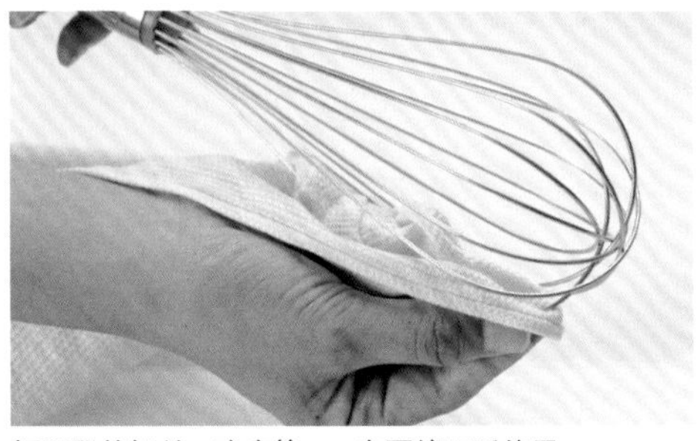

打蛋器的钢丝、碗底等，一定要擦干后使用。

将厨房整理干净、方便操作也很重要

自家厨房的操作空间非常有限。如果东西散乱，很难顺利进行操作，所以要收拾干净。另外，适合制作甜点的室温约20℃。夏冬两季要打开空调，将环境调整到合适的状态再开始操作。

炉灶附近不要放置材料

放在加热的锅或者烤箱附近的材料会受热变质，特别是淡奶油，绝对不可以。

消毒清洁操作台

用酒精消毒，用干净的布擦干，不会把材料弄湿。

操作3 称重材料!

使用的材料必须要备齐称重!

依照菜谱称重材料。一定不要边称重边操作，不然淡奶油会软化，其他材料会变质。另外，严禁目测称重材料。

依照目的区分材料

黄油和砂糖等面团和淡奶油都经常使用的材料，称重后一定要注意用在哪里，不要弄错。

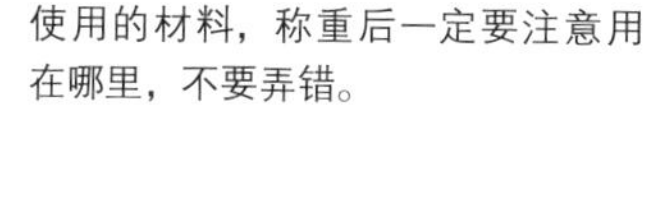

操作4 材料的温度和室温都要适宜

融化吉利丁、软化黄油等操作

称重后将材料调整到最合适的状态。比如，制作塔皮和派皮时，黄油无需融化，使用的材料和工具都要放入冰箱冷藏。房间和操作台也要保持冰凉。

需特别注意的材料

刚从冰箱拿出来冷藏过的鸡蛋，和黄油混合时容易分离。着急的时候，最好先用温水浸泡。

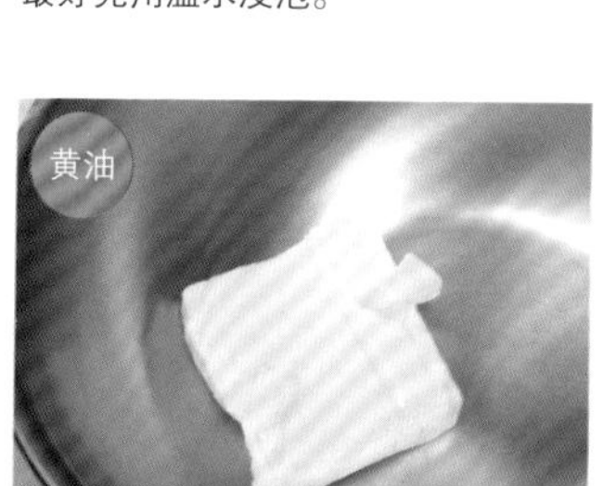

室温软化黄油，就是要把黄油软化到像奶油一样柔软。切薄片室温放置，或者微波炉加热约5秒。

操作5 模具准备和烤箱预热

材料准备完成后，做好立即烘焙的准备

将材料倒入模具中立刻开始烘烤，是基本常识。模具内抹上黄油，将烘焙纸事先裁成适合模具的形状，推算烘焙时间，提前预热烤箱。

模具内抹上黄油

将室温软化的黄油抹在模具内侧。

烤盘铺上烘焙纸

可抹上薄薄一层黄油，这样烘焙纸不会乱动。

粉类提前过筛

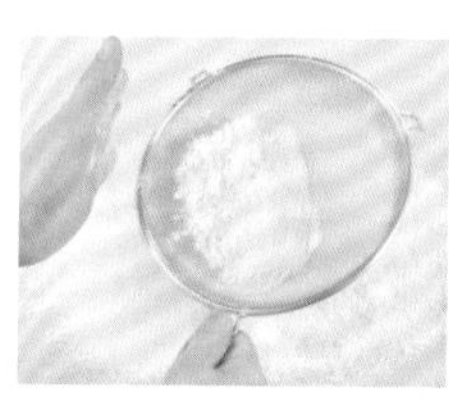

面粉和泡打粉都要提前过筛，筛出小疙瘩。

称重方法

正确称重，是制作成功甜点的第一条件。

甜点制作不能目测称重

砂糖有助于打发，面粉使甜点膨胀。正因为有着微妙的平衡，才能成就美味的甜点。

如果称重错误，放入过多砂糖容易烤焦，鸡蛋不够就膨胀不起来。要养成正确使用称重工具，精确称重的好习惯。

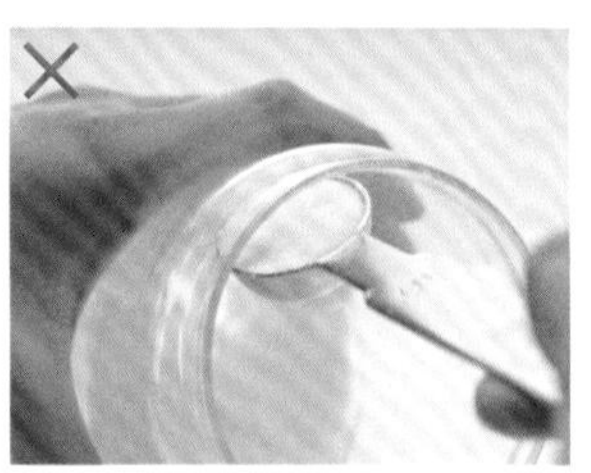

用量勺大约刮平可以吗?

用容器边缘或者手指抹平时表面并不平整，不能正确称重。

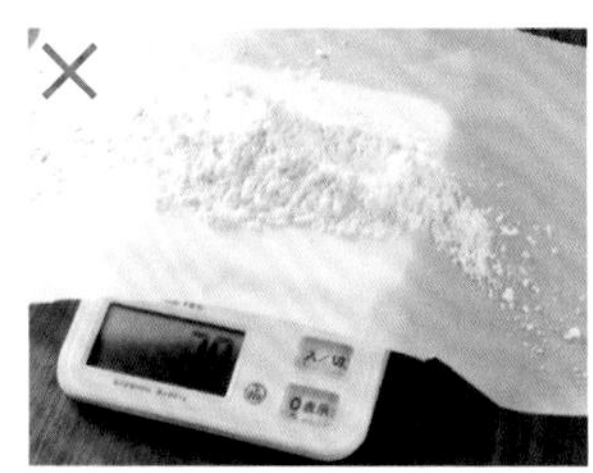

放在纸上称重可以吗?

粉类量较少，不放在容器里，而放在纸上称重，容易散落。

常用材料重量一览表

液体和固体重量不同，称重时要注意。

鸡蛋重量

鸡蛋尺寸越大，蛋白的重量就越大。所以蛋黄比例较高的是SS号鸡蛋。

号	重量
SS号	40g以上 48g以下
S号	46g以上 52g以下
MS号	52g以上 58g以下
M号	58g以上 64g以下
L号	64g以上 70g以下
LL号	70g以上 76g以下

※ 鸡蛋重量含壳重(8%~11%)。

食品	1小匙	1大匙	1杯
高筋面粉	3g	9g	110g
低筋面粉	3g	9g	110g
白砂糖	3g	9g	130g
细砂糖	4g	12g	180g
牛奶	5ml	15ml	200ml
淡奶油	5ml	15ml	200ml
色拉油	4g	12g	180g
黄油	4g	12g	180g
泡打粉	4g	12g	160g
盐	6g	18g	240g
水饴	7g	22g	290g
高筋面粉	2g	6g	80g

※ 1小匙=5ml，1大匙=15ml，1杯=200ml。

不同工具的称重方法

单看刻度并不一定准确

粉类用平勺刮平后称重

舀起粉类呈山形，刮去表面粉类。平勺可以用勺柄或者刮板代替。

用量勺称重

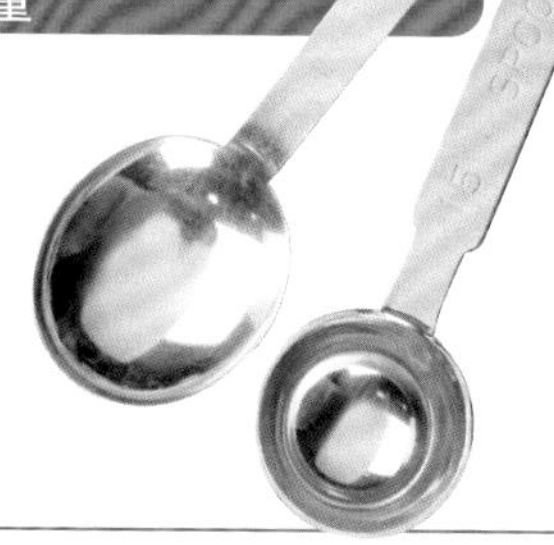

称重少量液体或粉类时

1小匙=5ml，1大匙=15ml。分为深勺和浅勺两种，使用浅勺称重时要略满一点。

称重粉类

干脆地用量勺轻轻舀起，刮平。刮平时不要压碎。

舀起大量粉类，用平匙刮平表面，刮掉多余粉类。

称出1勺的量，分出半勺的量，拨出多余粉类。

称出1/2勺的量，再分出一半的量，拨出多余粉类。

称重液体

称重时要考虑液体特有的表面张力（让液体表面面积变小的力量）。

底部略深的量勺要盛满。浅勺因为表面张力，盛略满即可。

底部略深的量勺盛到6分满，浅勺盛到7分满。

底部略深的量勺盛到3分满，浅勺盛到4分满。

用电子秤称重

必须将刻度归零后再开始使用。

选择能称重2kg～3kg的电子秤

首先放上容器，将电子秤的刻度归零。之后，将材料一点点倒入容器称重。

用量杯称重

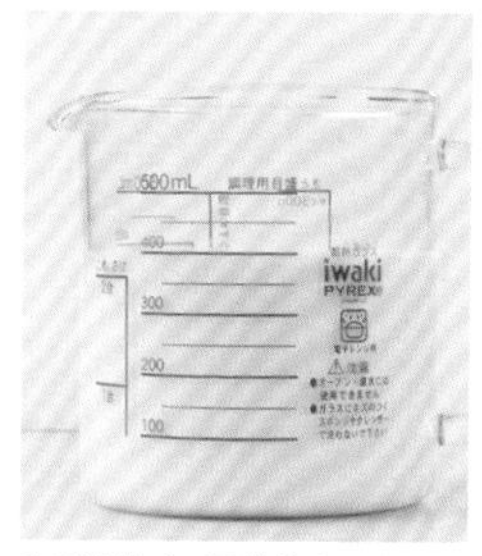

称重液体时，要等停止晃动后观察刻度。

从侧面就能看到刻度

放在水平位置，从侧面看刻度。因为液体表面有张力，所以从上面看下去要比刻度高1ml～2ml。

随意操作会弄乱份量！

太使劲搅拌材料，会把材料拨出碗外，揉面团时面团粘在手上，材料不小心就减少了。精细的操作更要小心进行。

搅拌材料后

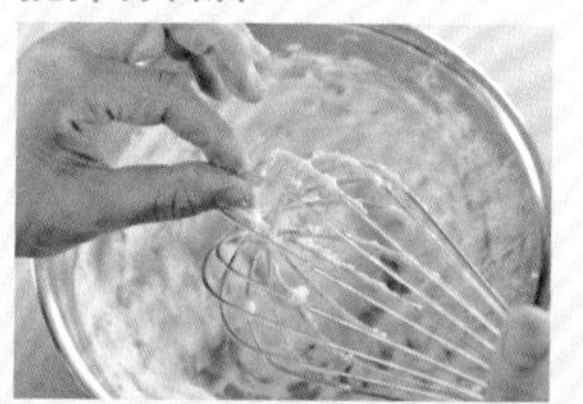

将粘在打蛋器钢丝或者橡皮刮刀上的材料弄下来，不要残留在用过的工具上。

移动材料时

用手指或者刮板将所有的材料移动出来，不要让材料残留在原先的容器中。

烤箱的使用方法

要确认基本的使用方法和功能。

烘焙不顺利可能是烤箱使用不当

即使拥有功能极佳的烤箱，如果使用方法不对，也无法做到物尽其用。

烘焙前要加热烤箱内部，称为“预热”。不完全预热，温度不够，就烤不出漂亮的颜色。另外，烘焙期间不能打开烤箱门，这是一条基本原则。想查看烘焙情况的，可以透过烤箱门观察。必须要打开烤箱门时，一定要迅速关闭，这样烤箱内部温度才不会下降。

①操作按钮简单易懂
②烤箱内部高度在24cm以上
③长方形烤盘可以双层烘烤

大面板操作或者设定都非常方便。可以调节100 ~ 300℃的温度。/松下

烤箱种类和功能

因为长期使用，所以要慎重选择购买。

种类	功能	优点·缺点
燃气烤箱	利用燃气产生热风，可以靠火力一次加热。可以烤出外观金黄、口感酥脆的甜点。	温度上升迅速，预热时间短。火力强大，可以快速完成。不过，必须提前固定安装，占用地方。
电烤箱	依靠发热装置产生热风。可以烘焙出绵润的甜点，适合柔软的面团。	与燃气相比火力稍弱，最好提前预热，温度设得稍高一点。大多可置于桌上，安装方便。
旋风烤箱	烤箱内部装有电风扇，产生热对流，利用热气旋转来烘焙。电烤箱和燃气烤箱也有此功能。	热气在烤箱内部旋转，这样即使分两层烘焙也不会受热不均。因为风力强劲，面团可能会流动或者塌陷。

所谓风扇

可以在烤箱内部送风，让热风循环。最好选择静音风扇。

各种功能

蒸汽

产生高温水蒸气来蒸烤。一般加热时会流失水分，用蒸汽功能可以保持水分，让甜点松软绵润。

烧烤

用上火烧烤的功能，烤出漂亮的颜色或烤出香味时使用。烘焙布丁或者焦糖布丁时使用。

微波

从里向外加热，也就是微波炉的功能。快速融化黄油或巧克力时使用。

发酵

发酵面团时，设定温度加速发酵。对面包爱好者来说此功能十分重要。

放入烤箱前的注意事项

烘焙甜点前有3点注意事项

预热

烘焙前加热烤箱

甜点制作完成后，一定要置于一定的温度内烘焙。必须提前将烤箱内部的温度加热到适合的温度。

即使菜谱中没有提醒预热的步骤，也要预热到实际烘焙温度。

间隔摆放

摆放时要考虑到烘焙后的状态，防止受热不均或膨胀不够

要考虑到烘焙时甜点的膨胀和延展。摆放过于紧凑时，空气流通不畅，容易受热不均或膨胀不够。

摆放大量饼干时，要留下1～2根手指左右的空间，这样才能受热均匀。

检查容器材质

有些容器容易因烤箱加热损坏

布丁和舒芙蕾要放入金属或者陶器材质的容器内烘焙。在烤箱内要使用耐热材质或者耐热性强的容器。

OK

玻璃容器（耐热材质）
陶器・瓷器
铝制品・金属制品
硅胶容器（耐热材质）

NG

不耐热玻璃容器
陶器或瓷器（有彩绘）
漆器
塑料容器

了解自家烤箱的脾气

看到海绵蛋糕出炉的样子，就能了解自己烤箱的脾气啦。

上面容易烤焦

上火强劲，所以要减弱上火

里面还没有完全烤熟，上面却已经烤焦了，所以要想办法让上面不要过多受热。

覆上锡纸

在材料上面覆上一层锡纸，这样不会直接受热，上面也就不会容易烤焦了。

下面容易烤焦

下火强劲，所以要缓和

烤盘导热性能过强，所以材料底部容易烤焦。要想办法让外观达到金黄色时，底部不上色过重。

解决 叠加烤盘

用烤箱上层烘焙，在放置材料的烤盘下面再放一个烤盘，两个烤盘叠加，导热就没有那么迅速了。

受热不均

有烘焙不够或者烘焙过度的地方

外观上色不均，或者只有部分面团受热。要调整到整体受热均匀的状态。

解决 中途调换位置

在烘焙达到⅔以上的时间时，调换饼干位置。双层烘焙的时候就调换上下层。

甜点制作前的准备

准备模具

从经典的模具开始买起，再根据需要补充。

选购模具的关键在于方便使用的功能和尺寸大小

最近比较流行带有边缘的塔模或者戚风蛋糕模，烘焙完成后，可以简单干净地脱模。

圆模除了当作模具之外，还可以当作切模使用，所以最好备有尺寸不同的模具。玛德琳模具和费南雪模具，要选择合适的材质。镀锡材质的容易烤出香味，聚乙烯材质的容易脱模。

首先要准备的3种模具

长18cm的磅蛋糕模具

除了黄油蛋糕外，也是制作周末蛋糕、法式咸蛋糕等长方形甜点的常用经典模具。

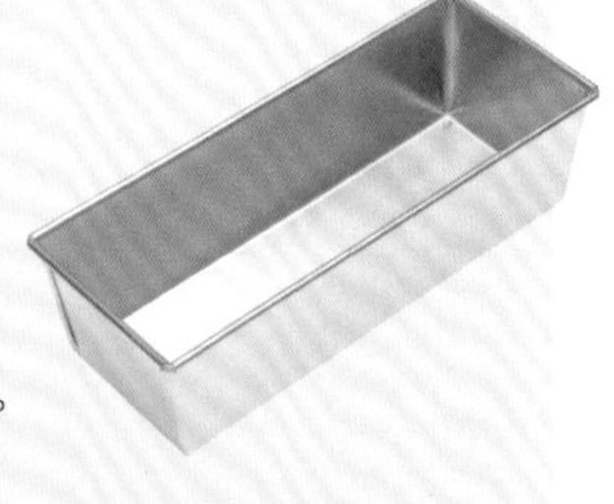

直径15cm的圆模

底部为空，需要垫上烘焙纸作底，也可以当作蛋糕模具使用。备有几种不同尺寸更加方便。

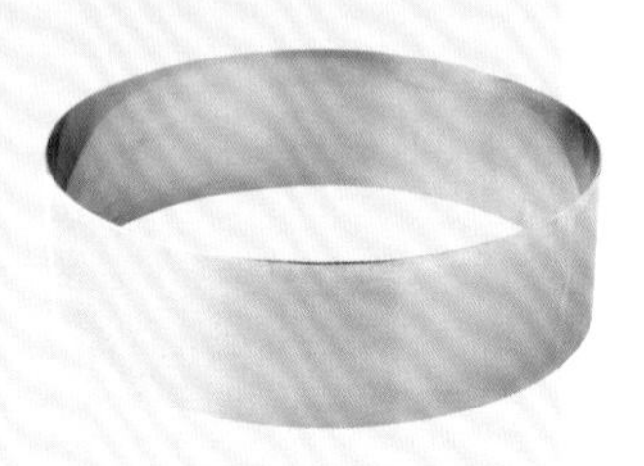

底部包上纸张使用

将烘焙纸裁成比模具直径稍大一圈的正方形。放在圆模底部，将周边的纸卷起包住。

直径7cm的金属杯

铝、镀锡、不锈钢等金属材质的杯子。制作布丁、芭芭露、果冻等时使用。同尺寸的最好多备几个。

模具号数

圆模或者海绵蛋糕模具等圆形的模具会用数字来标注尺码。1号代表直径3cm，详见右表。

号数	直径	人数
4号	12cm	2~3人用
5号	15cm	5~6人用
6号	18cm	8~10人用
7号	21cm	10~12人用

模具不同，提前准备也不用

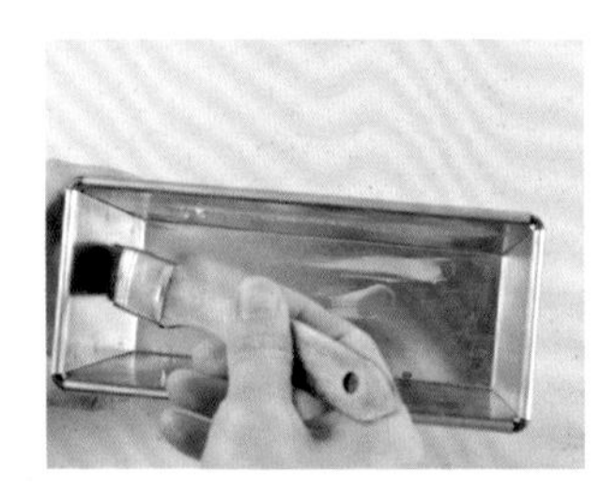

给模具涂抹黄油

将软化成奶油状的黄油均匀地涂抹在模具内侧，这样烤好的材料不会粘在模具上。

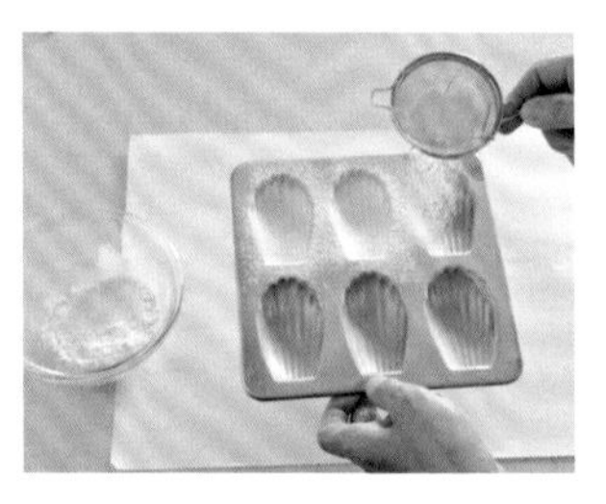

模具涂抹黄油，撒粉冷却

有凹凸的模具，涂抹上黄油放入冰箱冷藏，再撒上一层低筋面粉再度冷却。

模具用水浸湿

冷却凝固果冻时，要提前浸湿模具，再倒入液体，这样完成后比较容易脱模。

甜点制作常用模具

玛德琳模具等，可购买一排几个相连的类型，也可单个购买。

蛋挞模

适合1口大小甜点的小塔模。有船型、心型等多种形状。

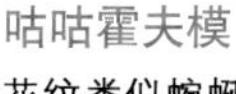

咕咕霍夫模

花纹类似蜿蜒而行的蛇，制作法国阿尔萨斯地区的甜点咕咕霍夫的模具，也有花纹美丽的陶器。

戚风蛋糕模

为了不让蛋糕的重量压坏形状，有一个中空的烟囱，可以烤好后倒扣脱模。

塔模

边缘带有波纹，烘焙塔的模具。有底部可以分离的活底模，比较容易脱模。

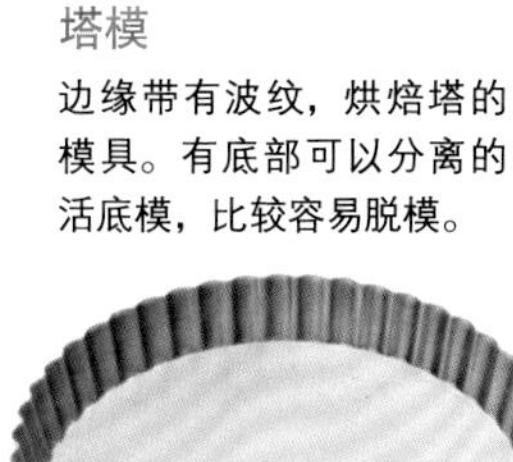

芭芭露模

花朵形状，制作芭芭露的模具。烘焙黄油蛋糕时也可使用。

玛德琳模

贝壳形状的模具。有纵长和横长两种，可根据喜好自由选择。模具有金属、硅胶等材质。

派盘

边缘向外的模具。直径20cm的方便使用，适合制作樱桃派或者苹果派。

饼干模

切出造型时使用。有心型、星型等丰富多样的种类，可根据喜好自由选择。最好准备适合各种节日的模具。

鹿背模具

形状类似雨槽的模具。制作德国甜点Rehrucken（麋鹿鹿背的意思）时使用。

费南雪模

费南雪有“资本家”、“金融家”的意思，所以用金砖的形状表示。

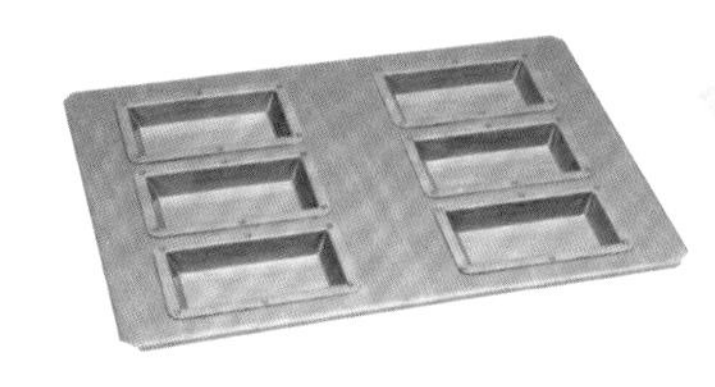

巧克力模

也称作“mould”，将融化的巧克力凝固的模具。情人节期间可以买到稀有的花样。

选购模具时要确认材质！

很受欢迎的硅胶模具，容易脱模，制作奶糖也很方便，但烘焙甜点时，上色较难，也烤不出酥脆的口感。不过，可以省下涂抹黄油的时间。

素材1 聚乙烯材质

很难烤焦，受热均匀。但要注意不要被尖锐的东西划伤表面。

素材2 不锈钢

导热性能好，非常适合用来烘焙甜点。虽然很难生锈，但是清洗后要控干水分干燥。

素材3 镀锡

在铁板上涂上一层锡，这样导热性能好。清洗后用烤箱的预热蒸干水分，防止生锈。

素材4 硅胶

硅胶最低可承受-40℃的冷冻低温，最高可承受250℃的高温。柔软可弯曲，脱模方便。

甜点和材料的保存方法

手工制作的材料和奶油酱容易变质，要小心保存，尽快使用。花费时间较长的塔皮等可以提前做好，使用时快速整形。

奶油酱的保存

因为容易繁殖细菌，要尽早使用完毕！

要特别注意的是卡仕达奶油酱，大量使用鸡蛋和牛奶，所以容易变质，不能冷冻。放入冰箱冷藏保存，并于2日内食用完毕。其他奶油酱也要尽早使用完毕。

打发的淡奶油

放入保鲜袋，挤出空气冷冻。或者挤入方盘中冷冻，凝固后放入密封容器。可保存2～3周。

↓ 使用时

用于制作巧克力酱等。隔水加热巧克力时，直接放入冷冻的淡奶油加热融化。

蛋糕的保存

去除装饰的水果等保存

最好于当天食用完毕，剩下的蛋糕可放入冰箱冷藏1天。如去除水果，可冷冻保存约2个星期。

将蛋糕放在密封容器的盖子上，再盖上密封容器，这样保存不会破坏原有形状。

食材的保存

一般要遵守标注的保质期限

蛋黄和淡奶油容易变质，要尽快使用。蛋白放入密封容器冷冻，可保存约2周。黄油放入密封的保鲜袋，可冷冻保存约1个月。

面团的保存

派皮和塔皮要做成烘焙前的状态方可保存

烤好的材料，用保鲜膜包裹好，防止干燥，再装入保鲜袋保存，防止沾染异味。冷冻材料时，将材料放在冷却的金属板或者方盘上，更容易制冷，可以快速冷冻。

海绵蛋糕

放凉后用保鲜膜包好，放入保鲜袋。可以冷藏2～3天，冷冻2～3周。

派皮·塔皮

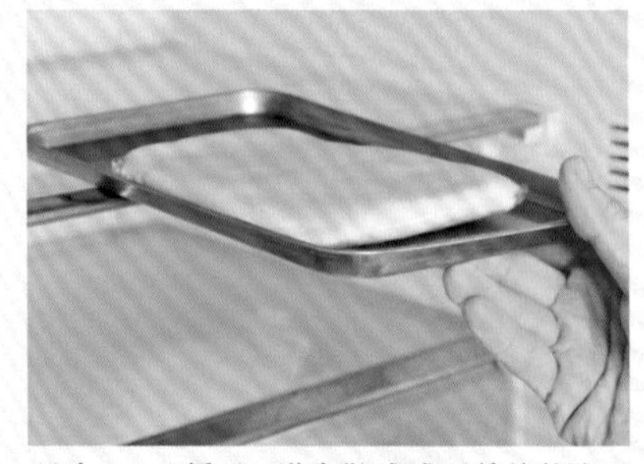

派皮3～4折后，塔皮做成成形前的状态即可冷冻。可冷冻保存约1个月。

泡芙面糊或饼干面糊

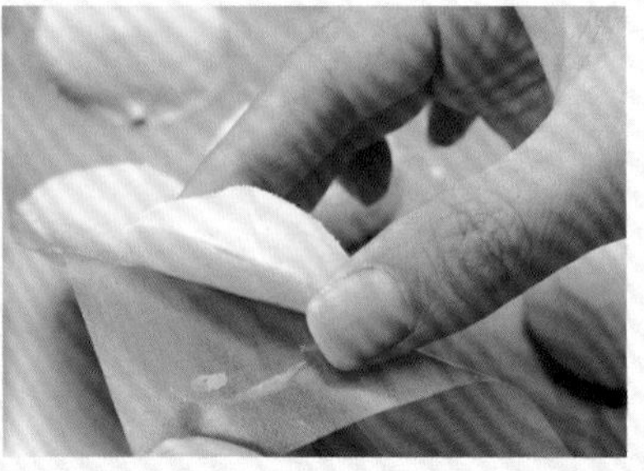

将面糊挤在裁好的烘焙纸上，或者烤好后放入容器中。可冷冻保存约1个月。

第2章

基本动作

基本动作1 过筛

低筋面粉或泡打粉等粉类过筛后更能发挥作用

刚买回来的面粉，放在袋子或者密封容器中被紧紧压实。制作甜点时，直接放入结块的粉类容易产生疙瘩，影响甜点的味道，一定要过筛后才能使用。

过筛操作，可以去除异物，裹入空气将结块的面粉分离。面粉变得松散后，和其他材料搅拌时，非常容易混合，形成均匀的面团。

将可可粉直接放入材料中搅拌，搅拌次数过多会消泡。所以，在搅拌前和低筋面粉一起过筛，混合均匀后再使用。另外，杏仁粉比低筋面粉的颗粒要大，要使用网眼较粗的筛网过筛。

正确的过筛方法

50g以下的粉类，过筛时飞扬在空中会减少重量，所以过筛后再称重。

手的动作

一只手用力拿稳筛网的柄。另一只手的掌心接触筛网边缘，左右移动手腕使其振动。

过筛量

少量粉类可以一次过筛，如果粉类量多又重，容易引起筛网堵塞，就要分次过筛。

过筛高度

从大约15cm的高度，在同一位置过筛。位置过高时，粉类在四周飞散，会产生称重误差。

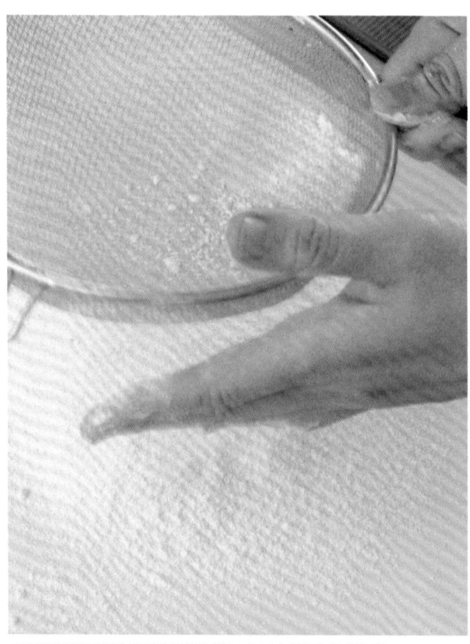

用手掌轻轻敲打粉筛边缘，通过振动让粉类过筛。筛完后，将残留在粉筛内的粉类用力压碎过筛。

粉类过筛后的变化

过筛前

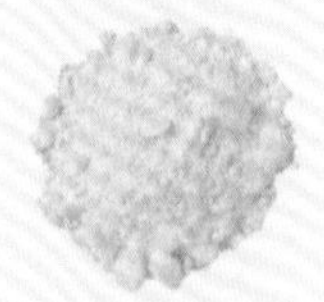

面粉紧实结块，有很多疙瘩。

过筛后

面粉细小均匀，干燥蓬松。

如何过筛?

颗粒大或有颜色的用筛网过筛

有两层或三层网的筛网会过筛得更细腻。

颗粒大的杏仁粉用网眼稍大的筛网，带颜色的可可粉等用网眼稍细的筛网。

细小的粉类用粉筛过筛

杯子形状的专用粉筛，分为手动型和电动型。适合过筛低筋面粉或泡打粉等粉类。

过筛到哪里?

纸上

之后将材料移动到锅内时使用。过筛到有折痕的纸上，移动时也不会掉落材料。

碗内

将粉类过筛到碗内，和其他材料混合。直接过筛到大碗内即可。

操作台上

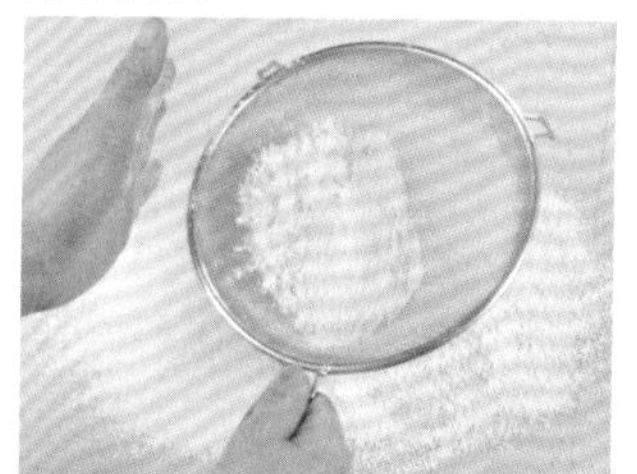

制作派皮或者塔皮时，在操作台上切拌材料时使用。在使用前，过筛到清洁干燥的操作台上。

过筛的三大原则

过筛少量或者多种粉类时，过筛方法略有不同。

原则1

少量粉类用滤茶器过滤

为了装饰撒上糖粉或者可可粉，用滤茶器比用筛网更容易调节用量。

原则2

用力过筛完最后粉类

过筛完后残留在筛网里的疙瘩，直接用手压碎过筛。要过筛完筛网中的粉类，这样才能避免称重后份量的减少。

原则3

清洗后，擦干水分使其干燥

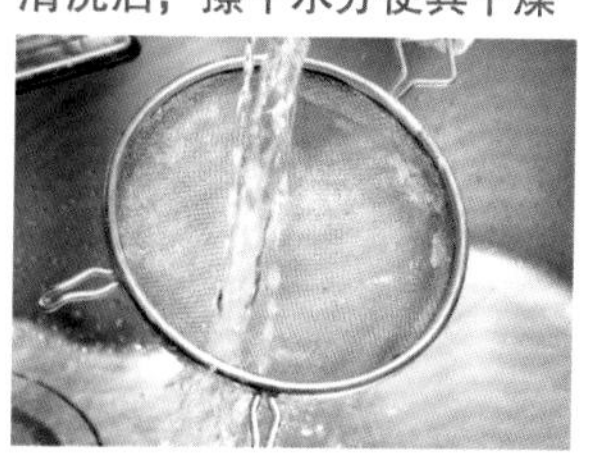

筛网沾有水滴时，粉类容易结块、堵塞筛网，不能顺利过筛。清洗后不会马上干燥，要擦干水分。

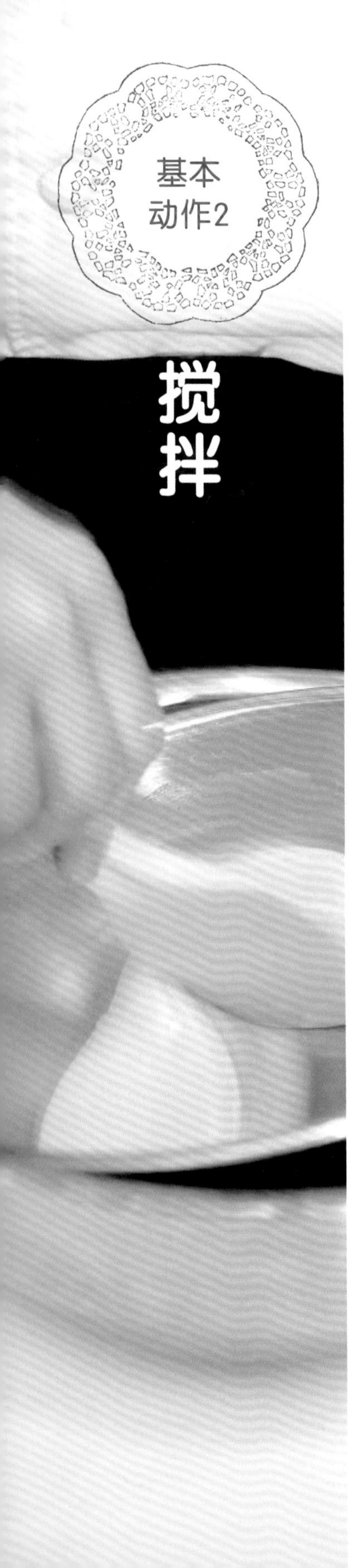

搅拌不足、搅拌过度、搅拌到恰到好处的状态

单纯就搅拌来说，力度大小、次数和工具材料的状态不同，搅拌方法也略有不同。

一般是把稍硬的材料（卡仕达奶油酱或者油脂类）一点点加入稍软的材料（打发的蛋白霜或者液体等）中，搅拌到融合均匀。不能一次性全部放入，而是重复“一点点放入搅拌”，慢慢让各种材料的硬度相近。

搅拌，不能一圈圈地搅。有时需要用力压碎，有时要温柔地搅拌2~3次，目的不同方法也不同。比如，稍硬的黄油或者材料要用力搅碎，蛋白霜等打出纹路即可，不要消泡，要视情况作出判断。

不同材料的搅拌方法要点

有些很难搅拌的材料。
搅拌时要注意力度大小和工具使用手法。

鸡蛋

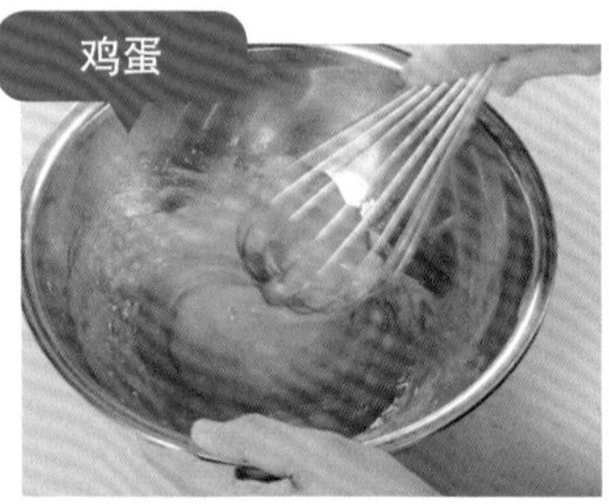

不要残留疙瘩
使劲搅拌到蛋液黏稠。打蛋器、几根筷子或者叉子都可以用来搅拌。

粉类

打散粉类疙瘩
搅拌海绵蛋糕糊等大量粉类时，要从底部翻起，将粉类打散融合。

巧克力

不要残留疙瘩
隔水加热巧克力时，有热水溅到巧克力中会形成疙瘩，影响味道。要边融化边慢慢搅拌。

牛奶

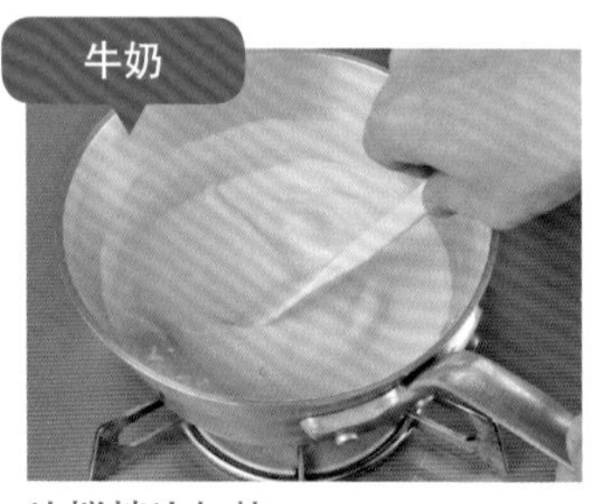

边搅拌边加热
加热牛奶时，要使劲搅拌不要让底部烧焦。最好用橡皮刮刀抵住锅底搅拌。

菜谱中提到的“搅拌”

“切拌”等经常听到的词语也有陷阱。

使用橡皮刮刀“搅拌”

用橡皮刮刀压碎材料，大幅度整体翻拌，不同的搅动手法产生不同的搅拌方法。

翻拌

往材料中加入蛋白霜等搅拌时，为了不消泡，要将橡皮刮刀深入材料底部，像舀水一样将材料翻起再搅拌。

切拌

往材料中筛入低筋面粉搅拌时，要将所有材料打散。将橡皮刮刀垂直，从外向里划动搅拌。

切拌

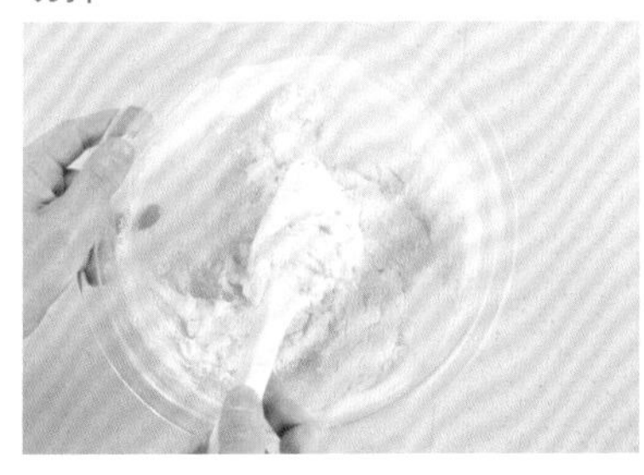

像塔皮这种稍硬的材料要边压碎边搅拌。液体等柔软的材料要压入材料中，搅拌到融合。

使用打蛋器搅拌

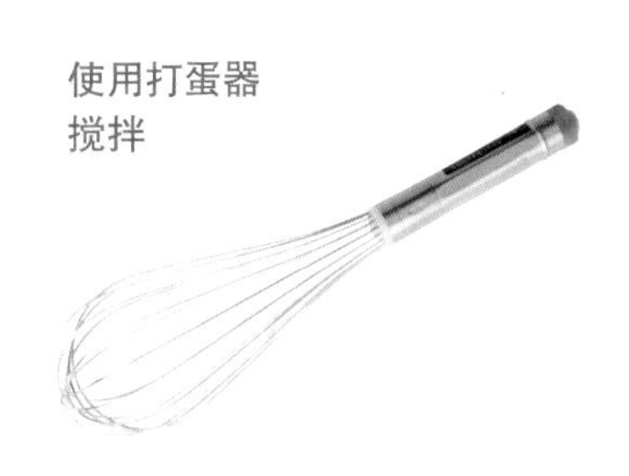

有很多钢丝，可以一次搅拌较大范围。不适合用于混合蛋白霜和材料，容易消泡。

摩擦搅拌

搅拌蛋黄和砂糖，黄油和砂糖等含水量小的材料时使用。握住打蛋器的后端，在碗内摩擦搅拌材料。

压碎搅拌

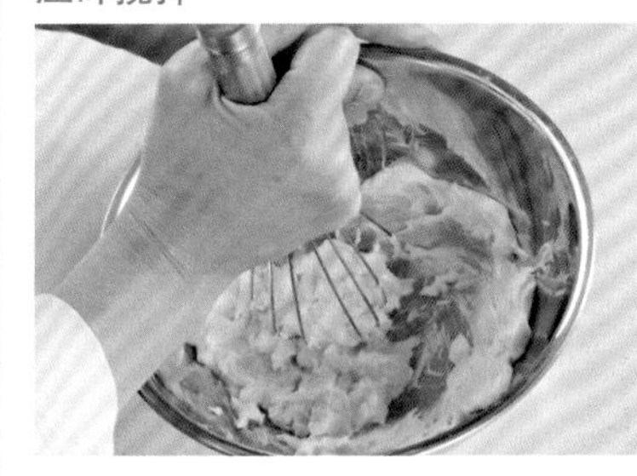

打散室温软化的黄油或者奶油奶酪等稍硬的材料时使用。用力握住打蛋器，使劲压碎搅拌。

搅拌到黏稠

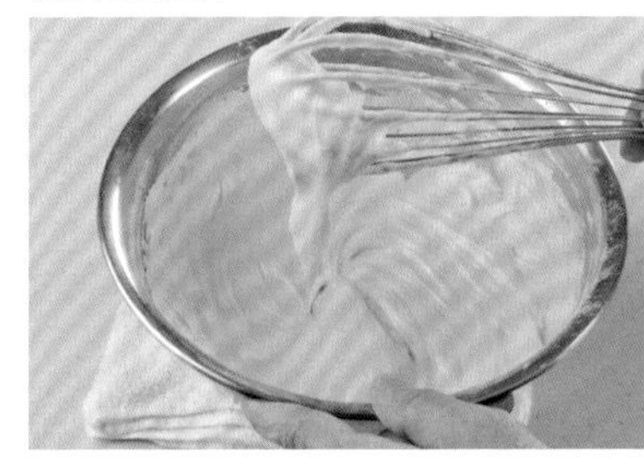

打蛋器在碗内大幅度搅拌。打发鸡蛋时，如果不高速搅拌，很容易消泡。

轻盈柔软的气泡关键在于快速操作

把蛋白打成蛋白霜，淡奶油打发成奶油霜的“打发”，是甜点制作的必要步骤。打发，容易让手疲劳，很难打发到理想的状态，感觉难以操作。不过，掌握正确的打发方法，不仅可以减轻手的疲劳，也会增加甜点制作的能力。

要打发出轻盈的气泡，有以下3个重要步骤。①碗底铺上濡湿的毛巾，固定住。②正确地持握电动打蛋器或者打蛋器。③快速操作。

如果弄错碗的倾斜方法、打蛋器接触角度，即使搅拌也不会产生气泡。另外，如果操作缓慢，好不容易产生的气泡也会消泡。打发淡奶油时，要根据用途调整气泡的硬度。

正确的打发方法

一般用电动打蛋器一次打出气泡，最后用打蛋器搅拌整理纹路就可以了。

用打蛋器打发

虽然费力，但容易把握

将碗稍稍倾斜拿好，用打蛋器在碗内搅动，像敲打碗一样。与其随便用力搅打，不如以稳定的速度搅动。

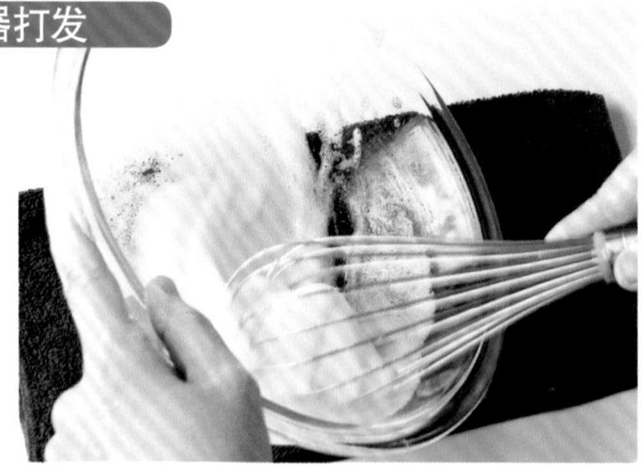

用电动打蛋器打发

固定好，以免气泡飞散

打发鸡蛋等材料时，先低速打散。再转高速，产生气泡后移动碗或者电动打蛋器，搅拌到整体均匀融合。等接近理想的硬度后，再转中低速搅打。

电动打蛋器的基本切换方法 低速 → 高速 → 中速 → 低速

打发标准“立起小角”

舀起气泡时，有像小山一样的小角直直立起，就打发到理想状态了。打发不足时，气泡会塌陷流下来，打发过度时，就会失去光泽、干燥粗糙。打发淡奶油时，会依照使用方式稍稍调整打发状态（参考65页）。

了解两大打发

打发蛋白

利用蛋白自有的“起泡性”（参考第127页），打散后再打发。

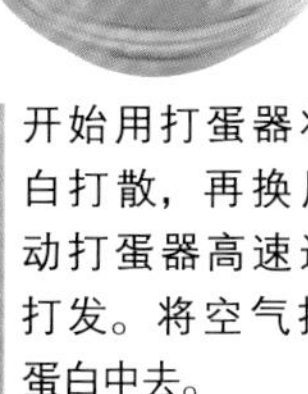

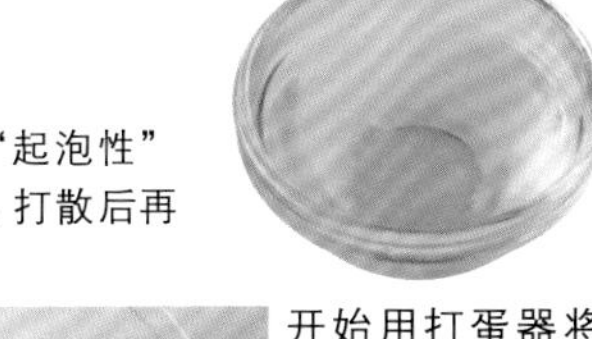

开始用打蛋器将蛋白打散，再换用电动打蛋器高速运转打发。将空气打到蛋白中去。

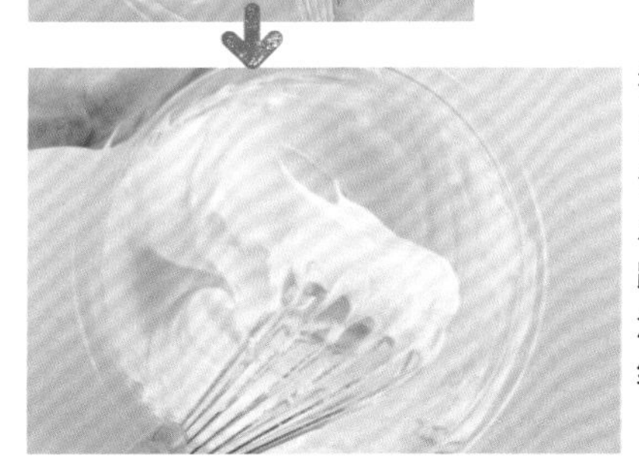

打成轻盈的蛋白霜。蛋白的温度越高纹路越粗，温度越低纹路越细。

打发淡奶油

温度不够低时，会影响味道、容易变质，放入冰水中保持5℃以下操作。

大碗里倒上冰水，再放上盛有淡奶油和砂糖的碗。把电动打蛋器垂直放入，高速打发。

淡奶油里的脂肪会包裹空气，形成奶油霜。有小角立起就表示打发好了。

打发失败

一点失误就会导致打发失败

失败1 打发过度口感不好

打发过度会造成水油分离，皱皱巴巴，口感不再细腻柔软。

失败2 打发不足容易塌陷

没有光泽和轻盈感，舀起奶油时会塌陷流下来。

失败3 一次性加入砂糖

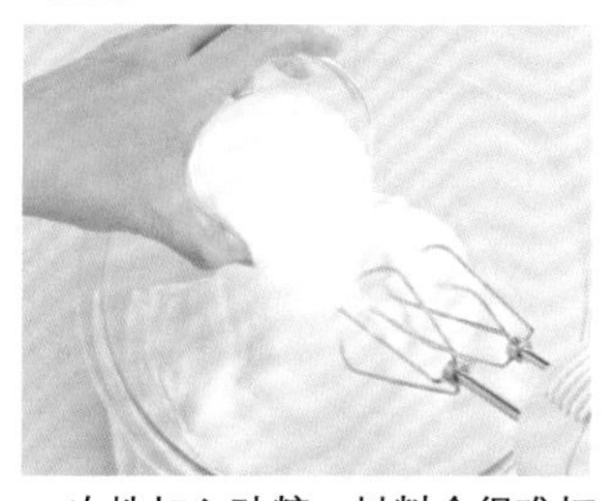

一次性加入砂糖，材料会很难打发，要边打发边分数次放入。

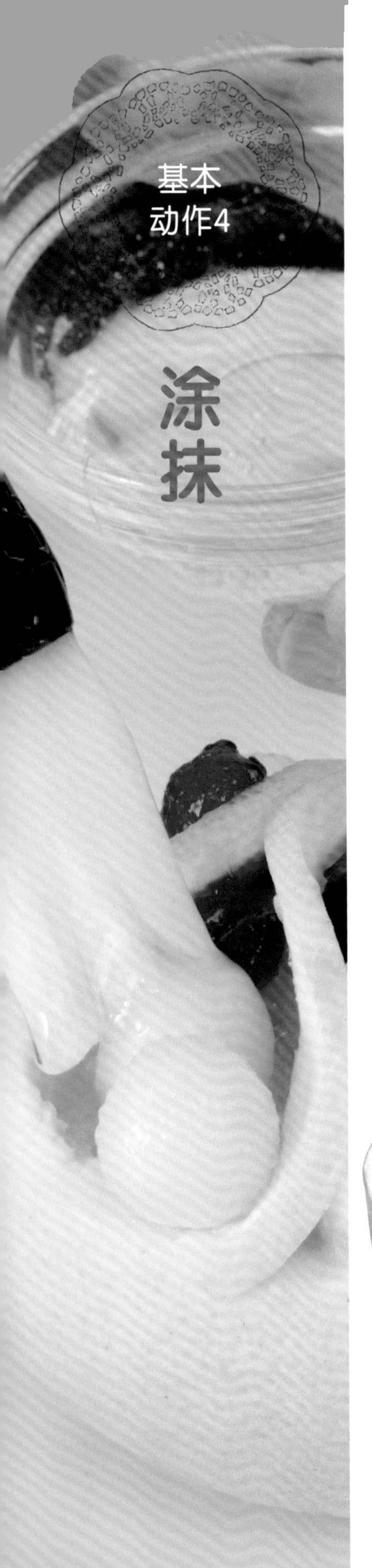

只需涂抹在表面，就能让甜点产生多变的风情

在蛋糕上漂亮地涂抹上奶油，省下徒劳的动作，是非常重要的。

首先，用少量奶油将整体薄薄涂抹一层，是“打底涂抹”。放入冰箱冷藏冷却凝固，再均匀地涂抹一层厚奶油，就是“正式涂抹”，这样就有赏心悦目的外观了。甜点师在这期间，要了解抹刀的角度，在奶油融化前快速完成。想要更漂亮多涂抹几次，或者在同一个地方反复涂抹，反而会导致失败。

另外，在烘焙蛋糕胚之前，用刷子刷一层水或者蛋液，烤完后蛋糕胚会更有光泽。蛋液里混有卵带（白色薄膜部分）会影响口感，所以要去除，用力打散后再使用。

涂抹方法要点

给蛋糕胚涂抹奶油

草莓奶油蛋糕要在奶油塌陷前快速完成

涂抹蛋糕表面时，将抹刀平放在蛋糕胚上，从里向面前快速移动。边旋转旋转台，边将奶油慢慢涂抹在侧面上，不要乱动抹刀才是关键。

1 将奶油放在蛋糕胚中间，从中心向面前均匀地涂抹展开。

2 抹刀刀尖向下，沿着侧面涂抹一圈。“打底涂抹”就完成了。

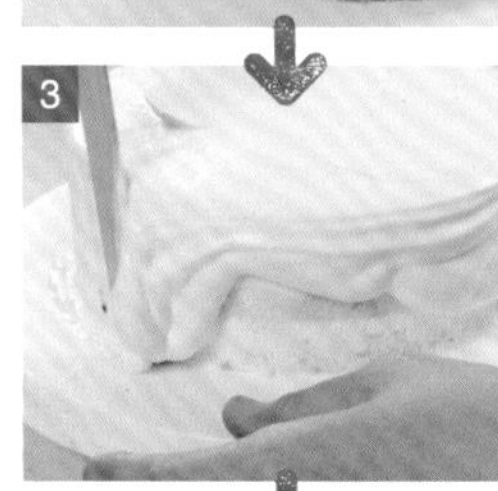

3 放入冰箱冷藏约10分钟。放上足够的奶油重复1～3。

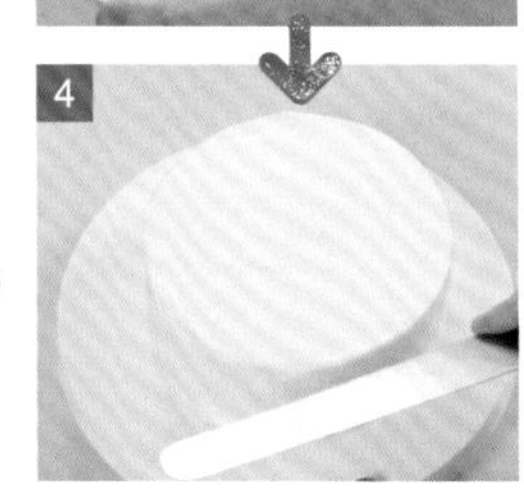

4 将整体都均匀涂抹上一层奶油，“正式涂抹”就完成了。

理想的成品!

将奶油均匀抹平，能盖住里面的蛋糕胚就可以了。在装饰前将蛋糕再次放入冰箱冷藏。

模具涂抹黄油

在烘焙面团时，对防止面团粘在模具上很有效果。

在模具内侧涂上软化的黄油。脱模时可以干净漂亮地将甜点拿出来还能沾上黄油的香气。

派皮涂抹蛋液

为了防止烘焙时表面干燥，表面也能烤出漂亮的金黄色。

用力打散蛋液，用刷子薄薄刷在派皮上，让派皮表面湿润即可。不要涂抹断面，不然会影响派皮的层次。

甜点涂抹果胶

果胶是由砂糖、水和洋酒煮制而成。可以增添光泽、防止干燥。

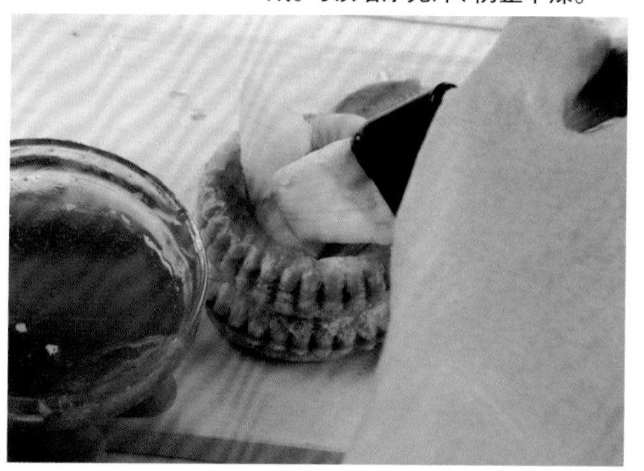

将果胶充分煮开融化，趁热涂抹。涂抹新鲜水果时，只要薄薄涂上一层即可。

泡芙涂抹水

烘焙期间面糊会有裂纹，表面就会裂开。

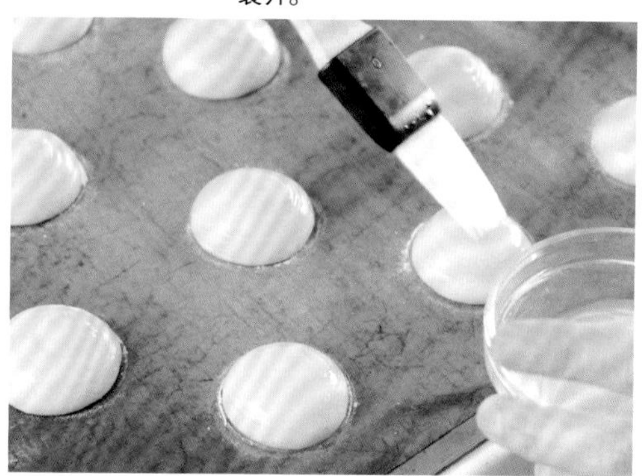

将表面轻轻湿润后再烘焙，表面的水分蒸发会烤得更香脆，膨胀起来的表面就会产生漂亮的裂纹。

美化外观的“淋面”？

淋面就是“覆盖”的意思。除了用果胶之外还有多种方法。

翻糖糖霜

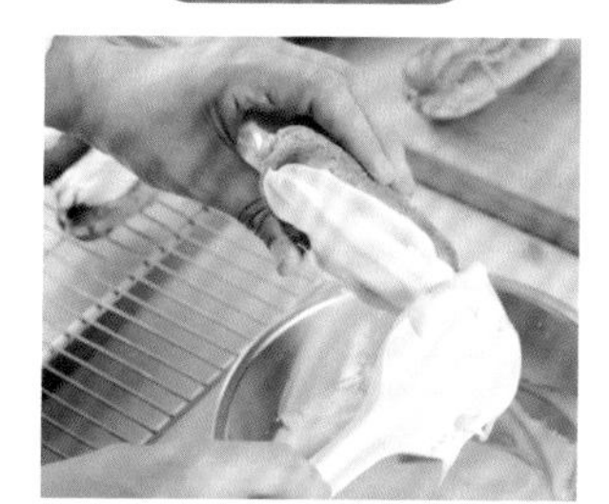

用砂糖和水饴等煮制而成，浇在甜点上，室温放置后自然形成一层糖皮。也可用咖啡等增加颜色。

巧克力

调温（参照第140页）过的巧克力浇在甜点表面，趁热用抹刀涂抹均匀。

吉利丁

把加入吉利丁的果汁倒在蛋糕表面，放入冰箱冷藏凝固，表面就像覆盖了一层果冻一样。

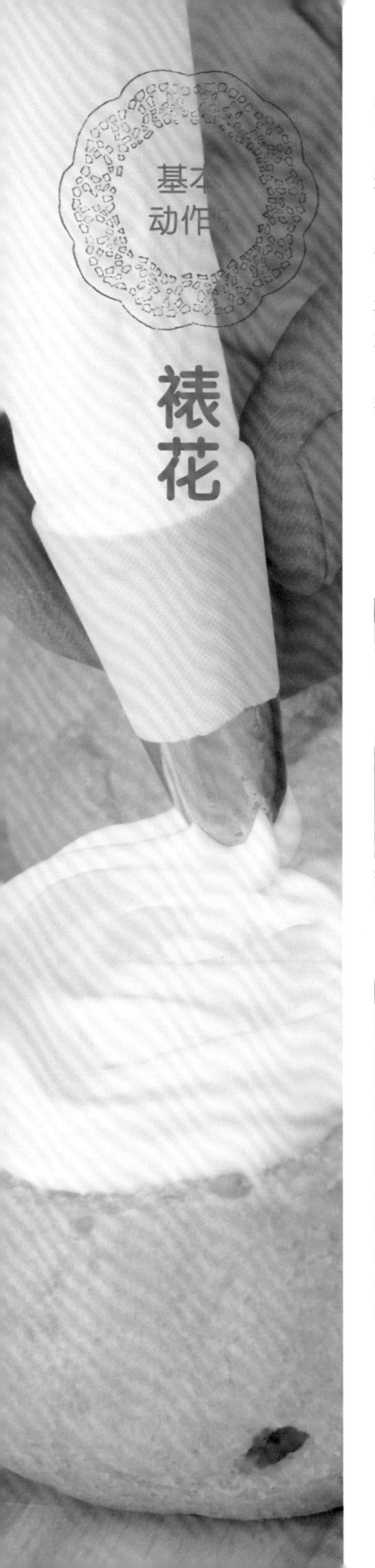

基本动作 裱花

泡芙、装饰等美化外观的操作

蛋糕装饰、饼干、泡芙面糊等，都需要好玩的裱花操作，当然，这也是关系美感的有难度的操作。

裱花时不美观的原因，可能是宽度、大小、高度、间隔不均等造成的。将这些都做到整齐均匀，是最佳的解决之道。

首先，裱花时手的力度要始终如一、不大不小。另外，裱花袋中要一直保持饱满的状态。然后，趁裱花袋中的奶油没有融化，快速裱花。多练习几次找到感觉就好了。

建议使用可以重复使用的裱花袋。使用后将剩在袋中的面糊洗净，拿出裱花嘴洗净。将水滴擦干，彻底晾干后再保管起来。

裱花袋的使用方法

裱花袋分为一次性的和可清洗反复使用的两种。
使用方法相同，请熟练掌握。

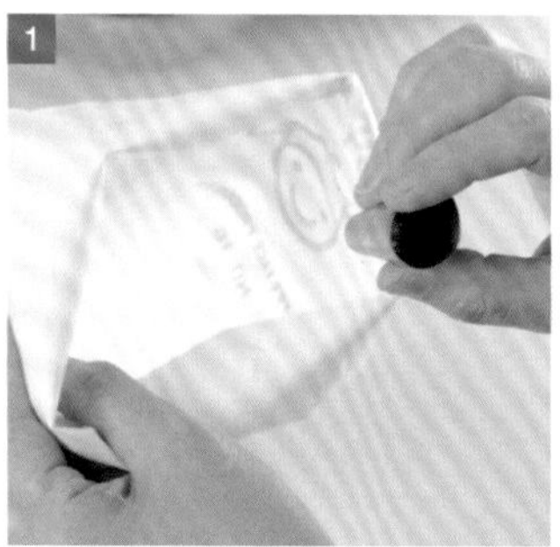

1 打开裱花袋内侧，放入裱花嘴，从裱花袋另一头拿出来安装好。

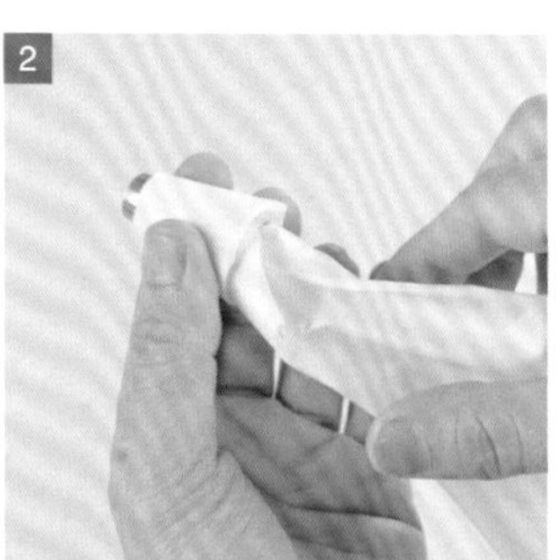

2 裱花嘴的一端紧紧卡在裱花袋上。轻轻扭转裱花嘴上方的裱花袋，让裱花袋稍稍嵌入裱花嘴内侧。

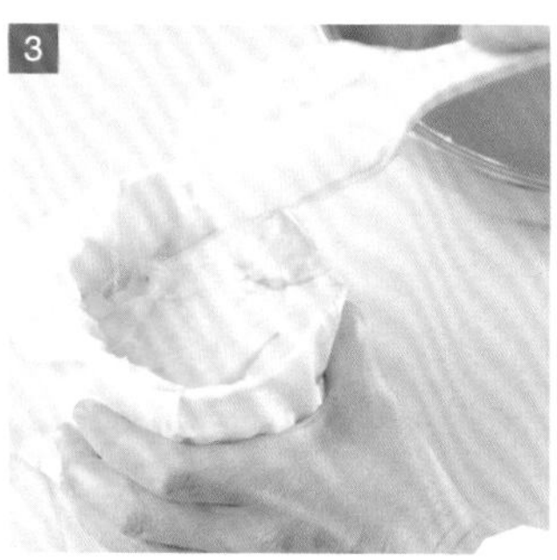

3 在量杯或者马克杯里放上稍稍扭转的裱花嘴前端，把裱花袋向外翻。将材料或者奶油装进去。

4 将裱花袋从杯子中取出。放在操作台上，用刮板由裱花袋上方向裱花嘴方向挤压，挤出多余的空气。

裱花方法

裱花袋要一直保持饱满的状态。

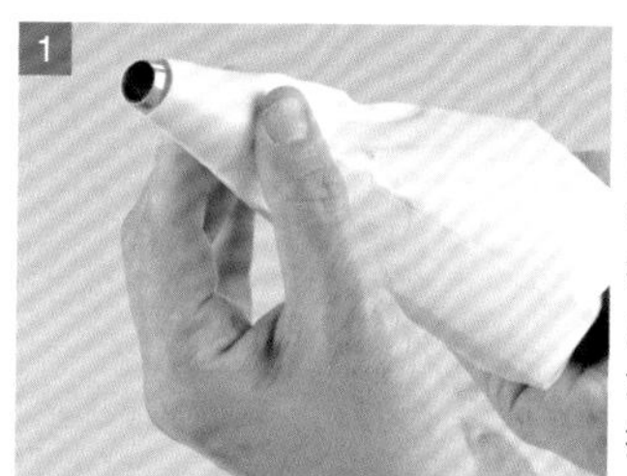

为了避免袋内的材料流出来，将裱花袋口稍稍扭转。用常用的那只手拿着下面支撑好。

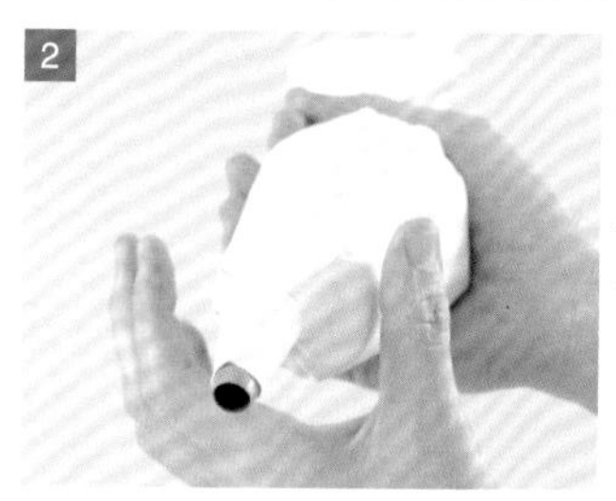

裱花嘴朝下，将之前扭转的地方恢复原状，确认里面填充满了材料。

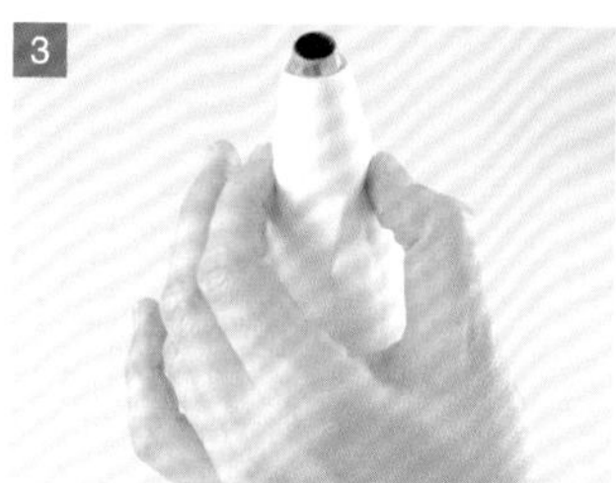

裱花嘴朝上，另一只手拿着固定裱花嘴的部分，开始裱花。

裱花完成后，将裱花嘴拂过材料或者像挤奶油一样画圆，快速提起来。

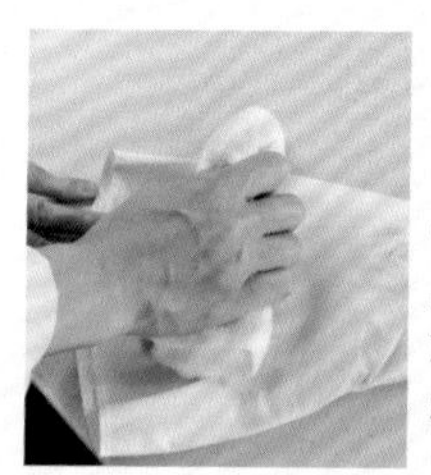

调整硬度

材料太硬挤不出来时，用拧干的毛巾擦拭，使材料温热变软。如果材料过软使裱花难以成形，就放入冰箱稍微冷藏后再用。

用毛巾从上往下擦拭，材料就会变软，就容易裱花了。

奶油裱花

蛋糕里的夹心奶油或者装饰奶油裱花

将卡仕达奶油酱挤在派皮里面。边裱花边稍稍移动裱花嘴，确定奶油酱能填满派皮。

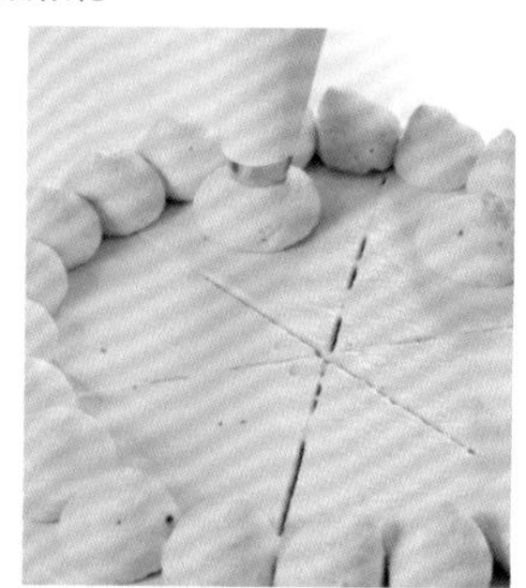

给蛋糕裱花时，从较高的位置挤出大小合适的膨胀的圆形。

材料裱花

挤出泡芙、饼干和吉拿果面糊后，动作要快。要在面糊软化前立刻烘焙。

泡芙面糊。粘上低筋面粉的切模压出圆形的痕迹，在这个圆圈里挤出有一定高度的半圆形。

花型饼干。星型花嘴像画圆一样裱花。完成后横向一拉即可。

有间隔地裱花

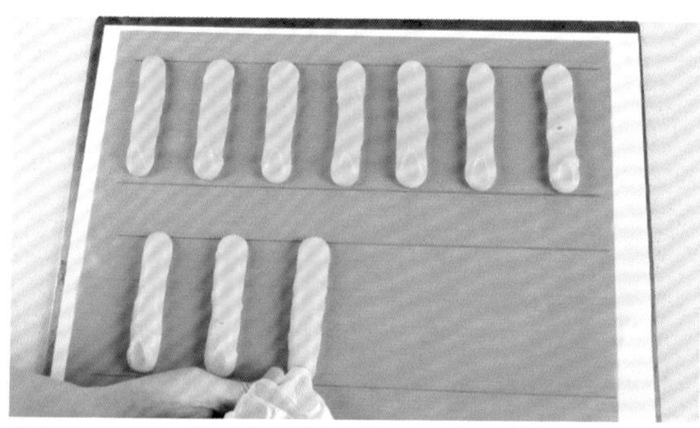

闪电泡芙面糊。考虑到面糊会膨胀，要有间隔地裱花。如间隔太近，烤箱的热风会流通不畅。

擀压

重新检查擀面杖的力度和使用时机

在给派皮、塔皮或者饼干整形时，面团无法擀均匀，黏黏糊糊的不成形状——经常听到有人因这种原因而失败，成功的关键就在于擀面杖的使用方法。

首先，把面粉（高筋面粉）撒在操作台和面团上，防止粘连。不要立刻就开始擀压面团，先将面团压到均匀的厚度后，再开始擀压。从面团正上方开始滚动擀面杖，擀到接近面团边缘就要停止。如果擀到边缘，面团变薄就会容易弄烂。

擀压过程中，面团变得黏黏糊糊，这是黄油融化的原因。要提前将工具、操作台、材料等冷藏，并在凉快的房间里快速操作。

正确擀压方法

擀压之前，用身体的重量压在擀面杖上按压面团，形成可以擀压的硬度。

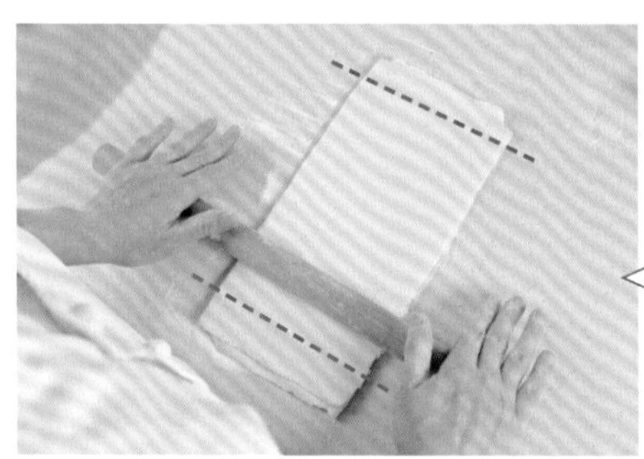

直起腰站好，将手掌中央贴在擀面杖的正上方。将擀面杖从面前向前方滚动，边旋转面团边慢慢擀压。

擀压完成时
上下两端虚线以外的部分不要擀压，擀压到虚线部分即可。擀到理想的长度后，轻轻按面团的两端，擀至一样厚度。

将上、下两端虚线以内的部分擀压到理想的长度和厚度。

擀成方形
将面团大体擀成方形后，从上方开始轻轻按压，旋转90° 再擀压调整厚度。

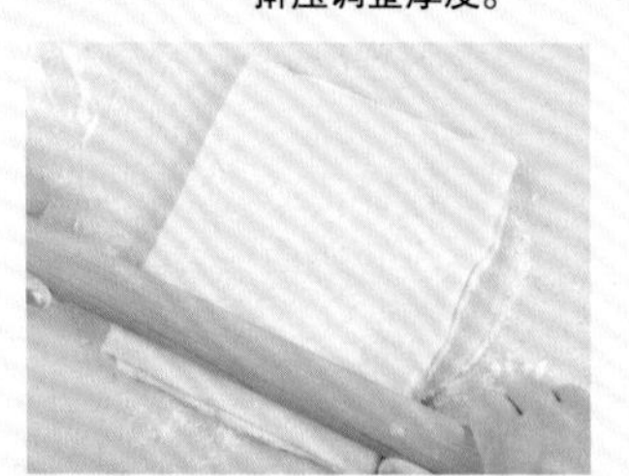

静置面团前，先将面团整形成方形，这样能快速擀出漂亮的形状。

擀成圆形
按压面团后，将面团旋转90° 再擀压，如此重复调整面团整体厚度。

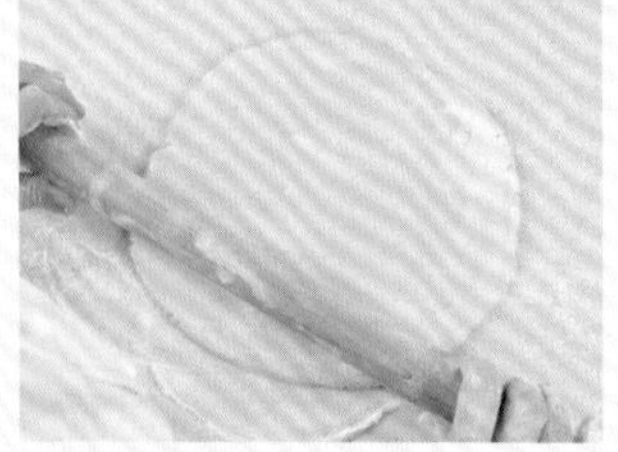

边旋转边擀压，自然而然地擀出漂亮的圆形。

擀压时的6个要点

要点1 冷却操作台

温热的操作台会融化面团中的黄油。将操作台放入倒入冰水的方盘中，冷却需要使用的部分。

冷却后会将操作台弄湿，要擦干。

要点2 冷却双手再操作

手的温度也会融化面团，所以操作前要将手在凉水中浸泡。最好将室温设置在20℃以下。

一定要擦干水分再操作。

要点3 撒粉

在面团和操作台上撒上松散的高筋面粉，称为“撒粉”。这是为了防止面团粘在手上或者操作台上。

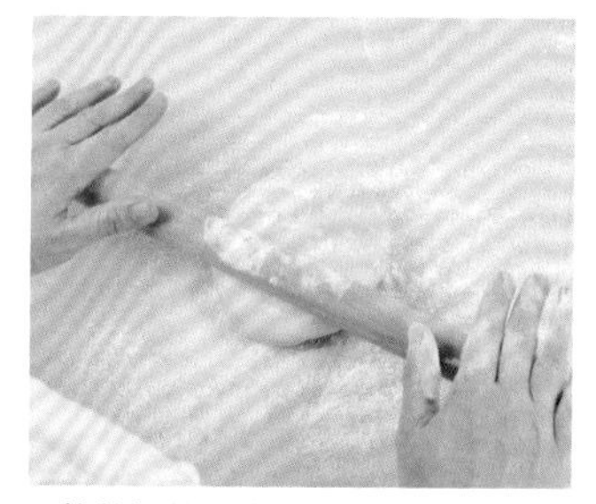

颗粒较粗的高筋面粉容易分散。

要点4 擀压前从上往下按压

如果在面团较硬时直接擀压，会造成面团表面产生褶皱裂纹。可以轻轻按压，或者揉软后再擀。

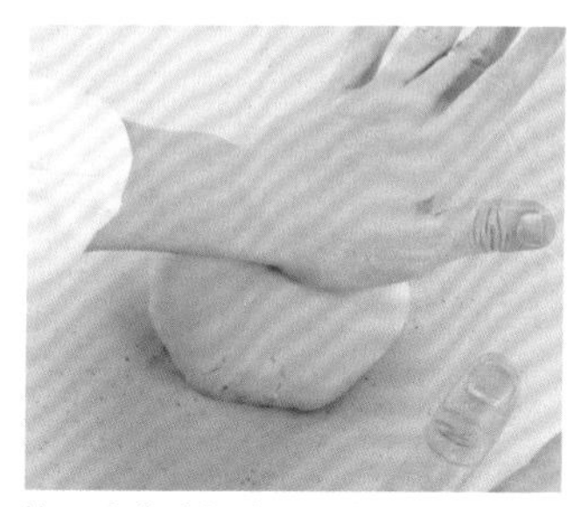

按压造成裂纹时，可以轻轻揉合再擀。

要点5 翻面时使用擀面杖

将面团翻面或者旋转时，用手碰触会使面团受热变软，可以用擀面杖翻转。

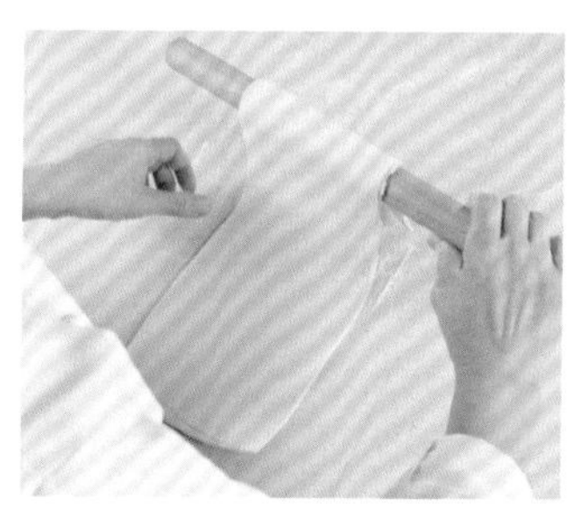

将擀面杖伸到面团下方挑起面团。

要点6 擀得比模具大一圈

将面团覆盖在模具上时，还要考虑到侧面，所以要擀得比模具尺寸还要大一圈。

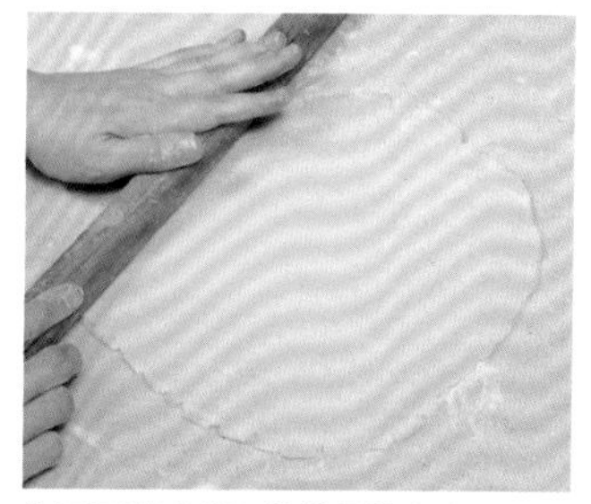

将面团擀到能覆盖模具的大小。

为了之后的操作，暂时静置面团也是一个非常重要的步骤。

为什么要静置面团？

制作派皮等面团时，将面团放入冰箱冷藏有两个目的。一是冷却在操作中软化的黄油。第二个就是减弱面粉中所含筋度的弹性。一旦揉和、擀压，面团就会有弹性，变得紧缩。之后的操作就很难延展面团，所以要静置。

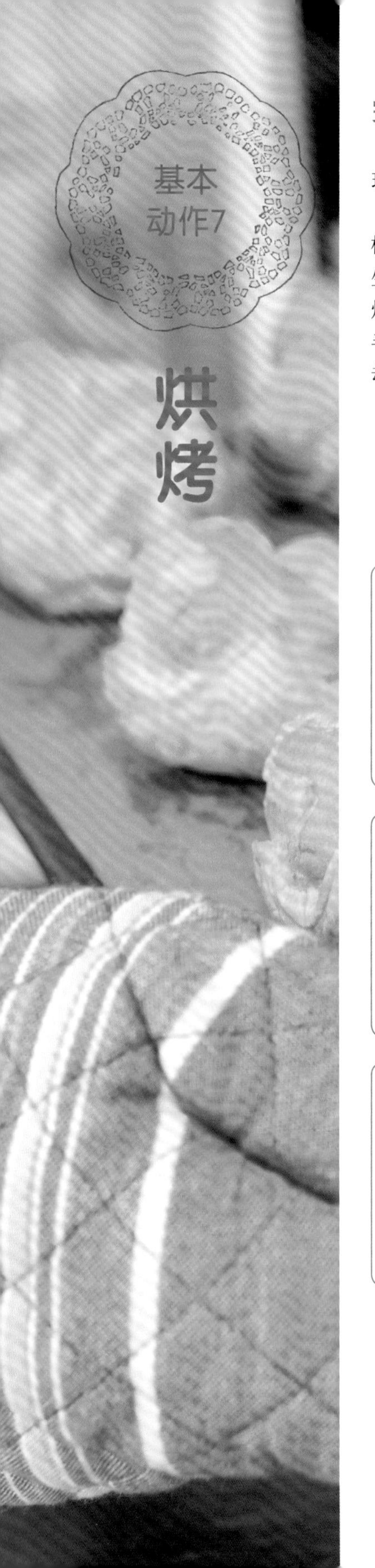

完成甜点烘烤，尽享打开烤箱的惊喜

在烤箱当中因为加热，黄油融化，砂糖飘香，水分蒸发等，会出现各种状况。因此，烘烤前要多做些准备。

烘烤打发的面糊时，将面团倒入模具中，然后轻轻在毛巾上振动模具，可以让表面平整，敲出多余的气泡。如果忽略这个步骤，会产生较大的空洞，面糊厚薄不均造成受热不匀，外观也会受到影响。烘烤完成时，要确认中间是否被烤熟。用竹签插入其中拔出，没有沾到半生不熟的面糊，就表示烘烤完成了。如果中间半生不熟就直接冷却甜点会回缩。烘烤不足时，要尽快放回烤箱，增加烘烤时间。

甜点烘烤温度

要烤出香脆可口或者绵润松软的理想甜点，
必须要有适宜的温度。

烘烤这样的甜点	温度	说明
·派皮 ·泡芙 ·闪电泡芙 ·等等	190~220℃ 高温	温度较高，水分完全蒸发。适合烘烤香脆的派皮、因蒸汽膨胀的泡芙和闪电泡芙等。
·海绵蛋糕 ·塔皮 ·黄油蛋糕 ·饼干 ·等等	160~180℃ 中温	将甜点烤得恰到好处，有漂亮的颜色。大部分甜点都是用中温烘烤。不过，长时间烘烤较大的甜点容易烤焦，所以会设在160℃。
·戚风蛋糕 ·舒芙蕾奶酪蛋糕（隔水蒸烤） ·蛋白霜（干燥烘烤） ·达克瓦兹 ·等等	160℃以下 低温	慢慢烤熟，适合烘烤口感绵软的甜点。隔水蒸烤时，周围是煮沸的热水，利用水蒸气烤熟。

用烤箱烘烤前注意

整平表面

把面糊表面整平，将面糊连同模具一同在操作台上轻磕，震出气泡，使面糊受热均匀。

有间隔地摆放

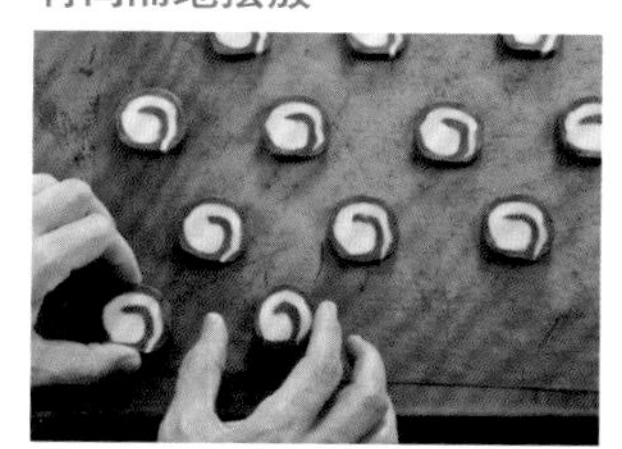

为了把面团都烤熟，要有间隔地摆放，这样才能使面团均匀受热。

考虑膨胀程度

为防止玛芬或者戚风蛋糕等面糊溢出，倒入模具7~8分满即可。

烘烤要点

检查烘烤状态!

确认中间也烤熟

查看烘烤颜色，轻轻按一下是否回弹确认状态。另外，将竹签插到很难烤熟的中间约3秒，如果没有粘上面糊就证明烤熟了。

抽出插进去的竹签，没粘上半生不熟的面糊就可以了。

烘烤时不要打开烤箱门

加热中的烤箱温度突然下降，会让已经膨胀的面团遇冷难以膨胀，导致受热不均。

不保持烤箱内的温度，很难完全烤熟。

覆上锡纸以防烤焦

要看表面上色情况，想减弱火力时，可以在面团上覆盖一层锡纸慢慢烤熟。

减弱上火，就很难烤焦了。

烘烤种类

隔水烘烤

蒸烤舒芙蕾、布丁等口感绵软的甜点时使用的烘烤方法。将模具放在方盘中，在方盘中注入热水再开始烘烤。

不超过100℃，所以烤出来口感湿润绵软。

干燥烘烤

泡芙等烘烤完成后，放在烤箱中用余温烤熟。水分蒸发，口感酥脆。

为外观好看，分阶段烘烤。

空烤

将塔皮覆盖在模具上后，不放馅料直接烘烤面皮。烘烤到轻微金黄色即可。

放上镇石空烤，待表面干燥后取出镇石再次烘烤。

基本动作8

切割

切割甜点关键在于不破坏形状

制作甜点时，使用波纹状的锯齿刀切割。刀刃像锯一样前后移动，利用刀刃的凹凸不平干净地把甜点分割出来。

装饰之后的甜点，蛋糕胚、奶油、水果等重量不同的材料层层叠加。使用波纹刀，将不同重量的材料同时切割，也不会破坏形状。切割巧克力甜点时，将薄刃刀用喷枪或者热水热过后再切割，这样巧克力等稍稍融化，可以干净地切割。

另外，切割水果时比较适合用短刃的水果刀。把苹果切薄片，给葡萄剥皮，进行这些细腻的操作时十分方便。

分割烘烤前的面团

如果前后移动刀刃切割柔软的面团，面团会被拉扯变形。
要一刀利落切下。

案例1

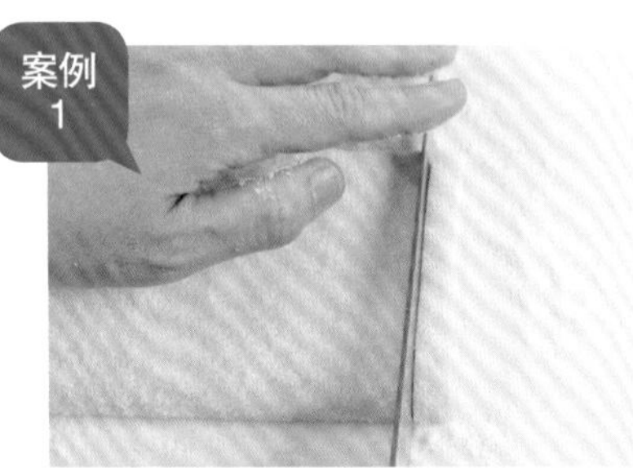

切割派皮注意不要破坏层次

派皮是面团和黄油层层叠加而成。所以要一刀利落切下，以防破坏层次。最好使用专用的派皮切刀。

案例2

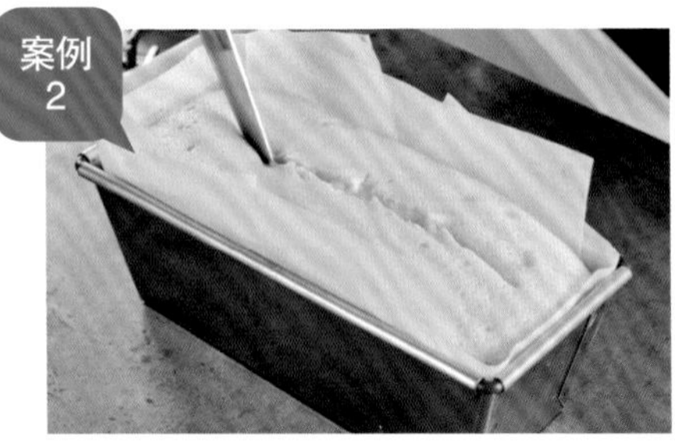

黄油蛋糕在烘烤途中要划出刀纹

因为烘烤和蛋糕中水蒸气的影响，表面会产生裂纹。为了让中间能漂亮地膨胀开来，在烘烤开始时就在中间划出刀纹。

案例3

饼干用保鲜膜包裹以防破坏形状

饼干中的黄油非常容易融化，所以要用保鲜膜整形冷藏后再切割。剥去保鲜膜后再烘烤。

烘烤后切割

烘烤后的甜点质地稍硬，要小心切割，以免破坏形状。

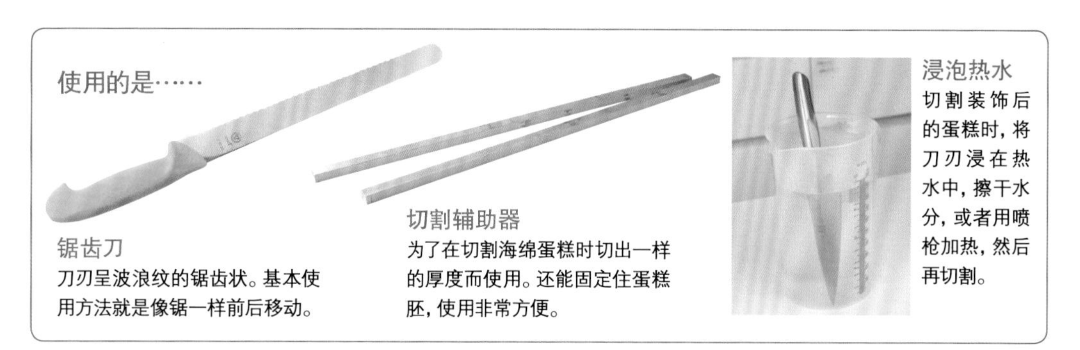

使用的是……

锯齿刀

刀刃呈波浪纹的锯齿状。基本使用方法就是像锯一样前后移动。

切割辅助器

为了在切割海绵蛋糕时切出一样的厚度而使用。还能固定住蛋糕胚，使用非常方便。

浸泡热水

切割装饰后的蛋糕时，将刀刃浸在热水中，擦干水分，或者用喷枪加热，然后再切割。

切割塔皮

分割时，用锯齿刀前后稍稍移动，切出中间到边缘的半径，以免破坏形状。

要点

装饰的奶油和水果是柔软的，塔皮稍硬且状态不稳定。

为了避免切坏水果，边用手指按压边在中间切入刀刃，向外侧切割。

切割派皮

千层派等成形后，质地非常脆弱，所以边用尺子比量边用刀刃一点点移动切割。

要点

面皮不平很难切割时，可以用手指轻轻按压面皮的一端再切割。

切割时一刀落下，面皮反而容易裂纹破碎，要一点点地切割。

切割海绵蛋糕

因为要在蛋糕胚中间夹上奶油，所以要求蛋糕片厚度均匀。要小心切割，以防侧面切得不平。

1 在蛋糕胚的侧面放上切割辅助器固定。

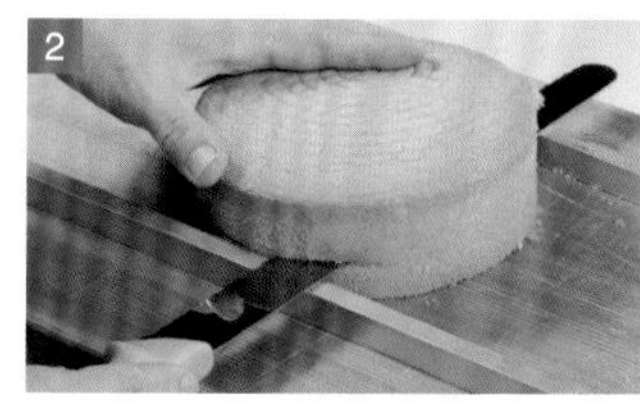

2 轻轻按压蛋糕胚的上方。锯齿刀开始横向切割。

3 分割时蛋糕胚容易破碎，所以要慢慢分割。

4 上半部分剩下的蛋糕胚，同样分割成两半，这样就把蛋糕胚三等分了。

需要熟知的

甜点制作用语词典

在甜点制作的菜谱中，经常在表示动作或者份量时使用专业术语。充分了解每一个词语或者动作的意思，才能细致入微、面面俱到。

提前准备篇

室温软化

表示黄油或者鸡蛋的状态。从冰箱中拿出，室温下放置以后再使用。

预热

在实际烘烤前，将烤箱内的温度加热到合适温度。通过预热可以减少受热不均。

浇酒点燃

为了增添风味，将洋酒或者利口酒等倒入锅内加热，使酒精挥发，口感变得醇厚。

隔水加热

将碗放入热水中，使碗中的材料融化或者软化。多用于鸡蛋和巧克力的操作。

蛋糕篇

阿帕雷酱汁

用粉类、鸡蛋、黄油、牛奶等多种材料混合而成的流动状态的面糊。

缎带状

做海绵蛋糕时，鸡蛋和砂糖打发后，面糊滴落时能书写文字的打发状态。

发白状

搅拌黄油和砂糖，或者蛋黄和砂糖等时，打发到裹入空气、发白的状态。

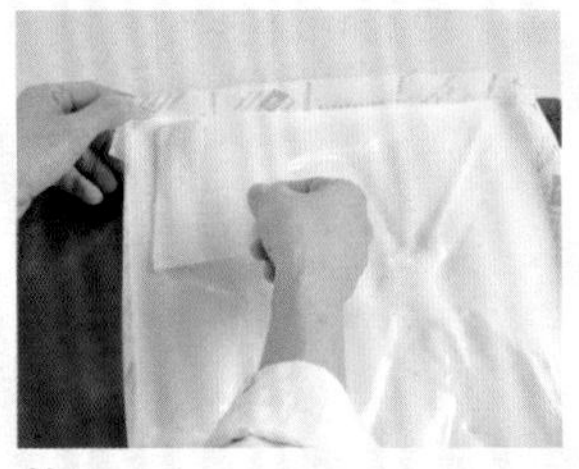

整平

用刮板将面糊表面抹平，将模具在操作台上轻磕，摔出空气，将表面整平。

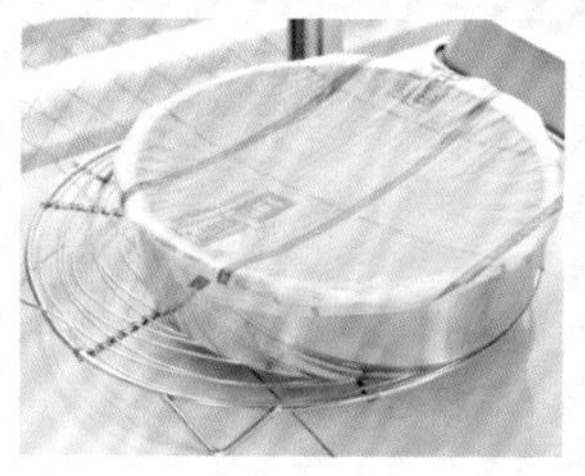

放凉

烘烤完成的甜点，继续在室温下放置到温度降低。

浸润

为了避免蛋糕胚干燥，涂抹放入洋酒的糖浆，还能增添风味。

镜面果胶

由果酱、砂糖、水和洋酒等煮制而成。刷在水果或者甜点上，既防止干燥，又增加光泽度。

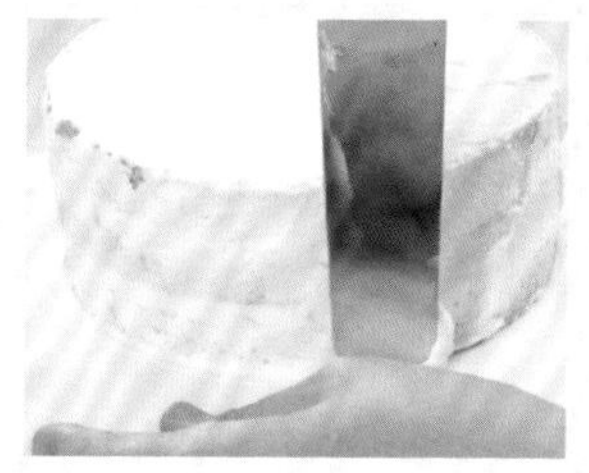

涂抹

装饰蛋糕时，用抹刀将奶油抹到蛋糕胚上。

派皮·塔皮篇

基础面团

折叠派皮面团初期要揉合成面团。面粉加入黄油和水揉合而成的面团。

静置

面团在揉合延展之后，要暂时放入冰箱冷藏，来抑制低筋面粉的筋度。

填充

指的是在塔皮或者派皮中倒入奶油等填充材料。

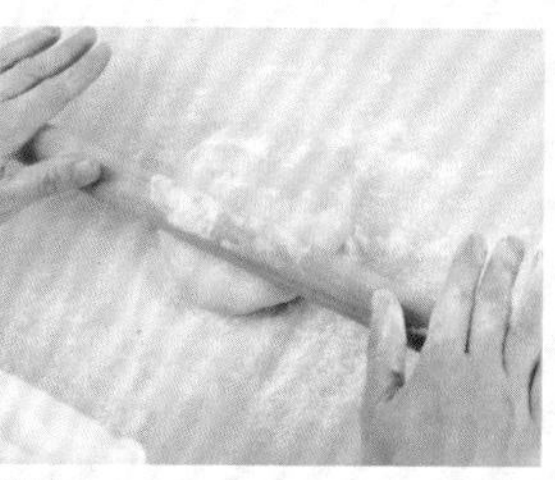

撒粉

用擀面杖擀压面团时，为了不让操作台和面团、擀面杖和面团之间互相粘连，撒上高筋面粉。

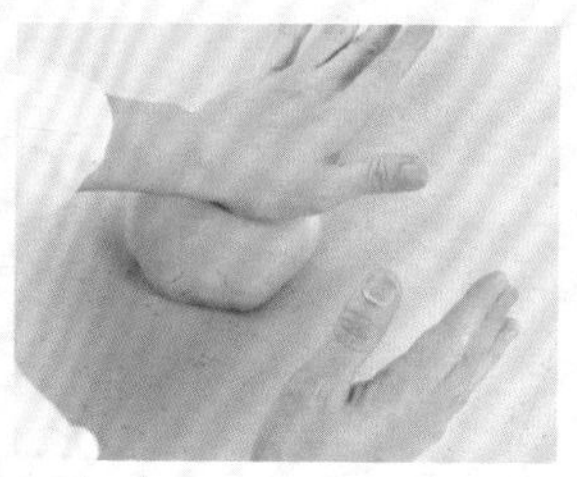

揉合

将派皮的基础面团等，揉至表面光滑的状态。

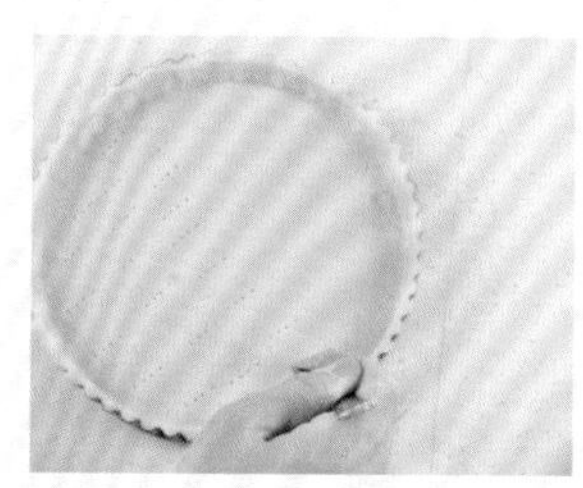

打孔

在面皮上打孔，散发热气。这样可以防止烘烤时因面团膨胀引发底部不平。

空烤

将塔皮等覆在模具上，不放任何材料（不放馅料），只将面皮烘烤到变硬。

干燥烘烤

烘烤面团后，将面团继续放在烤箱内，用余热加热。这样水分蒸发后表面干燥，口感酥脆。

巧克力篇

调温

融化用于淋面的巧克力，调节温度，形成有光泽、顺滑的状态。

甘纳许

巧克力和淡奶油混合，根据用途调整硬度。用于松露巧克力的内馅。

浸泡

使用吉利丁或者琼脂等凝固剂时，用水浸泡使其变软。

凝固

吉利丁等凝固剂融化后，放入冰箱冷藏成形。

奶油&蛋白霜篇

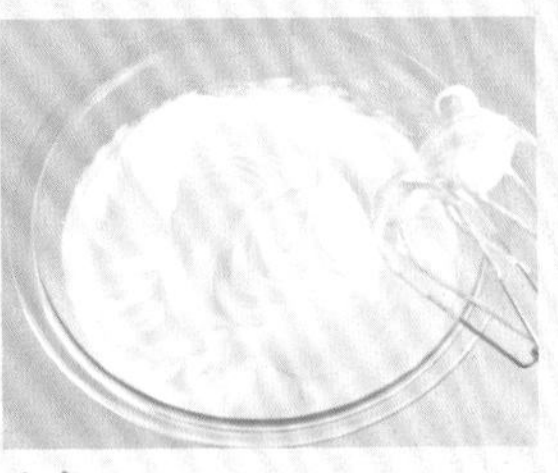

立角

表现打发理想的状态。将打蛋器从奶油或者蛋白霜中提起时，会有小角立起。

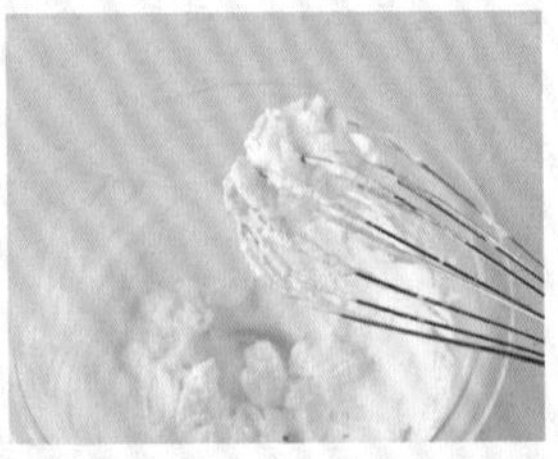

分离

油水分离的状态。黄油等油脂和牛奶等液体混合时，无法融合的状态。

乳化

油脂和水分融化的状态。搅拌材料时打成奶油的状态。

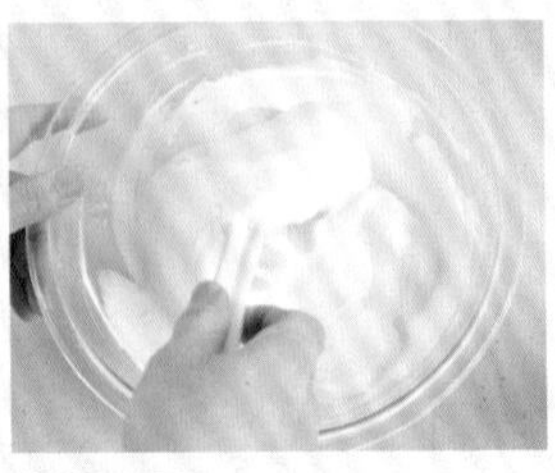

调整纹理

蛋白霜打发完成后，将气泡打到均匀细腻。制作海绵蛋糕时，指的是打到有光泽的状态。

其他

糖霜

砂糖和水饴等煮稠后迅速冷却，凝结成白色奶油状。涂在甜点上作为糖衣。

隔水蒸烤

制作布丁或者舒芙蕾时，在模具的周围倒入热水，放入烤箱中，开始蒸烤。

裙边

法语中有“脚”的意思。烘烤马卡龙时，周边膨胀出来的部分。

发酵

制作甜甜圈等放入酵母的面团时，要静置一定时间让面团膨胀。

第3章

基本面糊和奶油酱

掌握常用面糊的做法

制作基本面糊

面糊的颜色漂亮、外型美观，做出的甜点才会赏心悦目、美味诱人。
准确地学会做法，掌握美味的诀窍。

了解搅拌程度

要搅拌到什么状态才算合适，如何用力才不会消泡。

了解温度调节

材料要冷却，还是隔水加热，不达到合适的温度，材料无法发挥应有的作用。

了解材料的特征

揉合面团会出筋，砂糖会稳定鸡蛋的打发状态，要了解材料的特性再制作。

材料的比例或者放入顺序不同，成品就会不同

海绵蛋糕柔软的秘密，在于打发的鸡蛋和支撑它的面粉的力量。甜点的面糊，就是这些材料相互融合、相互作用形成的。

没有膨胀、口感干涩等等，做出失败的甜点，就是忽视材料的相互作用导致的。首先请参照第118页以后的内容，了解材料的特性。

在实际制作面糊时，即使本书中没有特别说明，也要自行判断合适的室温、搅拌力度、烘烤完成的状态。细节决定成败。

特别是制作派皮和塔皮时，要注意保持室温在20℃以下，以免面团中的黄油融化溢出。黄油融化溢出后，会严重影响派皮和塔皮独有的酥脆口感。

甜点制作失败，也会影响到后期装饰。如果自己并不满意，请重复练习，力争做出完美的成品。

面糊种类

质地柔软的，口感酥脆的，面糊的种类多种多样

千层派皮
（折叠派皮面团）

基本面团和黄油重复折叠再擀薄，形成细腻的层次。

快速折叠派皮
（速成折叠派皮面团）

为了快速制作派皮面团，将切碎的黄油放入基本面团中揉匀，再擀薄折叠做成。

奶油泡芙
（泡芙面糊）

因为鸡蛋含量高，所以面糊呈金黄色。利用面粉变成面糊形成的黏性，呈现快速的膨胀。

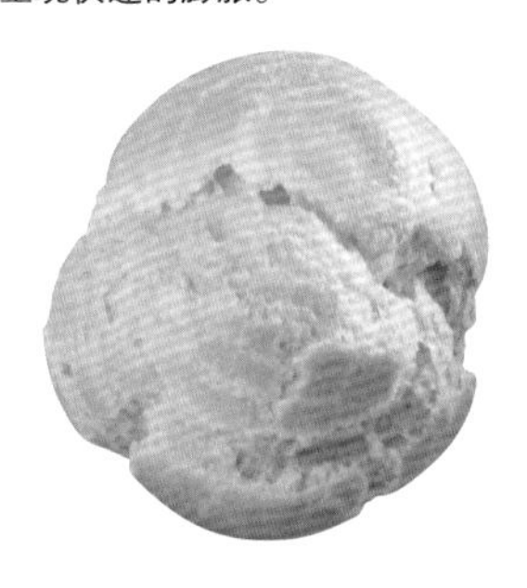

戚风蛋糕糊

放入打发蛋白形成的蛋白霜或者液体，所以出现膨胀，口感湿润绵软。

脆皮面团
（塔皮）

坚硬的奶油和低筋面粉搅拌而成。因为没有放入砂糖，所以不甜，口感酥松。

甜酥面团
（塔皮）

利用鸡蛋的水分揉和面团，含有砂糖。口感独特松软。

海绵蛋糕糊
（全蛋打发法）

利用全蛋打发，将蛋黄和蛋白一起搅拌制作，叫做“全蛋打发法”。口感松软。

海绵蛋糕糊
（分蛋打发法）

将鸡蛋分为蛋白和蛋黄，各自打发制作，叫做“分蛋打发法”。适用于挤出做造型。

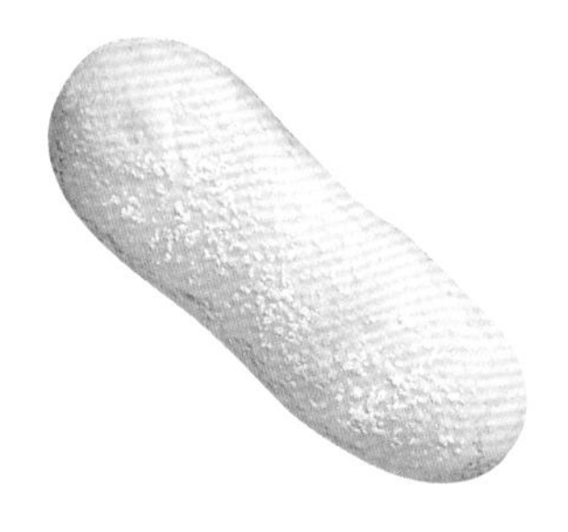

黄油蛋糕面糊
（黄油面糊）

因为混入大量的黄油，所以味道浓郁。玛德琳和费南雪也用同样的面糊。

基本面糊①

海绵蛋糕糊（全蛋打发法）

海绵蛋糕适合做奶油蛋糕的蛋糕胚。将鸡蛋打发成细腻气泡，口感绵润。

材料

（直径15cm·圆模）

鸡蛋……100g

细砂糖……60g

低筋面粉……60g

黄油……20g

海绵蛋糕的基本做法

全蛋打发意思是打发整个鸡蛋。蛋黄和蛋白不分开一起打发，所以烘烤后口感绵润。

用烘焙纸将直径15cm的圆模包住做底，放在烤盘上。

容器里放入黄油，放在倒入水的锅中。隔水加热到黄油软化。

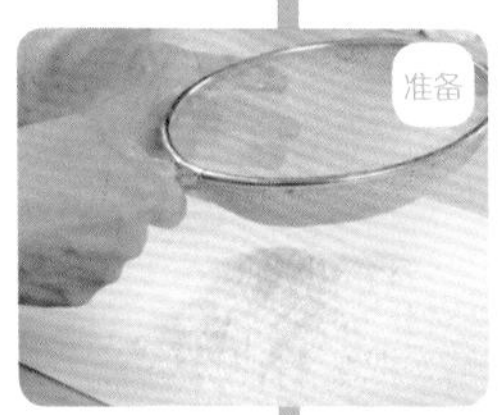

低筋面粉过筛到纸上。烤箱提前预热到180℃。

碗内打入鸡蛋，放入细砂糖。

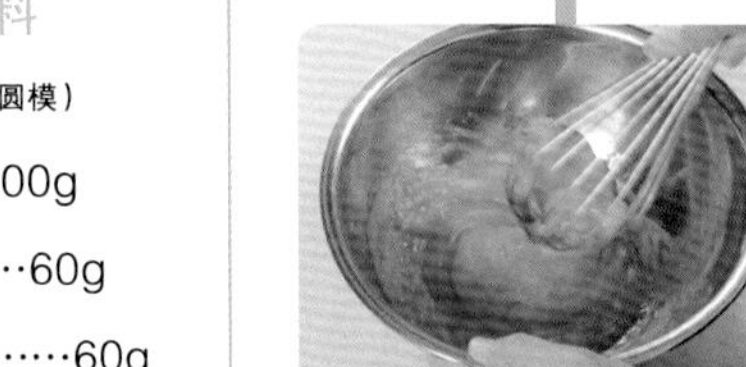

用打蛋器用力打发。将蛋液搅打至黏稠就可以了。

将水烧热到50℃。把碗放入锅内隔水加热，边搅拌边加热。

用打蛋器使劲搅拌，加热到接近人体的温度（约36℃）。

将碗拿出来，换用手持电动打蛋器用力打发。

搅打至颜色发白，再用打蛋器搅拌，整理纹路。

加入过筛后的低筋面粉。边用橡皮刮刀搅拌，边一点点撒入面粉。

整体大幅度搅拌，搅到面糊出现光泽。

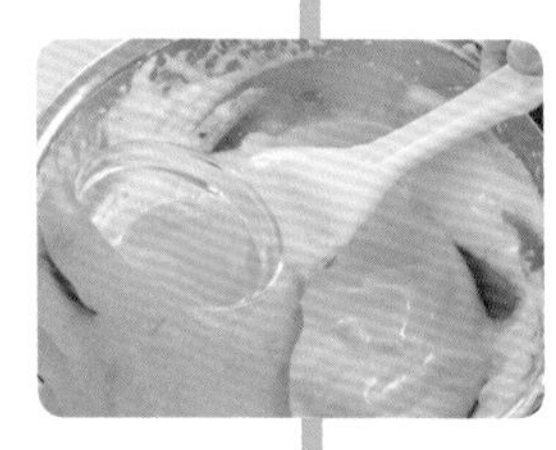

将融化的黄油顺着橡皮刮刀倒入，这样不会沉到碗底，会流到面糊表面。

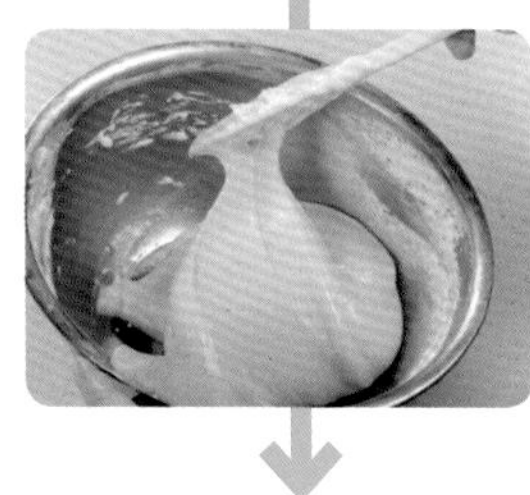

用橡皮刮刀搅拌几次。直至看不到黄油的纹路为止。

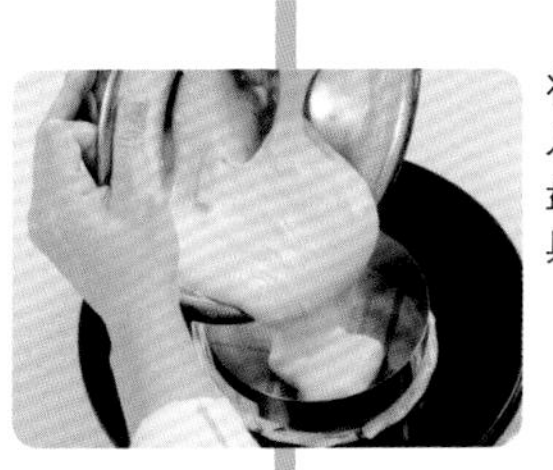

将面糊倒入放在烤盘上的模具里。

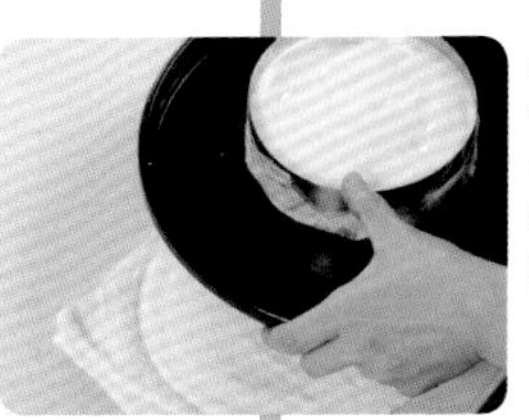

用手按住模具，在毛巾上轻轻敲打2~3次，排出空气。

表面平整后，放入烤箱，180℃烘烤约25分钟。

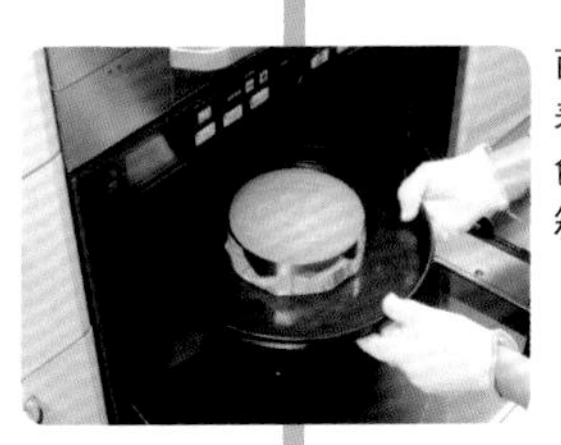

面糊膨胀，表面呈黄色后，从烤箱中取出。

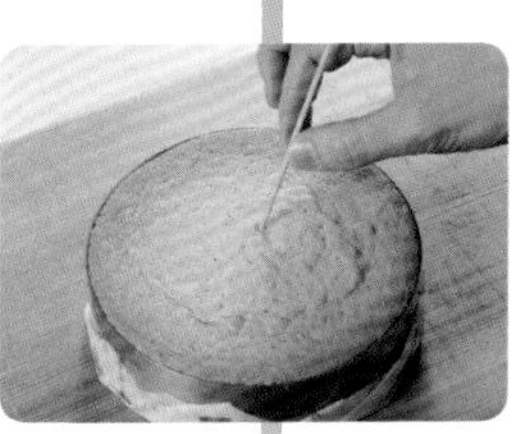

将竹签插入中间检查烘烤的程度。竹签上没有面糊，就证明烤好了。

将蛋糕倒扣在冷却架上。等放凉后脱模。

膨胀到和模具一样高，非常有弹性。切面也看不到显眼的大空洞。

面糊制作成功的要点

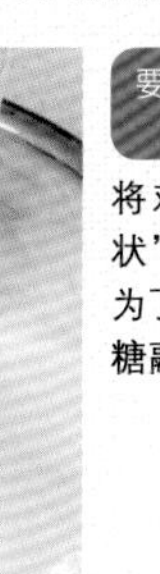

缎带状就是像缎带一样缓缓垂落，可以看到残留的痕迹。打发到颜色发白、黏稠即可。

要点1 用力打发鸡蛋和细砂糖

将鸡蛋和砂糖打成“缎带状”。搅拌时隔水加热，是为了降低鸡蛋的黏性，使砂糖融化容易打发。

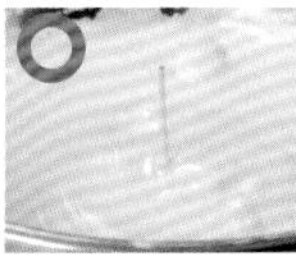

这时，牙签插入面糊1cm左右，也不会倾斜。

要点2 快速搅拌不要消泡

保持缎带状面糊的气泡，搅拌剩余材料。此时不能用打蛋器一圈圈地搅拌，要用橡皮刮刀大幅度地从碗底舀起搅拌低筋面粉和黄油。

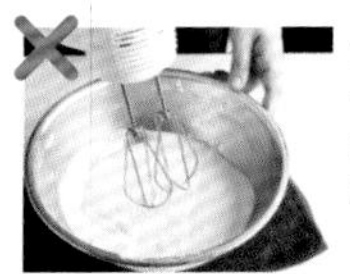

这种搅拌方法会消泡！
不要用搅拌机或者打蛋器。

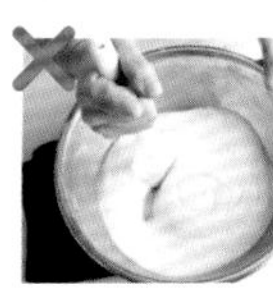

不能握住橡皮刮刀使劲搅拌。

是否有过这样的失败？

面糊没有膨胀、塌陷、质地粗糙，这些失败肯定有原因。要检查烤箱是否充分预热，纸的包法是否正确。

残留面粉疙瘩
原因是……
低筋面粉没有过筛直接放入，形成大的面粉疙瘩。

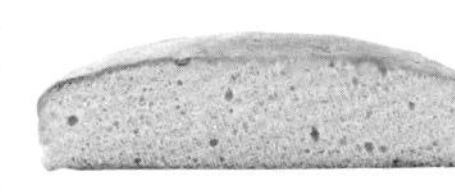

没有柔软地膨胀
原因是……
蛋白打发不充分，或者放入黄油后过度搅拌。

塌陷
原因是……
烘烤不够充分就从烤箱中取出，收缩导致塌陷。

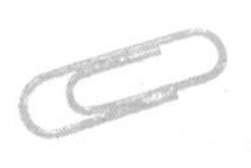

基本面糊②

海绵蛋糕糊（分蛋打发法）

将鸡蛋分为蛋白和蛋黄，打发后再混合成海绵蛋糕糊。用于挤出做造型、蛋糕卷或者夏洛特等甜点。

材料

（6cm·约17根）

蛋黄……40g

细砂糖……30g

低筋面粉……60g

糖粉……适量

蛋白霜

- 蛋白……60g
- 细砂糖……30g

海绵蛋糕糊的基本做法

“分蛋打发”就是将蛋白打成蛋白霜，蛋黄打成细腻的气泡，再混合。即使挤出也能保持形状。

低筋面粉过筛到纸上。烤箱提前预热到190℃。

磕开鸡蛋。将蛋黄留在壳内，将蛋白倒入碗内，这样蛋白和蛋黄就分开了。

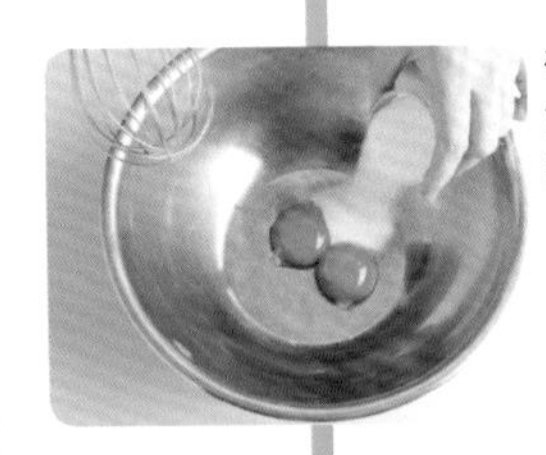

碗内放入蛋黄和30g的细砂糖。

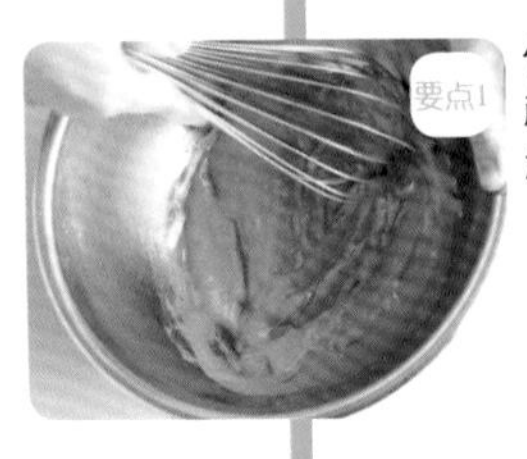

使劲搅拌到颜色发白，蛋液变得黏稠。

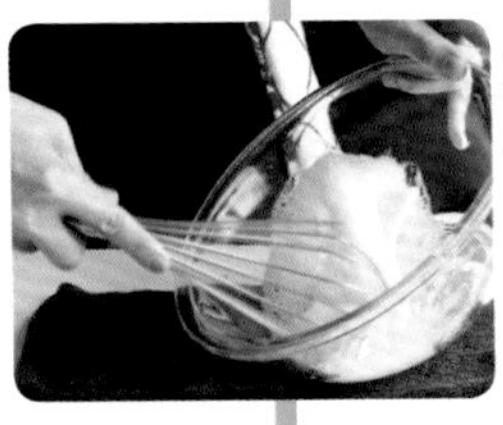

用打蛋器轻轻搅打蛋白，再打发。也可以使用搅拌机。

搅拌到有小角立起时，分2次放入细砂糖，打成蛋白霜。

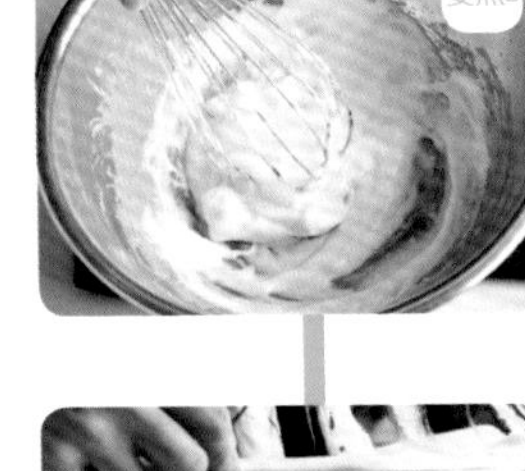

舀起一些蛋白霜，放入蛋黄碗内。用打蛋器轻轻搅匀。

搅到融合后，将剩下的蛋白霜全部放入，用橡皮刮刀拌匀。

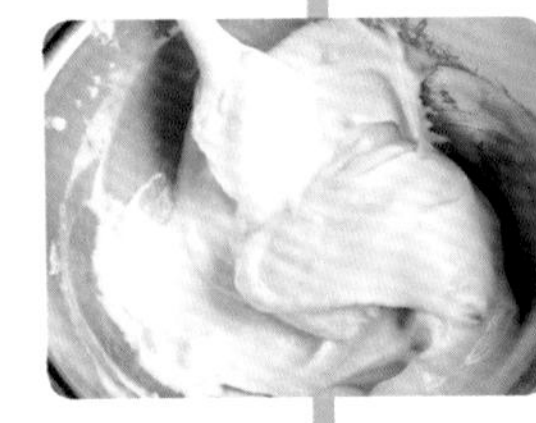

从底部开始舀起，大幅度拌匀，这样不会消泡。

一点点撒入低筋面粉。用橡皮刮刀大幅度切拌。

边转动碗，边大幅度搅拌，尽量减少次数。

搅拌到没有干粉就可以了。有光泽就代表搅拌过度了。

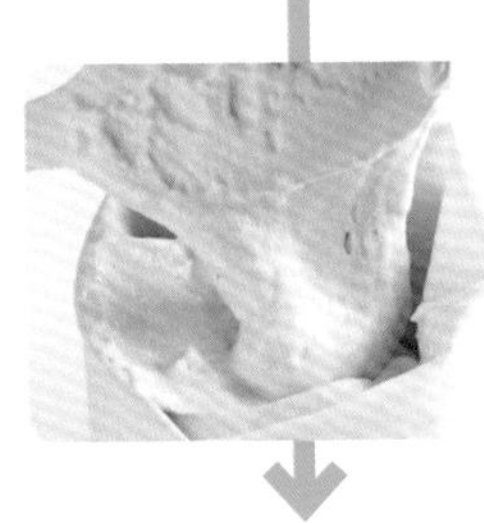

将面糊倒入装有直径1cm圆嘴的裱花袋中。

烤盘铺上油布，挤出面糊。根据用途调整挤出的形状。

考虑到烘烤后会膨胀，挤出时要留出适当的间隔。

用滤茶器过筛糖粉。约1分钟后再筛一次。

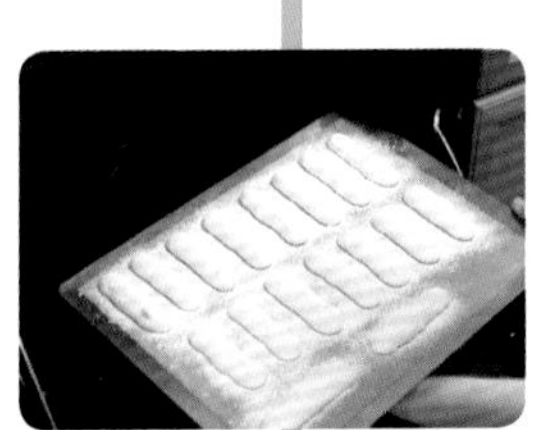

放入烤箱，190℃烘烤约10分钟。表面和底部都呈黄色就烤好了。

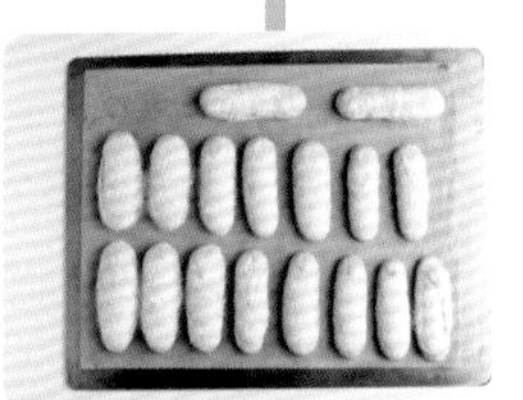

将烤盘从烤箱中取出，直接放置放凉。

放凉后将蛋糕从油布上取下来。注意不要破坏原有的形状。

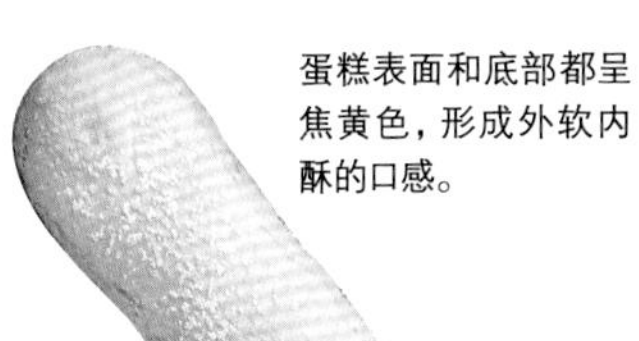

蛋糕表面和底部都呈焦黄色，形成外软内酥的口感。

面糊制作成功的要点

将蛋黄打发至发白

蛋黄不如蛋白容易打发，将蛋黄打发到颜色发白，就代表打发好了。颜色发白证明里面含有空气，这就是甜点用语“发白”的意思。

搅拌到蛋黄颜色发白，变得黏稠为止。

一点点混合蛋白和蛋黄

搅打至发白的蛋黄，和打发成蛋白霜的蛋白混合时，要轻轻搅拌到融合为止。必须快速搅拌以免破坏蛋白霜的气泡。

首先将一些蛋白霜和蛋黄混合均匀。这叫做“牺牲的蛋白”。

不留间隔，挤成一片蛋糕

烤盘铺上油布，在正方形中间开始斜着挤出面糊，留有些许间隔

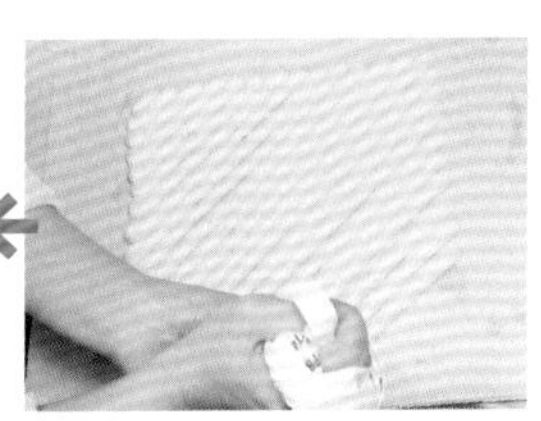

面糊烘烤后膨胀，挤出的面糊隆起，形成间隔均匀的浅沟，变成一片蛋糕。

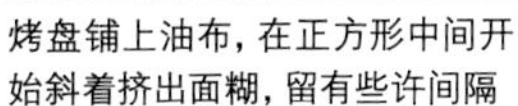

最适合制作蛋糕和夏洛特蛋糕

蛋糕放凉后翻转，涂上卡仕达奶油酱。摆上喜欢的水果，从一边开始卷成蛋糕卷。

基本面糊③

黄油蛋糕面糊（黄油面糊）

等量使用4种材料做成的面糊。因为分别使用1磅的量，所以在英语中又称为『磅蛋糕』。

材料

（长18cm×宽7cm×高6.5cm·磅蛋糕模具）

- 低筋面粉……80g
- 泡打粉……1g
- 黄油……80g
- 鸡蛋……80g
- 细砂糖……80g

黄油蛋糕的基本做法

黄油含有大量空气，形成质地细腻的面糊，再加入鸡蛋和粉类搅拌，就是制作的关键。

按照模具形状将烘焙纸叠出折痕，在四角沿折痕剪下。

黄油（材料表以外）软化后用刷子涂在模具内侧。

将烘焙纸贴合在模具上，将烤箱提前预热到180℃。

将低筋面粉和泡打粉放入容器中，用打蛋器轻轻搅拌。

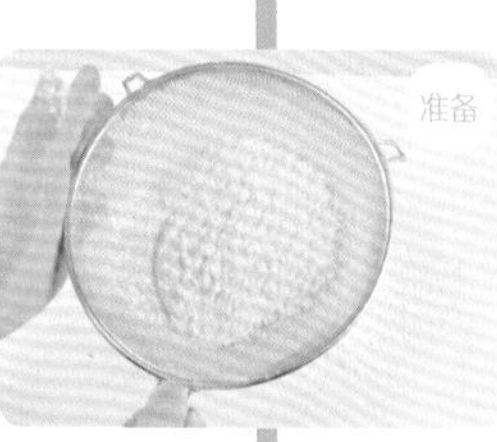

搅拌后的低筋面粉和泡打粉用滤网过筛到纸上。

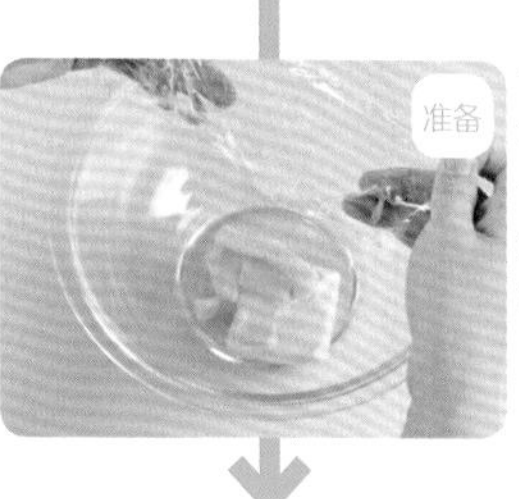

黄油室温放置软化，也可以用微波炉加热约10秒。

用打蛋器将黄油搅碎，搅拌到奶油状。

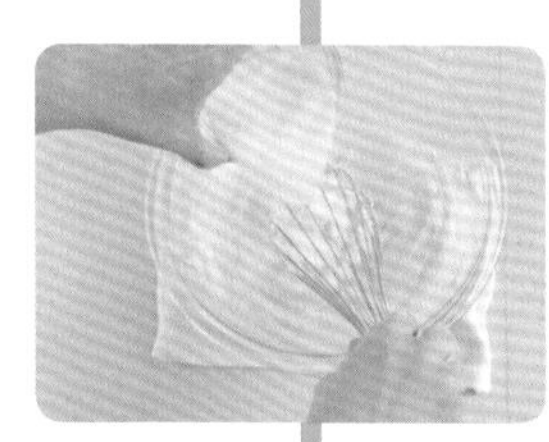

将细砂糖3等分，分次放入，用打蛋器使劲搅拌。

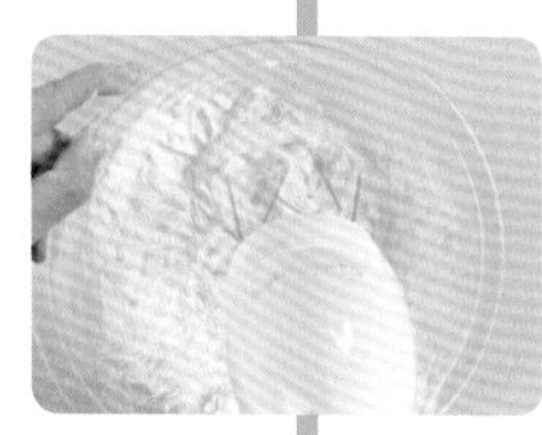

如果很难搅拌，也可以用电动打蛋器。

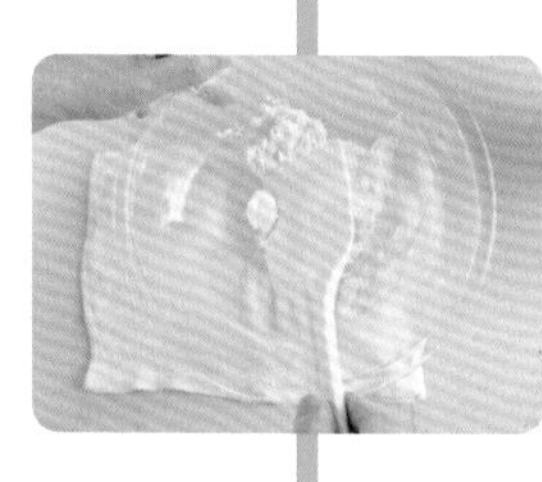

手持橡皮刮刀，搅拌材料，一直搅到颜色发白。

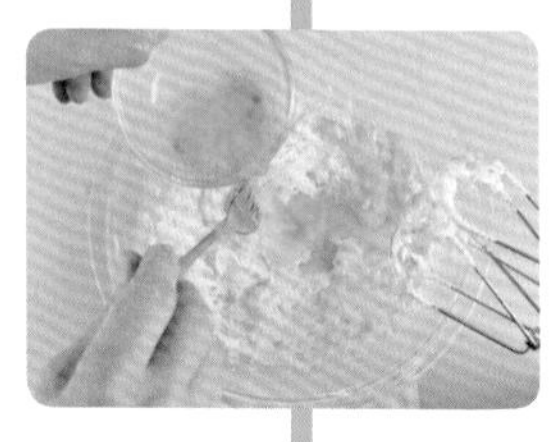

鸡蛋打散，取⅓的量倒入材料中，用打蛋器使劲搅拌。

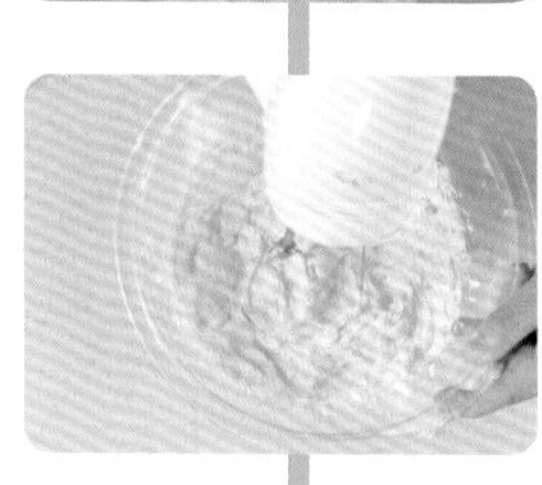

改用电动打蛋器打发。剩下的蛋液也分2次放入搅拌。

倒入混合好的低筋面粉和泡打粉，用橡皮刮刀搅拌。

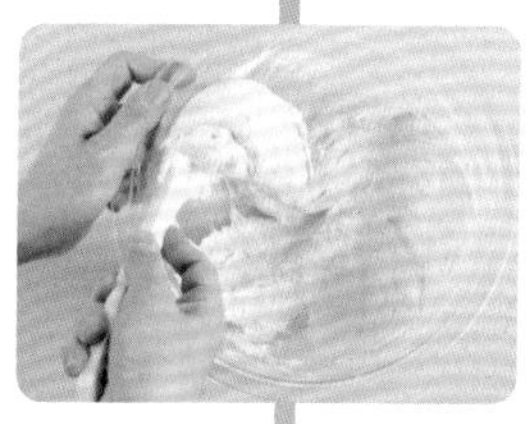

搅拌到没有干粉，面糊表面有光泽为止。

将面糊倒入模具中，8分满即可。将模具放在毛巾上轻轻敲打，排出空气。

放入烤箱，180℃烘烤约25分钟。表面凝固后取出。

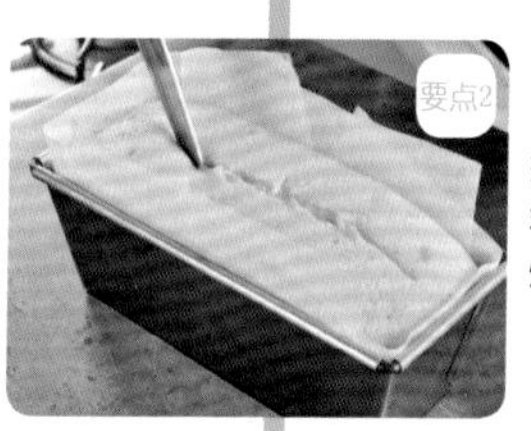

用刀纵向切出⅓深的刀痕。再用烤箱180℃烘烤约5分钟。

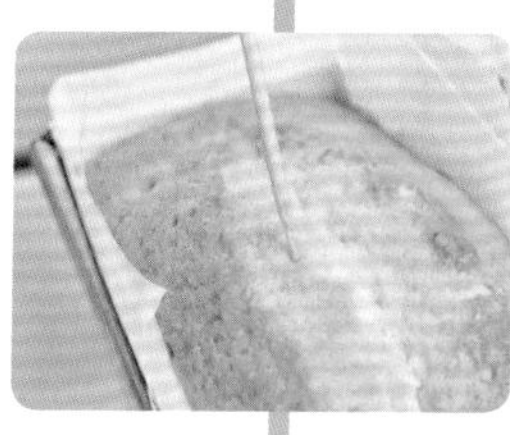

蛋糕完全膨胀，用竹签插入中间没有粘上面糊就可以了。

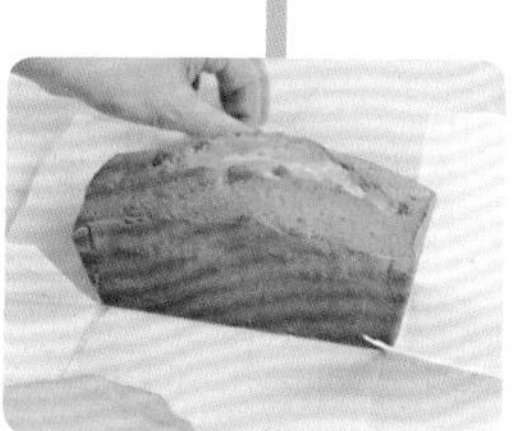

连带模具一起在室温下放置放凉，剥开烘焙纸。

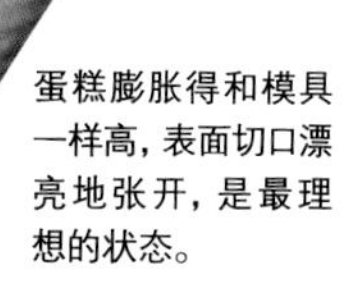

蛋糕膨胀得和模具一样高，表面切口漂亮地张开，是最理想的状态。

面糊制作成功的要点

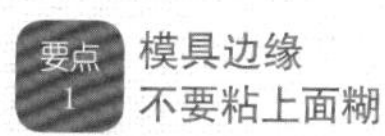

要点1 模具边缘不要粘上面糊

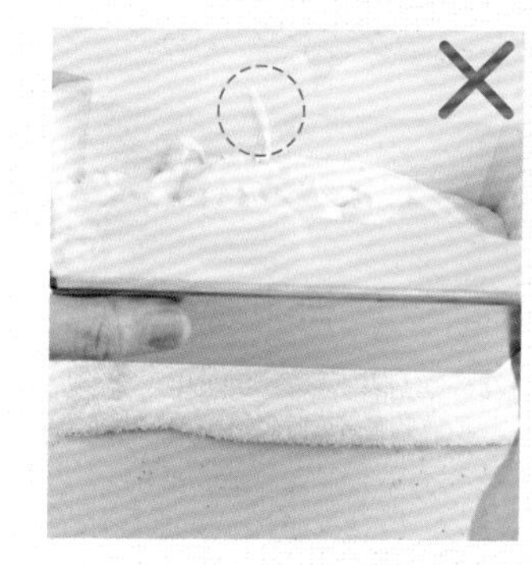

将面糊倒入模具时，一定要倒入模具的中间。一下子倒入面糊，容易粘在模具上，这部分就会烤焦影响面糊的膨胀。

溅在边缘的面糊，用橡皮刮刀或者勺子刮掉，保持干净的状态再放入烤箱。

要点2 烘烤途中切下开口

因为模具又窄又深，烘烤时面糊中的水蒸气蒸发，中间自然形成裂纹。为了美化外观，途中切下一道开口。

待面糊的表面干燥后，再从烤箱中取出切开口。要快速操作。

创新的关键

搭配时不要影响面糊的结构

虽然将喜欢的材料放入面糊中，就算做创新，但是干燥水果会吸收面糊中的水分，所以要使用酒渍水果。放入利口酒等液体时，要增加少量面粉，不然质地会不柔软。放入融化的巧克力时，请将面团搅拌成大理石纹路。

推荐这样的创新

奶油奶酪+黑罂粟籽

干果

巧克力

基本面糊④

戚风蛋糕糊

利用蛋白霜的丰富气泡做成质地松软的蛋糕。因为不放黄油、水分丰富，所以口感绵润。

材料

（直径17cm・戚风蛋糕模具）
※底部可拆卸

蛋黄……60g

色拉油……40ml

牛奶……80ml

香草精……2~3滴

盐……一小撮

低筋面粉……90g

蛋白……125g

细砂糖……70g

黄油蛋糕的基本做法

把蛋白打发成蛋白霜，放入面糊中大幅度搅拌。搅拌时注意不要消泡，蛋糕才会膨胀起来、口感松软。

磕开鸡蛋。蛋黄留在壳内，蛋白倒入碗内，这样蛋白和蛋黄就分开了。

低筋面粉用滤网过筛到纸上。烤箱提前预热到160℃。

用打蛋器搅拌蛋黄，一点点放入色拉油搅拌。

然后，边一点点放入牛奶，边用打蛋器使劲搅拌。

牛奶搅匀后，滴上香草精提香。

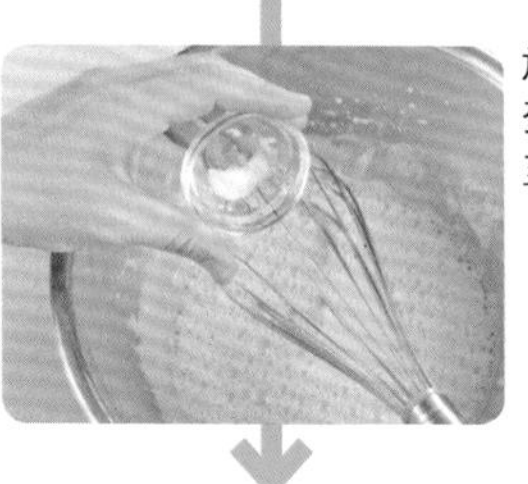

放盐。用打蛋器搅拌至顺滑。

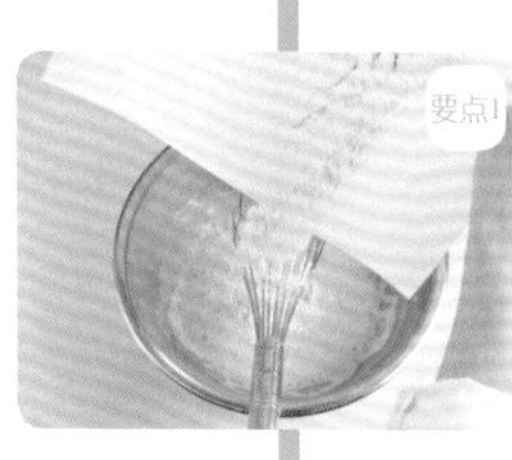

放入过筛后的低筋面粉，慢慢搅拌不要出筋。

用打蛋器大幅度搅拌，搅拌到没有干粉，面糊变得顺滑。

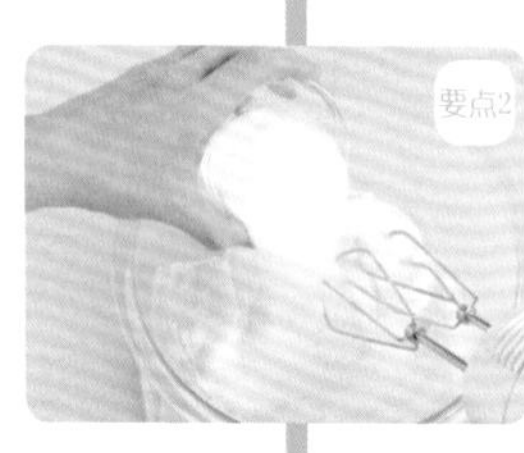

蛋白分2次放入细砂糖，用电动打蛋器打发。

打发到蛋白霜有小角立起时，取一半蛋白霜和面糊搅拌均匀。

将剩下的蛋白霜倒入面糊中，用橡皮刮刀大幅度搅拌。

搅拌到面糊出现光泽、变得顺滑为止。

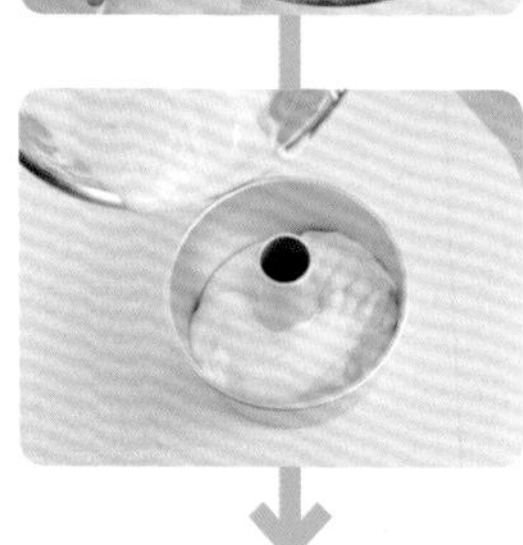

将面糊倒入戚风蛋糕模具中，约8分满。模具无需涂抹黄油。

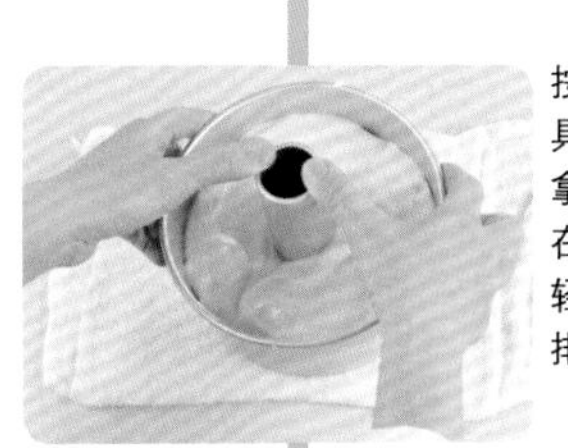

按住模具的中间，拿起模具，在毛巾上轻轻敲打，排出空气。

将模具放在烤盘上，放入烤箱中160℃烘烤约35分钟。

烤完后连带模具一起倒扣放凉，这样蛋糕不会塌陷。

倒扣约30分钟，用手指按压模具侧面，一点点脱模。

将侧面的模具脱模后，双手将底部模具慢慢提起，蛋糕就脱模了。

慢慢将底部模具提起拿出，以免破坏内侧的蛋糕。

整体膨松柔软，膨胀到和模具几乎持平就算成功。

面糊制作成功的要点

要点1 将低筋面粉搅拌均匀

放入低筋面粉，要搅拌到完全没有干粉。用打蛋器画圆大幅度搅拌，搅拌到顺滑为止。

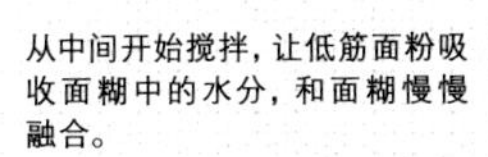

从中间开始搅拌，让低筋面粉吸收面糊中的水分，和面糊慢慢融合。

要点2 用力打发蛋白霜

将蛋白打发到有小角立起，分2次放入细砂糖，打发到质地细腻有光泽，气泡结实为止。

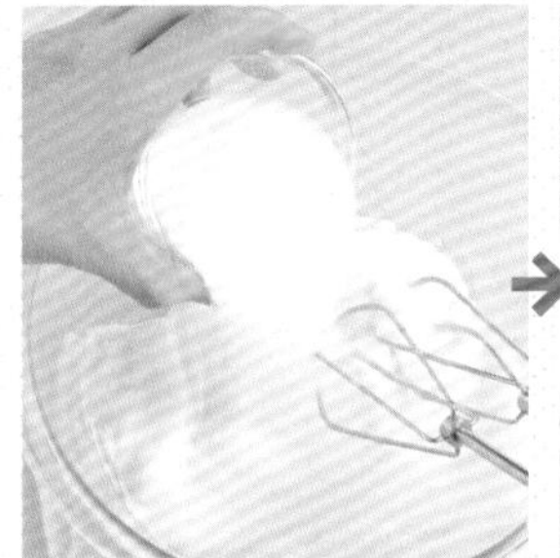

稍稍打发后放入细砂糖。

打发到有尖角直立。

要点3 大幅度搅拌面糊

蛋白霜稍放一会儿，或者和硬度不同的面糊混合后，就非常容易消泡。和面糊一起搅拌时，先放入一半蛋白霜，更容易融合。

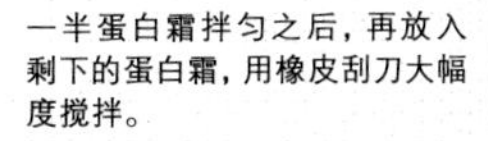

一半蛋白霜拌匀之后，再放入剩下的蛋白霜，用橡皮刮刀大幅度搅拌。

要点4 倒扣放凉可以保持蛋糕的膨胀状态

烘烤完成后从烤箱中取出，连带模具一起倒扣放置。如不倒扣直接放凉，蛋糕中的水蒸气会蒸发形成塌陷。等模具完全放凉后再脱模。

基本面糊⑤

基础酥皮面团（塔皮）

Brisee是碎裂的意思，尽享酥松爽脆的口感。因为不放砂糖，所以非常适合用作法式咸派。

材料

（直径16cm·塔盘）
※底部可拆卸

低筋面粉……100g
黄油……50g
蛋黄……20g
盐……一小撮
凉水……15ml

基础酥皮面团的基本做法

制作前冷却工具、材料和操作台等。把冷藏后变得坚硬的黄油和低筋面粉混合，无需揉成面团。

黄油切成1cm小块，低筋面粉过筛。把所有材料都放入冰箱冷藏。

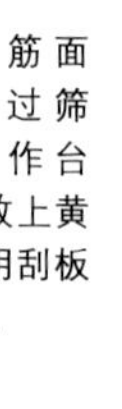

将低筋面粉再过筛到操作台上，放上黄油，用刮板切拌。

用手掌搓碎混合低筋面粉和黄油，搓成颗粒状。

将面团拢在一起，中间用手画圆，掏出一个凹陷处当作底座。

将混合的蛋黄、盐和凉水倒入面团中间，用刮板切拌。

等面粉吸收水分后，用刮板归拢后等分切开。

拿起一半面团，叠加在另一半面团上。

用手掌从上往下按压使其融合，再用刮板等分切开。

同样将等分的面团叠加按压，重复几次，直到把面团揉圆。

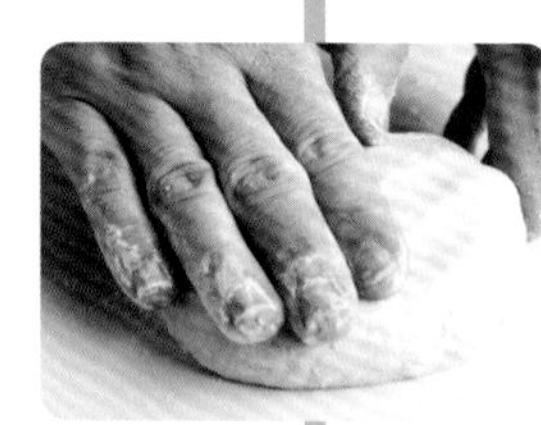

给面团裹上保鲜膜，放入冰箱冷藏约1个小时。

在操作台上撒粉（高筋面粉·材料表以外），用擀面杖擀压面团。

将面团擀到比模具稍大一圈。烤箱提前预热到180℃。

拍落多余的面粉，将面皮放在模具上，覆在模具内侧。

用擀面杖在模具上擀压，切掉模具之外的面皮。

为了让内侧厚度均匀，用切掉的面团按压使其贴合。

用叉子在模具底部扎孔，放入冰箱冷藏。

放上烘焙纸和镇石，烤箱180℃烘烤约15分钟。

底部面团烤熟后，拿掉烘焙纸和镇石，再烤约10分钟。

静置一会儿放凉。把模具放在倒扣的瓷杯上面，脱模。

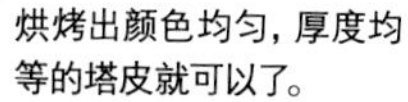

烘烤出颜色均匀，厚度均等的塔皮就可以了。

面团制作成功的要点

将所有材料放入冰箱冷藏

坚硬的黄油和面粉混合，其他材料的热量就会传导到黄油上使其融化，所以一定要放入冰箱冷藏。黄油切好后再冷藏，就能立即使用了。

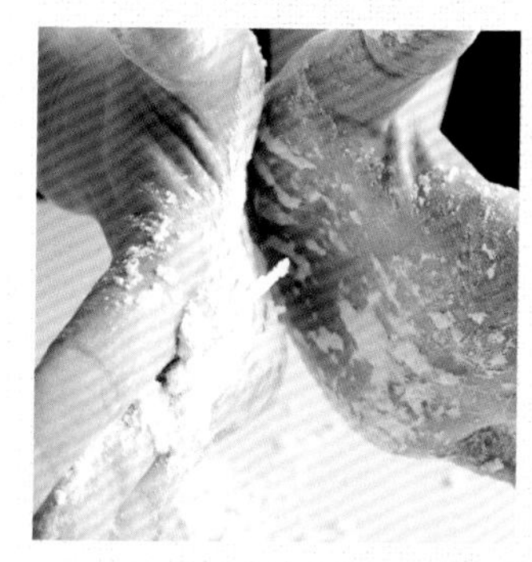

将黄油搅拌到松散的状态

低筋面粉和黄油混合时，用手接触容易融化黄油，所以开始用刮板切拌。之后再用手掌搓成细末。

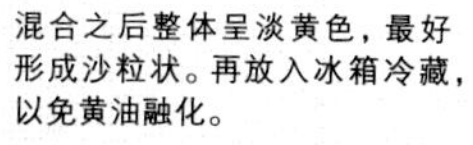

混合之后整体呈淡黄色，最好形成沙粒状。再放入冰箱冷藏，以免黄油融化。

面团揉圆后，尝试拿起来

面团中放入鸡蛋，很难揉圆。重复“对半切、叠加再按压”的操作，是为了形成层次，做出口感酥脆的塔皮。

一定不要尝试拿起来。觉得散碎时，可以重复叠加按压的操作。

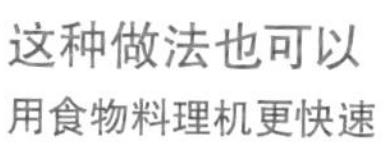

这种做法也可以

用食物料理机更快速

制作基础酥皮面团最关键的在于趁黄油没有融化，和其他材料混合。冷藏的材料和黄油放入食物料理机中，可以快速搅拌到松散，不会搅成泥，也不会失败。

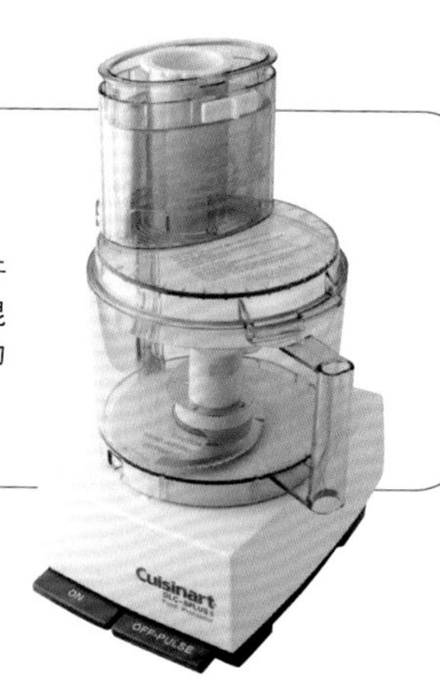

基本面糊⑥

甜酥面团（塔皮）

没有黏度，口感松散的常见塔皮面团。使用了砂糖，所以能烤出漂亮的颜色。

材料

（直径22cm·塔盘）
※底部可拆卸

黄油……100g

糖粉……50g

盐……一小撮

低筋面粉……180g

蛋……25g

甜酥面团的基本做法

因为只有蛋液含有水分，所以使用容易融化的糖粉。搅拌时裹入空气，这样才能做成不易有裂纹的面团。

黄油切成1cm小块，室温放置软化。鸡蛋室温放置。

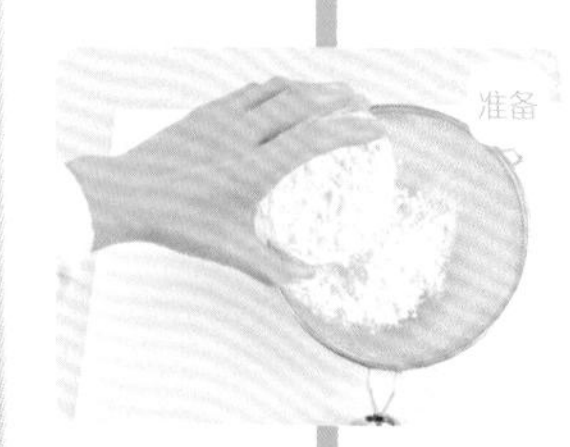

将低筋面粉、糖粉和盐各自用筛网过筛到纸上。

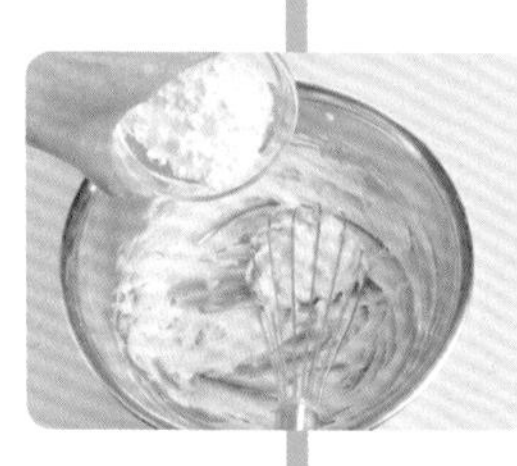

轻轻搅碎黄油，放入糖粉和盐，用打蛋器使劲搅拌。

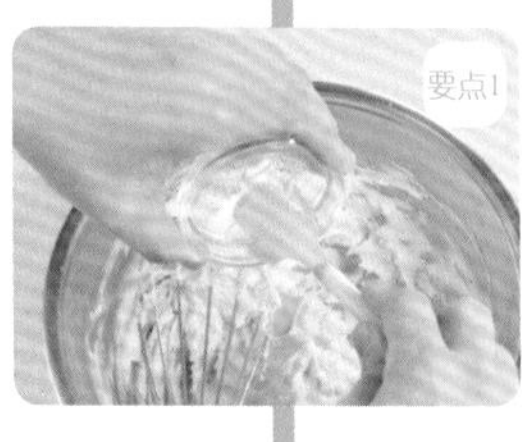

搅拌到黄油呈白色奶油状之后，一点点加入打散的蛋液，边加边搅拌。

蛋液和黄油拌匀融合后，一次性将低筋面粉全部放入。

用橡皮刮刀从底部舀起，翻过来按压搅拌，让面粉与黄油蛋液完全融合。

将面团拌匀，用橡皮刮刀提起时不会掉落就可以了。

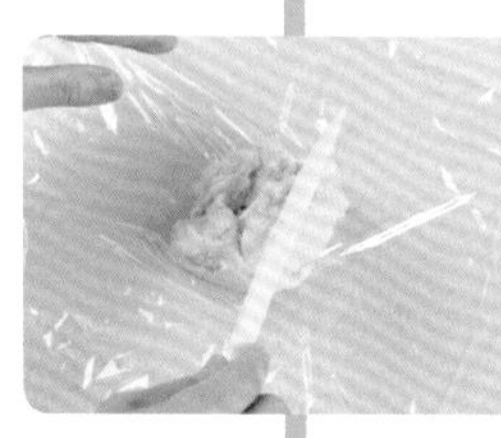

铺开保鲜膜，中间放上整个面团，包好。

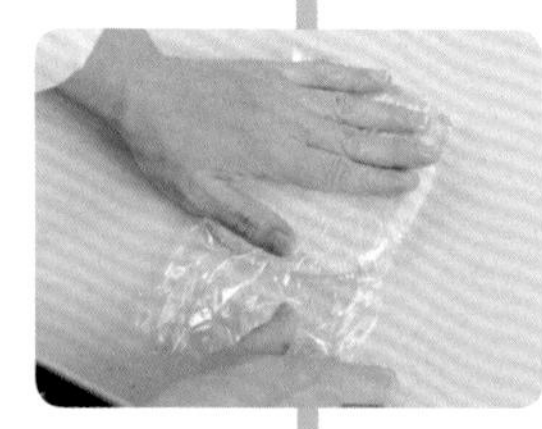

用手在保鲜膜上轻轻按压整平，挤出空气。

放在方盘上，放入冰箱冷藏约1个小时。

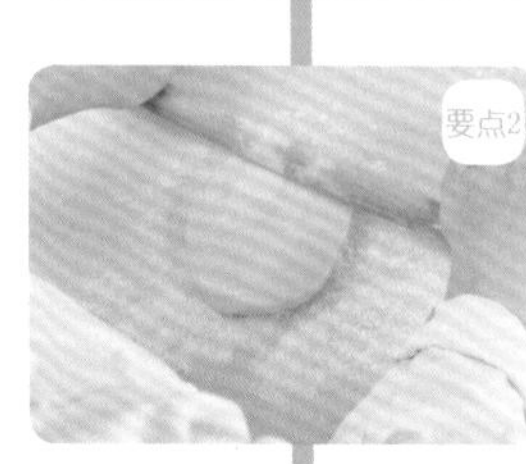

轻轻揉圆，操作台上撒粉（高筋面粉·材料表以外），擀成圆形。

将面皮擀到比模具稍大一圈。将面皮盖在模具上。

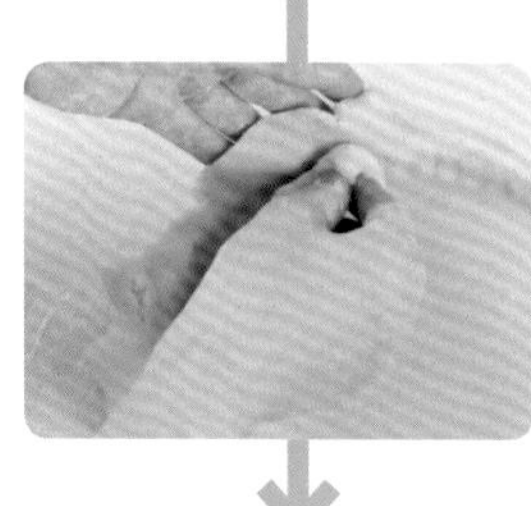

面皮覆在模具上。把剩下的面团揉圆按压内侧面皮，使其与模具紧紧贴合。

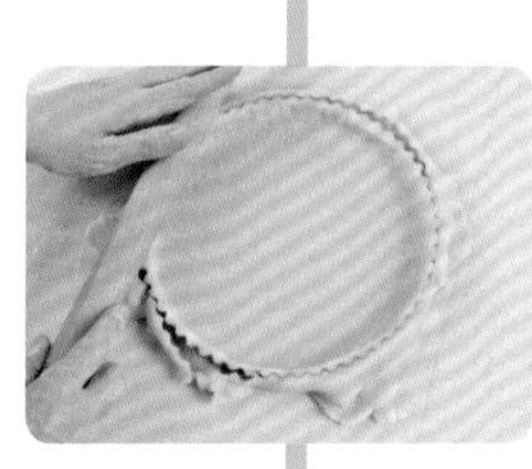

用擀面杖在模具上擀压，切掉模具之外的面皮。烤箱提前预热到180℃。

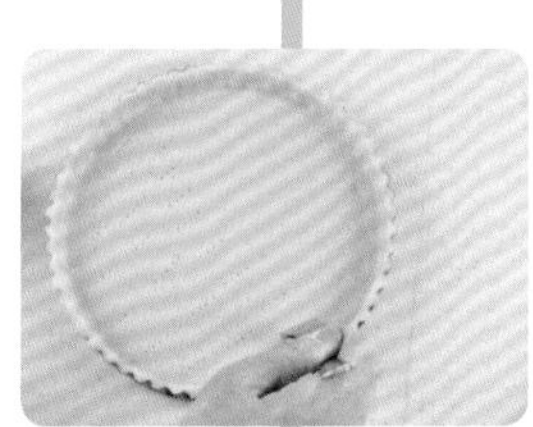

用叉子在模具底部扎孔，放入冰箱冷藏。

将烘焙纸剪到比面皮直径稍长一点的大小，铺在面皮上。

将镇石满满铺在上面，按压边缘以免侧面的面皮胀起。

烤箱180℃烘烤约15分钟。拿掉镇石，再烤约10分钟。

待整体烤出焦色后，连同模具一起放凉，脱模。

烤到形状没有破碎，颜色均匀就可以了。

面糊制作成功的要点

蛋液分数次放入，每次都搅拌均匀，这样就很难分离了。

黄油、糖粉和蛋液要含有空气

黄油和糖粉要搅拌到发白（颜色发白，参照第36页），均匀融合。放入冷藏的鸡蛋液会导致水油分离，所以要将鸡蛋室温放置回温，一点点放入，打发成奶油状。

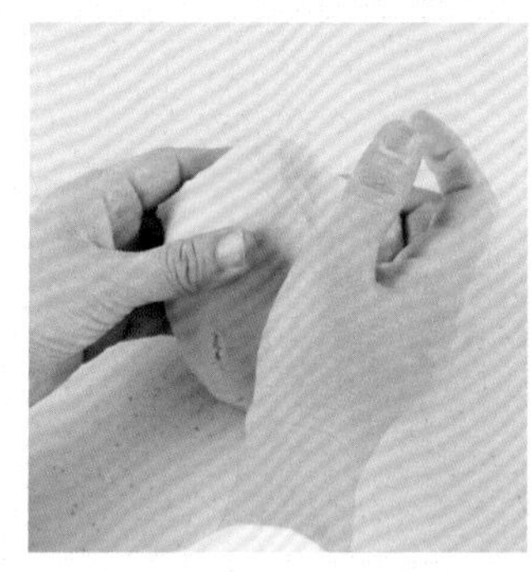

最好用手温暖面团5秒左右再揉合。擀压时要在操作台和面团上撒粉，这样不会粘连。

小心擀压，面团易碎

面团经过冷藏，黄油变得坚硬，轻轻揉圆再擀压，但也要注意不要揉合过度。最好一点点擀压，这样面团不易碎。

掌握擀压面团的方法

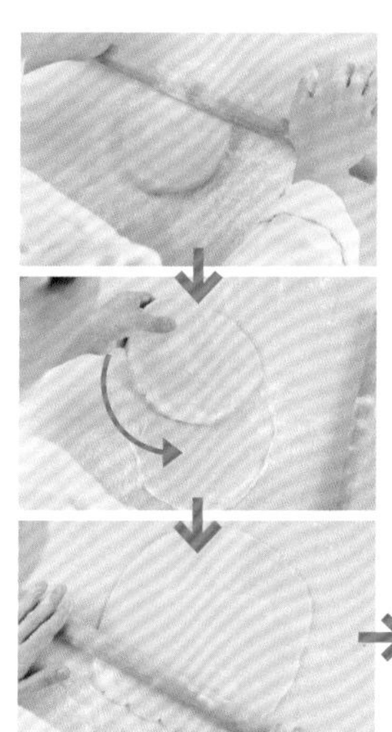

边旋转边一点点擀开

将面团擀压到比模具稍大一圈。将面团擀成圆形时，要边将面团90度旋转，边一点点擀圆。不能突然用力擀薄。

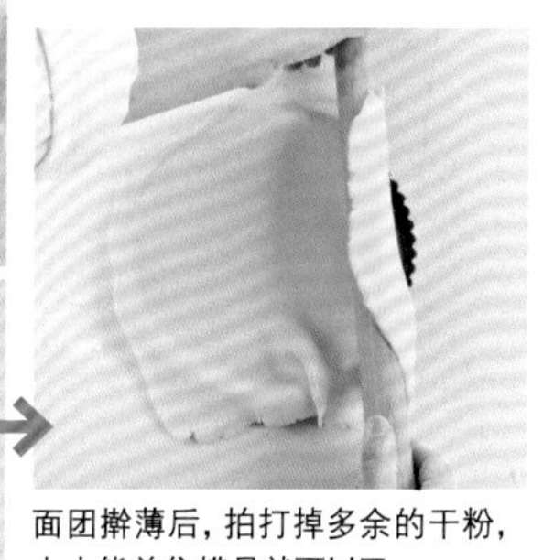

面团擀薄后，拍打掉多余的干粉，大小能盖住模具就可以了。

基本面糊⑦

千层派皮（折叠派皮面团）

用基础面团包裹黄油，再擀压而成。
层次细腻，成就酥脆的口感。

材料

（300g的份量）

低筋面粉……65g

高筋面粉……65g

黄油……15g

水……70ml

盐……少许

黄油（折叠用）…100g

千层派皮面团的基本做法

关键在于用基础面团，完全包裹住擀薄的黄油。操作中一定要注意黄油不要融化。

低筋面粉和高筋面粉混合过筛到碗内。

在面粉中放入室温软化的黄油、盐和水，搅拌。

搅拌均匀后放到操作台上。用切拌和手掌揉圆，使材料融合。

用手掌像按压操作台一样揉和面团，将面团揉圆。

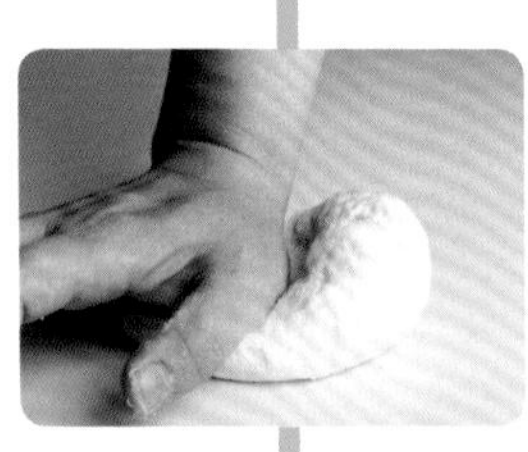

面团揉圆后，手掌根部用力向里按压，仿佛要压扁面团一样。

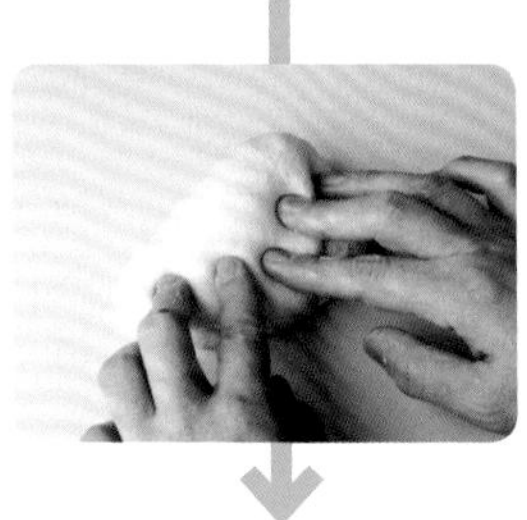

将面团由里向外覆盖折叠，按压成半圆形。

将面团顺时针旋转1/6再揉合，重复数十次。

将面团揉至表面光滑，成球状（基础面团）。

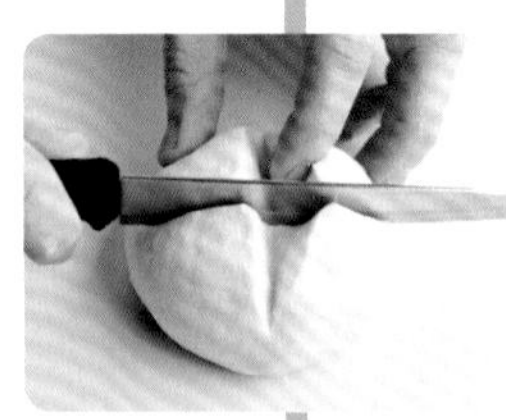
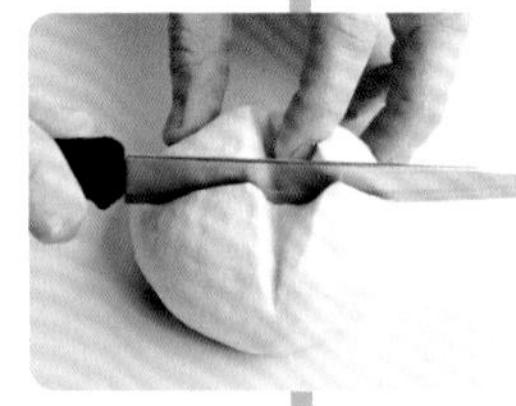

用刀在面团上切出十字刀纹。

用保鲜膜包裹避免干燥，放入冰箱冷藏约1个小时。

将冷藏后坚硬的黄油（折叠用）用保鲜膜盖住，用擀面杖轻轻敲打。

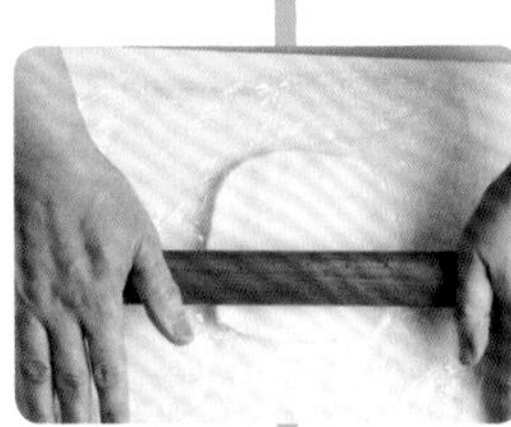

大体敲打成正方形后，用擀面杖在保鲜膜上面擀到1cm厚。

形成长12cm的正方形，擀到弯曲也不会折断的硬度即可。

将静置的面团（基本面团）擀成正方形。黄油放在中间。

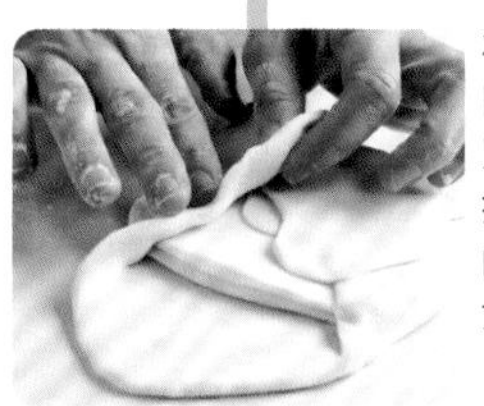

将基础面团和黄油紧紧贴合，拉起面皮的四角包住黄油。

接缝部分用指肚按压，使面皮四边正好包住黄油。

操作台上撒粉（高筋面粉·材料表以外），将面皮擀到1cm厚。

用擀面杖继续擀薄面皮，擀至长45cm×宽15cm的长方形。

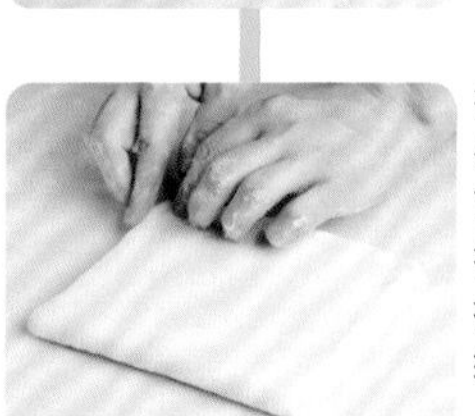

把面前的⅓处折起，里面也同样折起，这样折三折。旋转90度。

同样擀薄后再折三折，包裹上保鲜膜放入冰箱冷藏约1个小时。

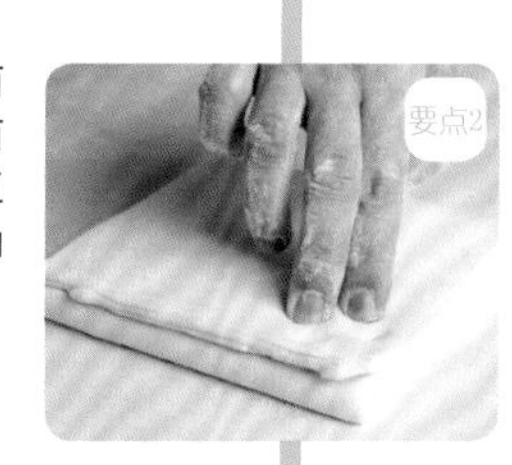

擀成长方形，两次折三折+静置，重复操作3次。

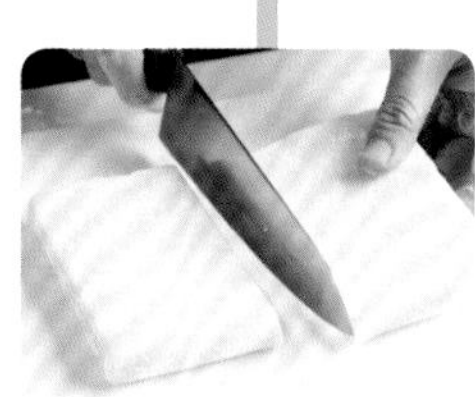

重复3次后静置大约30分钟。将面团放在操作台上，分成自己要使用的份量。

※擀薄时要考虑制作的甜点

擀薄面团，包裹上保鲜膜。静置约20分钟。烤箱提前预热到200℃。

剥下保鲜膜，放入烤箱，200℃烘烤菜谱要求的时间。

整体呈金黄色，入口酥脆，是最理想的状态。

甜点制作成功的要点

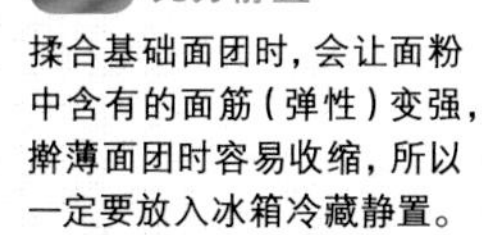

要点1 关键让面筋充分静置

揉合基础面团时，会让面粉中含有的面筋（弹性）变强，擀薄面团时容易收缩，所以一定要放入冰箱冷藏静置。

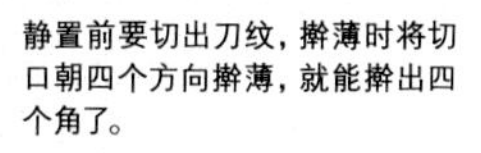

静置前要切出刀纹，擀薄时将切口朝四个方向擀薄，就能擀出四个角了。

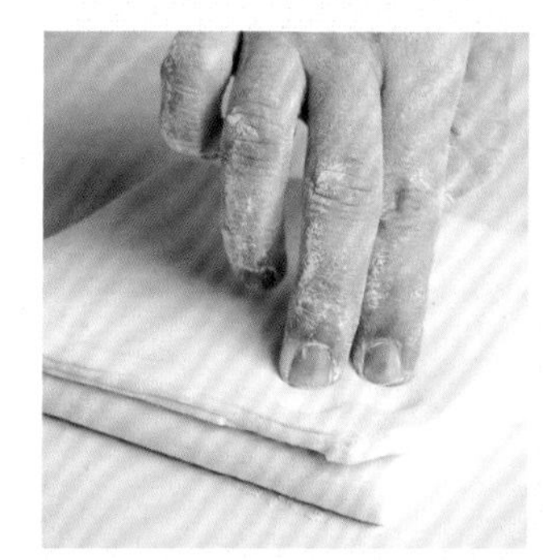

要点2 不要忘记折叠次数

将擀薄的黄油用基础面团包好，对折面团再擀薄，旋转90度重复操作。最好在放入冰箱前用手指记下折叠的次数。

进行6次折三折，算下来就是729层，实际烘烤时会破坏层数，大约剩下50层。用切模切出形状时一定注意不要破坏层次。

基本面糊⑧

快速折叠派皮（速成折叠派皮面团）

Rapid是『快速』的意思，比折叠派皮面团用时要短。成品口感酥脆，最适合制作带有奶油夹馅的甜点。

材料

（300g的份量）

低筋面粉……75g

高筋面粉……75g

黄油……110g

凉水……75ml

盐……一小撮

快速折叠派皮面团的基本做法

将坚硬的大块黄油和面糊搅拌。搅拌至还略微有干粉即可。

低筋面粉和高筋面粉过筛。将材料放入冰箱冷藏。黄油切成2cm小块。

将混合好的低筋面粉和高筋面粉倒在操作台上，堆成一堆，中间放上切好的黄油。

将黄油散开中间留下凹陷，倒入凉水和盐搅拌。

使用2块刮板，粗略地搅拌，不要搅碎黄油。

搅拌到黄油还保持原有形状，略微有些干粉即可。

将搅拌好的面团用手从上往下按压，用刮板等分。

将等分的面团放在另一片面团上叠加。

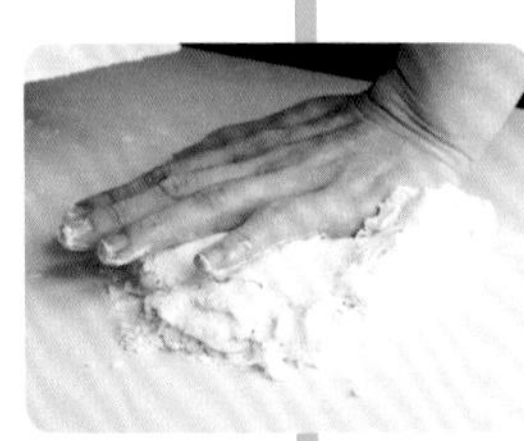

用手掌从上往下用力按压，两个面团紧紧贴合。

将等分叠加按压的操作重复7~8次。

尝试拿起面团的一端，揉成坚硬、不易碎的正方形。

操作台上撒粉（高筋面粉·材料表以外），用擀面杖将面皮擀到1cm厚。

将面皮用擀面杖慢慢擀薄到长45cm×宽15cm的长方形。

将面前的$\frac{1}{3}$折起，里面也同样折起。再旋转90度。

同样重复擀成长方形后再折三折的操作。

用保鲜膜包裹面团，以防干燥，放入冰箱冷藏约1个小时。

擀成长方形折三折，重复操作两遍，这算一回合。

两个回合之后，分成要使用的大小。

擀薄面皮后用保鲜膜包裹静置约30分钟。烤箱提前预热到200℃。

※擀薄时要考虑制作的甜点

剥下保鲜膜，放入烤箱，200℃烘烤菜谱要求的时间。

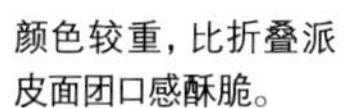

颜色较重，比折叠派皮面团口感酥脆。

甜点制作成功的要点

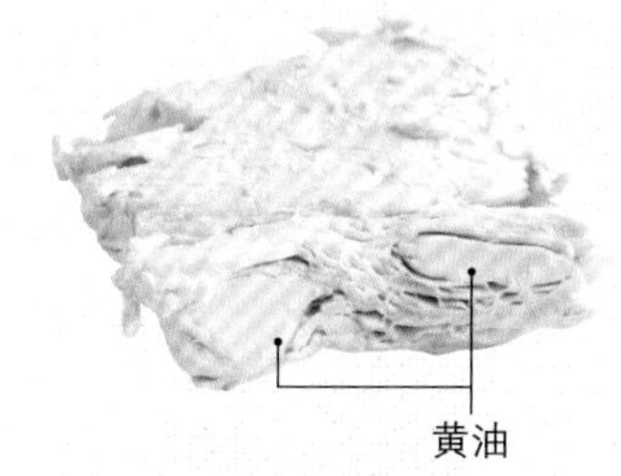

揉面团时残留黄油

揉面团时，要像图片一样，黄油没有融化，还保留原有形状，最好质地较硬。因此，材料都要提前冷藏，揉面团时动作要快。

分切面团时要一气呵成

两个回合的折三折操作完成后，用刀子分割成使用的大小。这时，刀子多动几次就会破坏层次，所以要一气呵成。

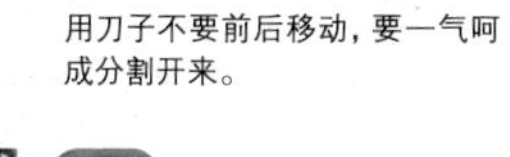

用刀子不要前后移动，要一气呵成分割开来。

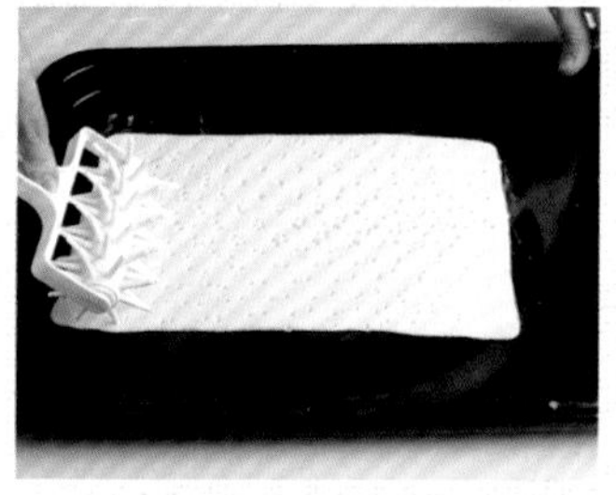

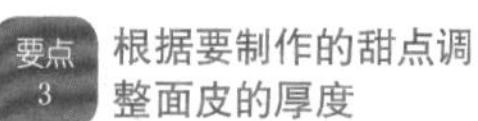

根据要制作的甜点调整面皮的厚度

制作千层派等需要奶油夹馅的甜点时，需要在面团上扎孔以免面团膨胀。烘烤时水蒸气可以排出。想要派皮膨胀的时候无需扎孔直接烘烤。

扎孔的派皮

派皮层次紧实，厚度略薄。

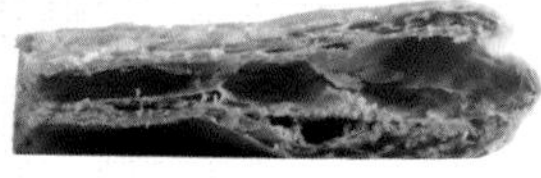

不扎孔的派皮

黄油融化的部分会形成空洞，膨胀后就会有厚度。

巧妙利用冷冻派皮

想要马上制作派皮，或者只需使用一点派皮时，建议使用市售的冷冻派皮。要选择原材料使用黄油，而不是油脂或者麦淇淋的派皮。

基本面糊⑨

泡芙面糊

Chou在法语中是卷心菜的意思。

用在泡芙上面就是外表膨胀、质地松软的意思。

材料

（直径8cm・约16个）

黄油……60g

水……150ml

盐……2g

低筋面粉……75g

蛋……100g

泡芙面糊的基本做法

大量的鸡蛋和煮熟的低筋面粉搅拌而成。搅拌时调整硬度非常重要。

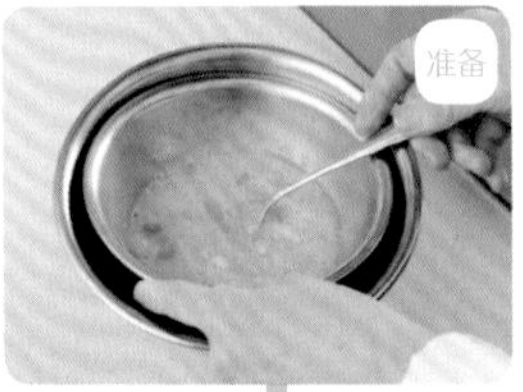

将鸡蛋放入50℃的热水浸泡，等接近人体温度的时候打入碗内，隔水加热打散。

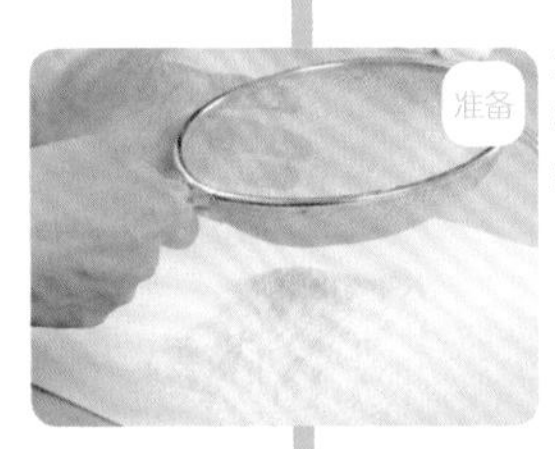

将低筋面粉过筛到纸上。

锅内放入黄油、水和盐，中火加热。

用耐热的橡皮刮刀轻轻搅拌，融化黄油，加热到液体完全沸腾。

关火，放入低筋面粉。用木铲快速搅拌，以免出现面粉疙瘩。

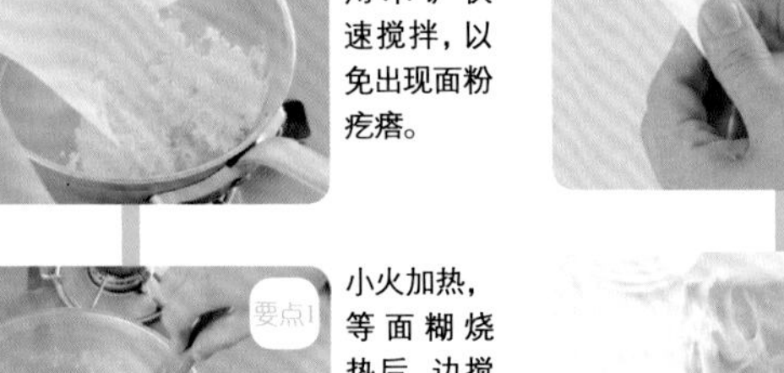

小火加热，等面糊烧热后，边搅拌边将面糊在锅底摊平。

等面糊出现光泽，底部出现薄膜的程度即可，关火。

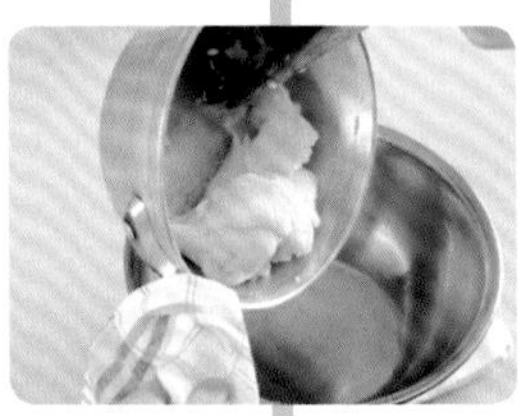

将碗放在拧干的湿布上。将面糊倒入碗内。

放入一半打散的蛋液。用木铲切拌，使其乳化。

放入剩下的蛋液，搅拌到没有疙瘩、变得顺滑。

提起时，面糊呈倒三角形，到这种硬度就可以了。

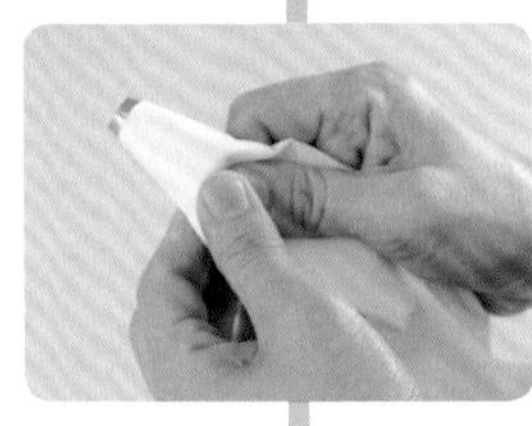

裱花袋装上直径1cm的圆嘴。烤箱提前预热到200℃。

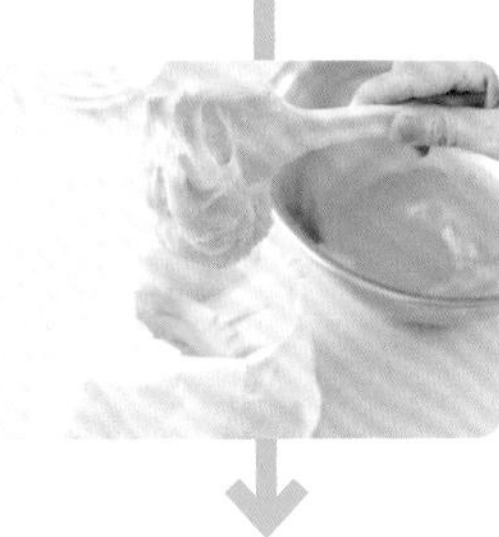

将裱花袋的袋口打开，趁热倒入面糊。

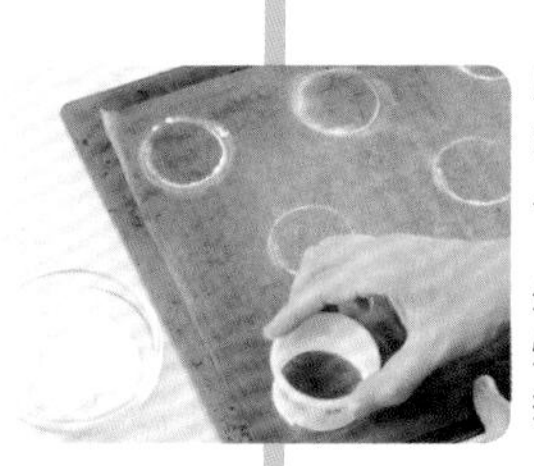

用直径3cm的圆模粘上低筋面粉（材料表以外），在烘焙纸上印出痕迹。

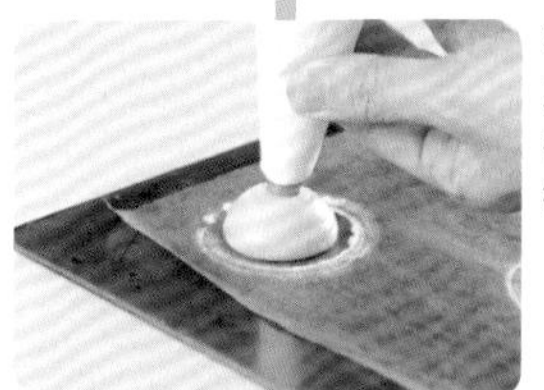

将裱花袋直立竖起，在痕迹中间挤出半圆形。

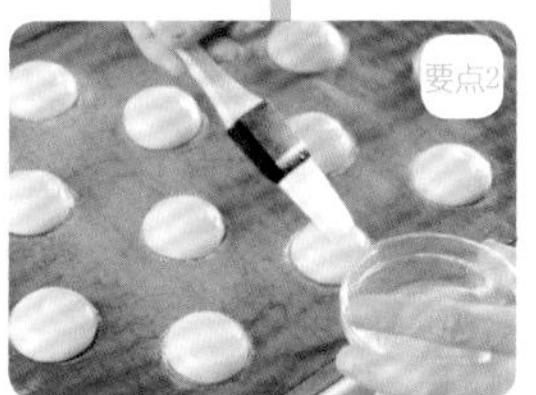

用刷子轻轻在表面刷一层水（材料表以外），将面糊的表面濡湿。

烤箱200℃烘烤约8分钟。不打开烤箱门，调到180°烘烤约20分钟。

面糊膨胀起来，表面形成漂亮的裂纹，呈金黄色就代表烤好了。

戴上手套，趁热将泡芙放在烤架上放凉。

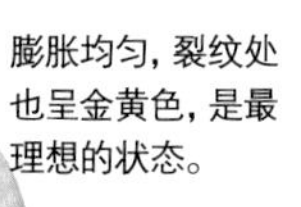

膨胀均匀，裂纹处也呈金黄色，是最理想的状态。

甜点制作成功的要点

要点1 加热低筋面粉

加热的黄油中倒入低筋面粉，快速搅拌到没有干粉，搅成面团。将低筋面粉倒入加热的黄油时，如不立刻搅拌会形成疙瘩。

用木铲舀起时，形成倒三角形，不会马上落下，就证明搅拌好了。

要点2 搅拌到形成倒三角形

倒入打散的蛋液，将整体搅拌到有光泽为止。提起时约3秒开始落下，呈倒三角形就可以了。

面糊要缓慢落下，快速落下的面糊膨胀不起来。

要点3 调整泡芙的形状

挤出的面糊如有小角立起，会在膨胀的时候形成突起，容易烤焦。刷上水之后，最好用叉子轻轻按平小角。

扁平

原因是……

倒入低筋面粉后加热过度，质地变硬。

又小又硬

原因是……

黄油没有煮沸，所以面粉没有糊化。

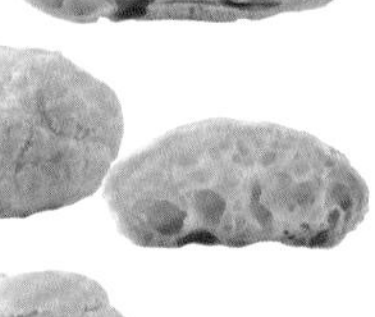

没有空洞

原因是……

将低筋面粉倒入沸腾的黄油后，加热不够。

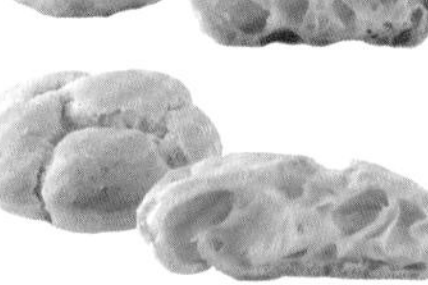

是不是有过这样的失败？

要做出泡芙独有的完美膨胀是非常困难的。有时虽然膨胀起来，但是很快出现塌陷，要注意不能偷工减料，认真完成每项操作。

基本面糊⑩

可丽饼面糊

质地湿润松软。将面糊均匀地摊在平底锅内，一片片煎到边缘出现焦色。

材料

（直径18cm・约15片）

黄油……20g

低筋面粉……120g

细砂糖……40g

盐……一小撮

蛋……120g

牛奶……360ml

可丽饼面糊 基本做法

当面糊边缘出现茶褐色时，就到翻面的时候了。平底锅用湿毛巾冷却，就能煎出漂亮的焦色。

平底锅内加热黄油。上色后放在湿毛巾上放凉。

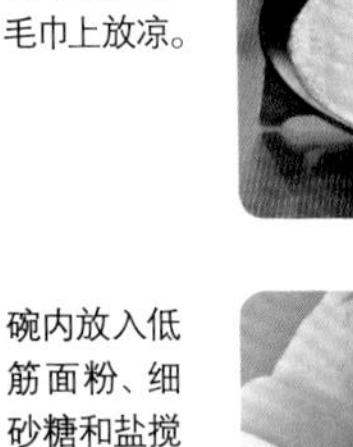

碗内放入低筋面粉、细砂糖和盐搅拌，鸡蛋打散搅拌。

使劲搅拌后，放入加热后又放凉的黄油，用打蛋器搅拌。

加入⅓的牛奶，用打蛋器搅拌到与面糊融合。

倒入剩下的牛奶搅匀。将面糊用圆锥筛网过滤。

用厨房纸将黄油（材料表以外）涂在平底锅内。中火加热，倒入面糊。

面糊周围出现焦色后，翻面再煎约5秒。

连同平底锅一起倒扣在笊篱上，倒出面皮。覆上毛巾将锅冷却。

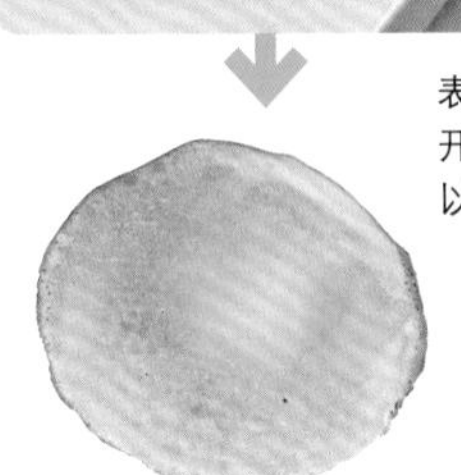

表面平整，均匀摊开，颜色漂亮就可以了。

面糊制作成功的要点

要点1 边缘上色后翻面

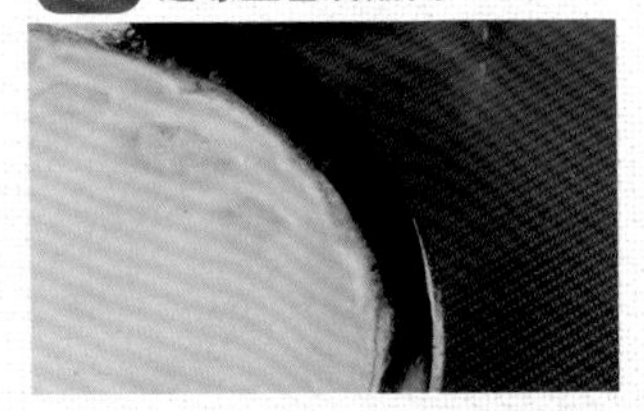

面糊表面膨胀浮起来，就证明煎熟了。要是受热不均，就晃动平底锅，调整受热面积。

要点2 小心操作，不要煎焦

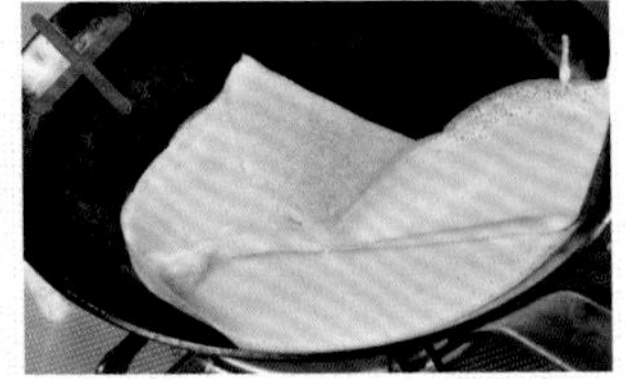

倒入面糊，或者翻面时，面糊容易不平整，或者破坏形状。因为面糊很快就熟，所以一定不要走神。

基本面糊⑪

饼干面团①模具饼干

黄油味道浓郁，口感酥脆。
可挑选喜欢的模具，尽享自由发挥的乐趣。

材料

（约20个）

黄油……100g

糖粉……80g

蛋……40g

低筋面粉……200g

模具饼干面团的基本做法

搅拌面团时会混入空气。用模具做造型时，关键是要在黄油还未融化时快速操作。

用筛网将低筋面粉过筛到纸上。黄油室温软化，鸡蛋室温回温。

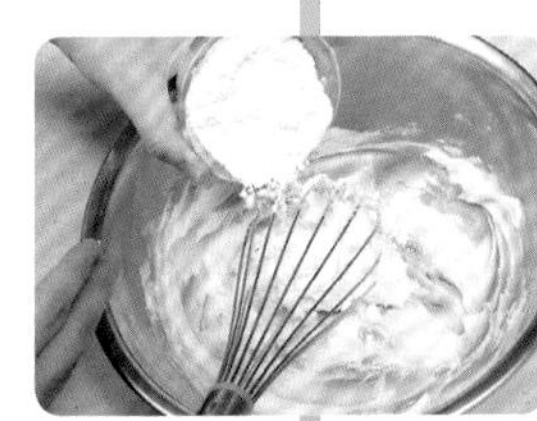

碗内放入黄油和糖粉，用打蛋器搅匀。

搅到颜色发白时倒入打散的蛋液，搅匀。

倒入低筋面粉，用橡皮刮刀大幅度地搅拌按压。

搅拌到没有干粉后，搅成面团，放入保鲜袋中。

用擀面杖擀薄到长20cm×宽25cm。放入冰箱冷藏约30分钟。

烤箱提前预热到170℃。将面团放在操作台上，用喜欢的模具压出造型。

烤盘铺上油布，将面团摆在上面，烤箱170℃烘烤约18分钟。

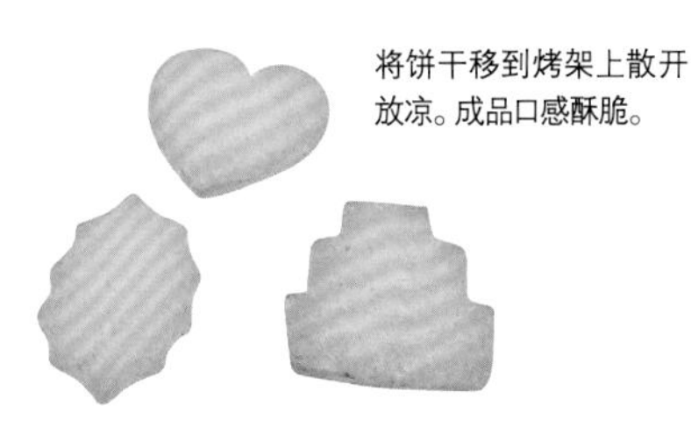

将饼干移到烤架上散开放凉。成品口感酥脆。

面糊制作成功的要点

要点1 加入低筋面粉后用力揉匀

为了降低低筋面粉的筋度（参照第120页），不要揉匀。只需将低筋面粉和面糊融合即可。

要点2 放入保鲜袋后静置

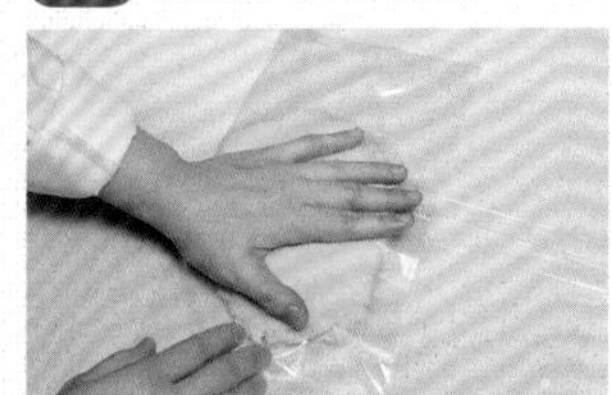

放入保鲜袋中以免面团表面干燥。静置前要用擀面杖在保鲜袋上面滚动擀薄，这样可以在冷却的状态下直接压模。

基本面糊⑪

饼干面团② 冰箱饼干

制作经典饼干面团和带颜色的面团，就可以搭配做成双色饼干。

材料

（约25块）

黄油……120g

糖粉……60g

蛋黄……20g

低筋面粉……90g

可可面团

- 低筋面粉……80g
- 可可粉……10g

冰箱饼干面团的基本做法

黄油用量大，面团质地柔软，要冷却后才能分割整形。

粉类（也包含可可粉）过筛。黄油室温软化。

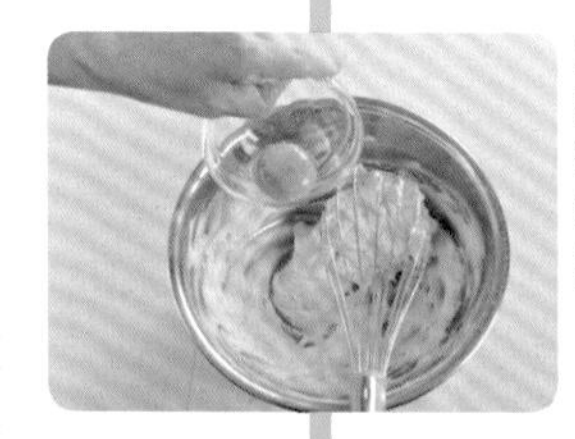

黄油和糖粉搅拌到颜色发白。加入蛋黄，继续搅匀。

将黄油等分，一份加入90g低筋面粉。剩余的室温放置。

用橡皮刮刀搅拌成团。最好搅拌到没有干粉。

将面团放入保鲜袋，擀成5mm厚，长13cm×宽17cm的薄片。

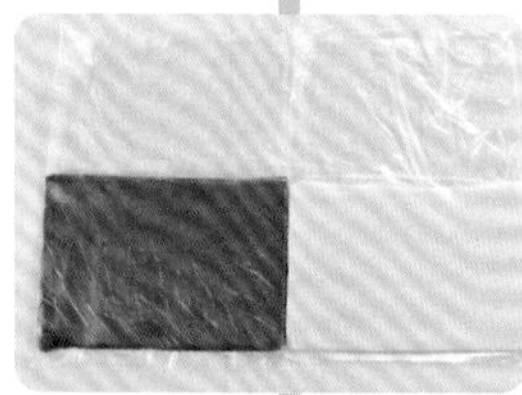

剩下的黄油加入可可粉和低筋面粉，制作可可面团后擀薄。

※整形方法（参照第94页）

烤箱预热到180℃。面团叠加卷起。放入冰箱冷藏约30分钟。

切成1cm宽的片状，放在烤盘上，用烤箱180℃烘烤约18分钟，放凉。

表面略微有焦色，没有裂纹和空洞，内部完全烤熟，就完成了。

面团制作成功的要点

要点1 要将粉类混合后再过筛

制作可可面团时，可可粉要比低筋面粉颗粒稍大。和低筋面粉混合后再过筛，颗粒变得差不多大小，可以混合得更均匀。

要点2 卷起时用刮板按压

为了让2种面团紧紧贴合，拉紧保鲜袋（开口），边用刮板按压边整形，以防烘烤时出现空洞或者裂纹。

基本面糊⑪

饼干面团③裱花饼干

因为蛋白含有水分，所以质地柔软，可以用来裱花。使用发酵黄油会锦上添花，风味独特。

材料

（约25块）

黄油……150g

盐……一小撮

香草豆荚……¼根

糖粉……60g

香草精……2~3滴

蛋白……25g

低筋面粉……170g

裱花饼干面团的基本做法

黄油和糖粉混合时，搅拌到发白，这样裹入空气，口感酥脆。

低筋面粉倒入筛网过筛。黄油室温软化。

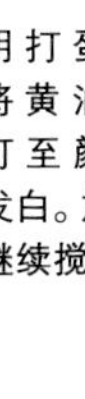

用打蛋器将黄油搅打至颜色发白。放盐，继续搅拌。

剖开香草豆荚，刮出香草籽，放入黄油中搅匀。

分3次放入糖粉，每次都使劲搅拌，使其裹入空气。

依次加入香草精、打散的蛋白，再搅匀。

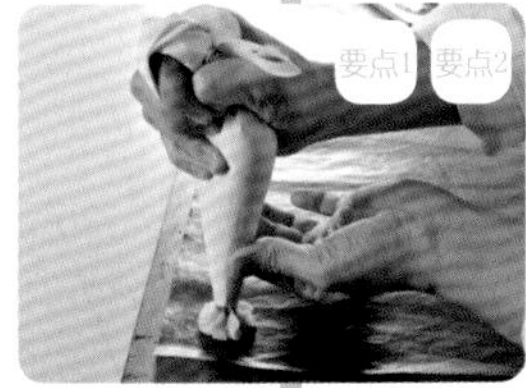

加入低筋面粉用橡皮刮刀搅拌。烤箱提前预热到180℃。

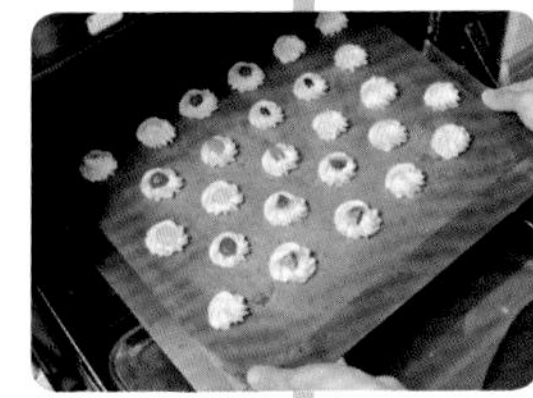

将油布铺在烤盘上，用直径1cm的星型花嘴挤出喜欢的形状。

装饰上去籽樱桃或者坚果，烤箱180℃烘烤约18分钟。

保留挤出时的花纹，整体呈金黄色，就烤好了。

面团制作成功的要点

要点1 将面团全部挤出

将面团倒入裱花袋中，快速裱花烘烤。剩下的放入冰箱，面团遇冷后黄油变得坚硬，很难挤出。

要点2 有间隔地摆放

饼干和饼干之间，间隔1~2根手指的距离。这样饼干侧面也能烤到，受热均匀，烤出的颜色漂亮。

掌握经典奶油的做法

基本奶油酱·蛋白霜

打发淡奶油或者蛋白霜等入口即化的美味，
足以影响整个甜点的成败。

黏稠柔软的奶油

可以作为黄油奶油酱挤出，也可以混入面糊中，增添甜点的风味。还可以搭配口感较干的甜点。

硬度足以裱花的奶油

涂抹在蛋糕上，也可以用来裱花。挤出蛋白霜烘烤后，就能做出马卡龙了。

加热时要注意不要煮焦，以免影响口感。

高温状态下无法裱花，要保持合适的温度。

甜点和奶油之间不可分割

说起甜点的经典奶油酱，就是打发淡奶油和卡仕达奶油酱了。这两大奶油酱，就算直接食用也味道浓郁，如果加入可可粉等辅助材料，可搭配的范围就大大扩大了，所以一定要掌握正确的做法。

经典打发淡奶油，建议使用动物脂肪含量在35%以上的新鲜淡奶油。卡仕达奶油酱容易受外界影响，要充分加热，快速冷却后制作。

另外，能带出甜点美味的颇有地位的奶油酱是英式奶油酱和杏仁奶油酱。英式奶油酱是卡仕达奶油酱还未放入面粉的状态，常用于芭芭露和慕斯。杏仁奶油酱主要和塔皮、派皮搭配一起烘烤。

浓郁的黄油奶油酱用量十足、有硬度，非常适合用来装饰。加入色素后经常和杯子蛋糕搭配。

基本奶油酱①

打发淡奶油

装饰甜点时淡奶油不可或缺。
淡奶油质地绵软，可根据用途调整硬度。

材料

（约275g）

淡奶油……250g

细砂糖……25g

打发淡奶油的基本做法

淡奶油一般在5℃以下的环境中保存，不适合在高温下，打发时要把容器放在冰水中。

将碗叠加在盛有冰水的碗上，让碗冷却，倒入淡奶油。

大碗下面垫有毛巾。一次性加入细砂糖。

将碗稍稍倾斜，用电动打蛋器中速打发。

打发，打出硬度后换打蛋器打发。

参照右边的介绍，根据用途调整打发力度。

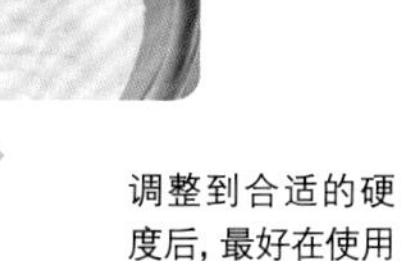

调整到合适的硬度后，最好在使用前放入冰箱冷藏。

打发完成状态

顺滑的奶油形状，适合做慕斯蛋糕。

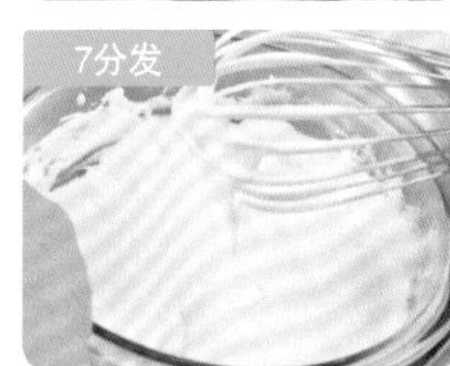

缓慢落下，适合用来涂抹蛋糕。

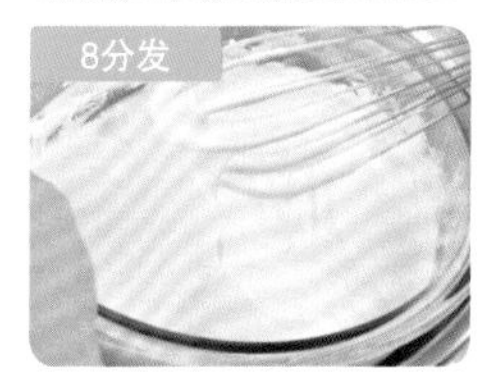

出现柔软的小角，适合裱花。

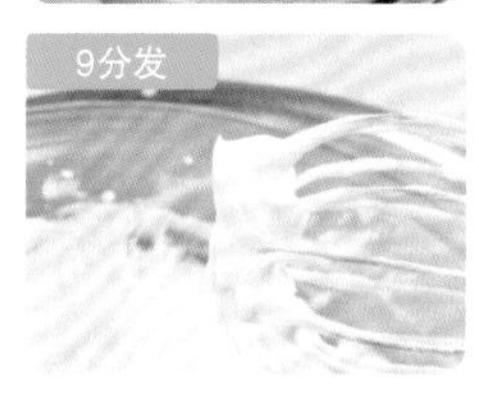

有小角直立，用于制作卡仕达奶油酱。

奶油酱制作成功的要点

要点1 打发过度或者温度太高导致分离

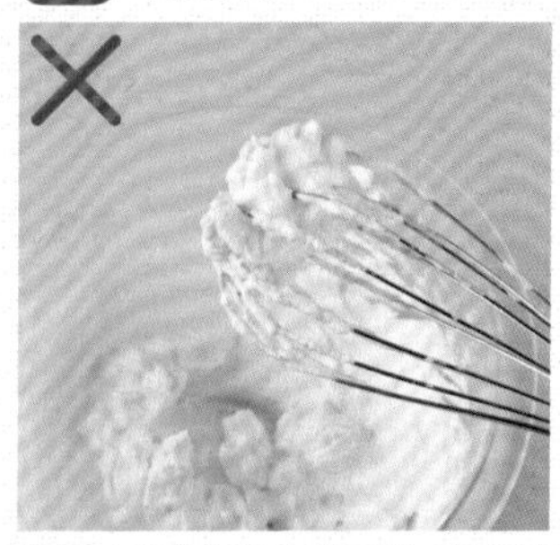

淡奶油在室温下变得干涩，打发过度会导致分离，颜色发黄、质地粗糙。之后再冷却也恢复不到之前的状态，所以一定要冷却。

基本奶油酱②

卡仕达奶油酱

意思是甜点师的奶油酱。
充满蛋黄和香草的甜香，香气诱人。

材料

（约325g）

牛奶……250ml

香草豆荚……¼根

蛋黄……60g

细砂糖……75g

低筋面粉……25g

卡仕达奶油酱的基本做法

加热时，低筋面粉要完全煮熟，煮到没有干粉。煮焦会影响味道，所以要注意火候。

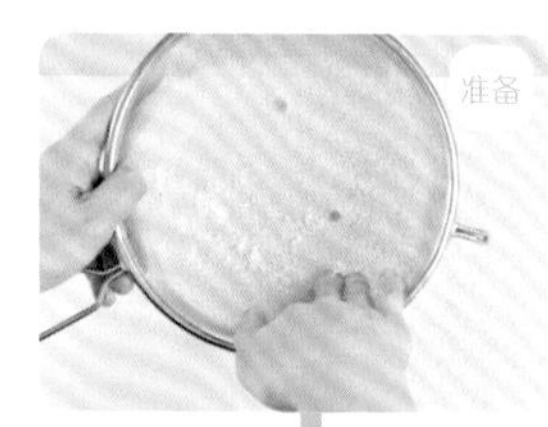

碗内放入冰水。低筋面粉过筛。将香草豆荚剖开，刮出香草籽。

锅内放入牛奶、香草豆荚和香草籽，小火加热到接近沸腾。

碗内放入蛋黄和细砂糖搅匀，再倒入低筋面粉搅拌。

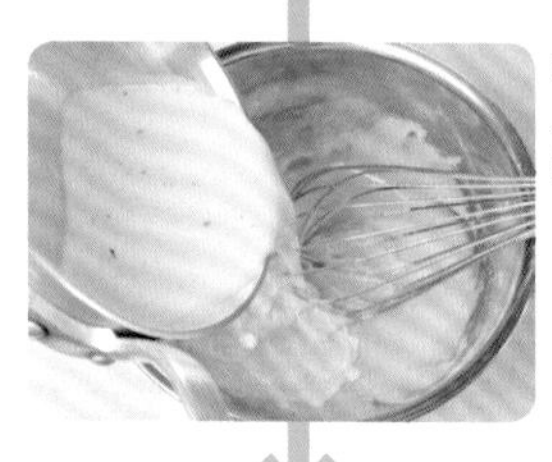

搅匀后一点点加入加热过的牛奶。

用打蛋器使劲搅拌使其融合，直到倒入全部牛奶。

用圆锥筛网过滤，倒入锅内。边搅拌边中火加热，搅拌到黏稠后转小火。

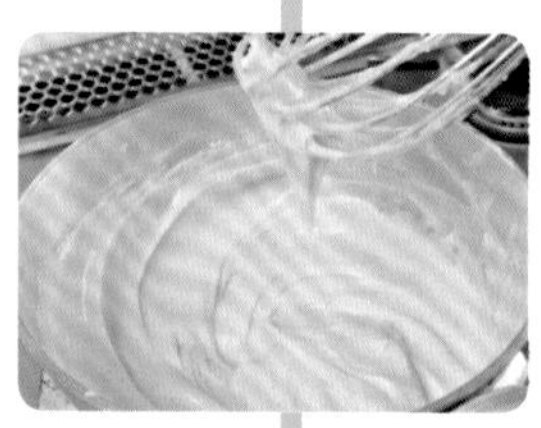

轻微沸腾后，再加热约1分钟。将低筋面粉完全煮熟。

移到碗内，用保鲜膜盖紧。放入盛有冰水的碗内冷却。

浓稠，有硬度，有光泽，就做好了。

奶油酱制作成功的要点

要点1 取出香草豆荚，留下香草籽

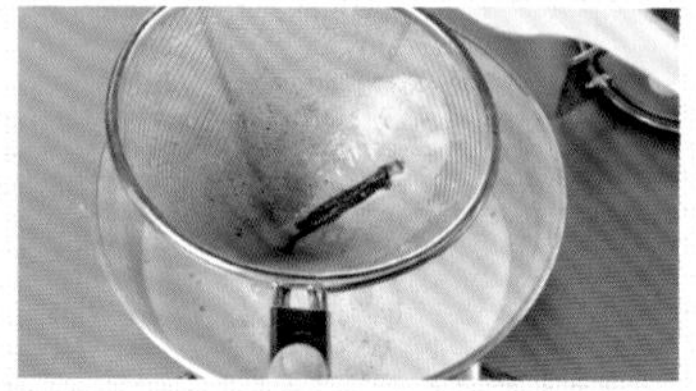

将香草独特的芳香充分体现在奶油酱中非常重要。过滤时按压香草豆荚来转移香味。将香草籽留在液体中。

要点2 完成后用保鲜膜紧紧包裹面团

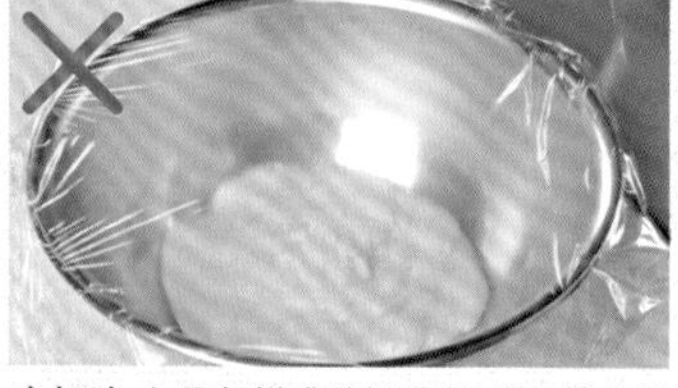

冷却时，如果保鲜膜盖得不紧，奶油酱的热量蒸发会在保鲜膜上形成水滴。水滴落下，奶油酱变得潮湿，碗内的空气也不能冷却。

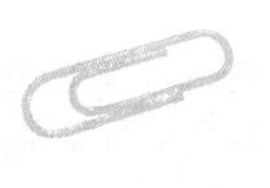

基本奶油酱③

英式奶油酱

有着卡仕达风味的香醇奶油酱。搭配甜点食用，味道更进一层。

英式奶油酱的基本做法

蛋黄和细砂糖搅拌均匀，再和温热的牛奶混合。加热到83~84℃，蛋黄变热，要小心操作，不要结块。

材料

（约300g）

牛奶……250ml
香草豆荚……½根
蛋黄……40g
细砂糖……60g

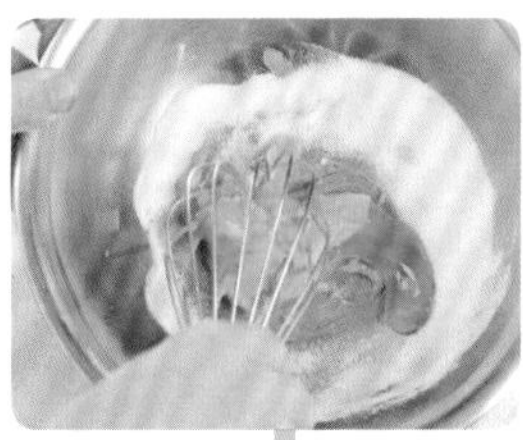

锅内放入牛奶和剖开的香草豆荚，加热。蛋黄和细砂糖搅拌均匀。

温热的牛奶和搅拌好的蛋黄糊混合，倒入锅内中火加热。

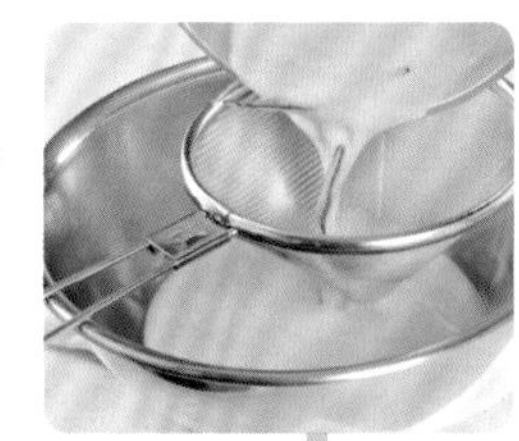

边搅拌边加热到83~84℃，蛋黄受热变得黏稠后放凉。

注意不要沸腾以免变得干涩。做得黏稠就可以了。

基本奶油酱④

杏仁奶油酱

凝结了浓郁杏仁精华的奶油酱。一般用来填充塔皮或派皮再一起烘烤。

杏仁奶油酱的基本做法

将黄油软化后再操作。鸡蛋冷藏后容易和黄油分离，最好提前隔水温热。

材料

（约200g）

黄油……50g
细砂糖……50g
蛋……50g
杏仁粉……50g

将细砂糖分数次放入室温软化的黄油中，搅匀。

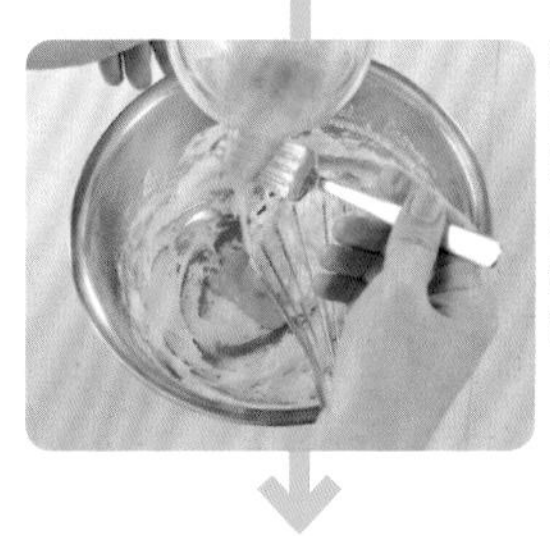

打散室温回温的鸡蛋，边搅拌边一点点加入蛋液，使其乳化。

将蛋液搅匀后，倒入杏仁粉再搅匀。

搅拌至没有疙瘩，变得顺滑为止。

黄油奶油酱

使用大量黄油，味道浓郁。入口即化。

Ⓐ 英式奶油酱式 黄油奶油酱的做法

将黄油和柔软的英式奶油酱混合而成，口感柔和。

材料（约475g）

黄油……175g
英式奶油酱……300g
（参照第67页）

黄油室温软化搅拌，放入少量英式奶油酱。

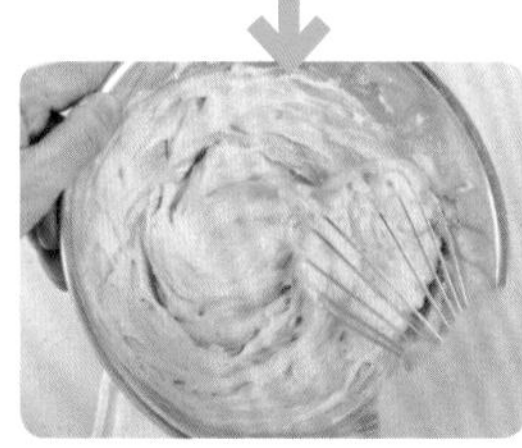

用打蛋器搅拌，再放入少量奶油酱搅拌，一直到奶油酱和黄油完全融合。

Ⓑ 炸弹面糊式 黄油奶油酱的做法

蛋黄和糖浆加热做成炸弹面糊，和黄油搅匀。味道浓郁。

材料（约365g）

蛋黄……60g　　水……30ml
细砂糖…90g　　黄油 225g

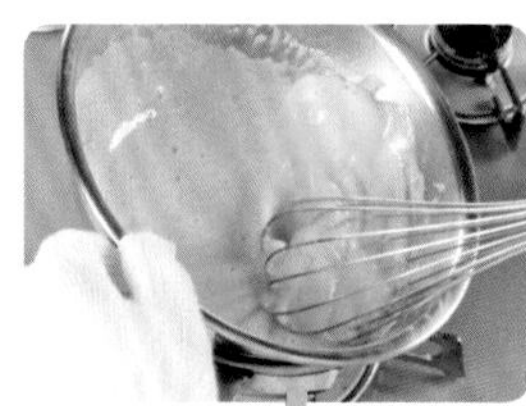

将蛋黄、水和细砂糖搅拌，边用90℃的热水隔水温热，边打发。

蛋黄受热后放凉。和室温软化的黄油搅拌融合。

Ⓒ 意式蛋白霜式 黄油奶油酱的做法

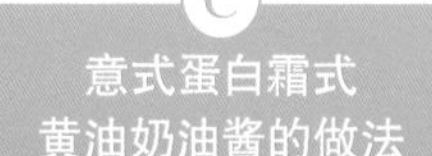

将意式蛋白霜和黄油搅拌做成奶油酱。形状保持时间长，适合用来装饰。

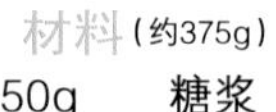

材料（约375g）

蛋白……50g
细砂糖…10g
黄油…225g
糖浆
- 细砂糖…90g
- 水……30ml

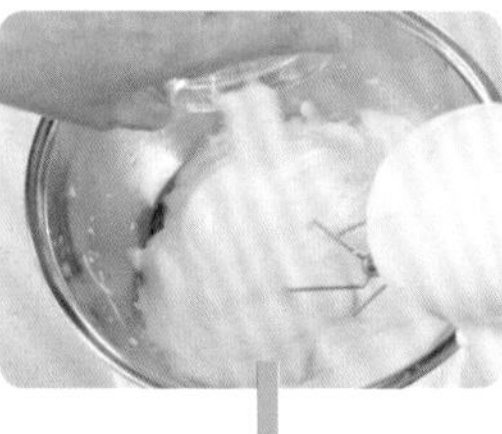

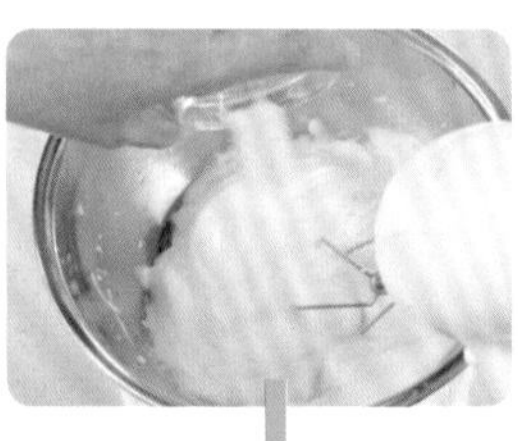

蛋白加入细砂糖打发，做成蛋白霜。

制作糖浆用的细砂糖和水加热到117℃。放入蛋白霜搅拌。

边搅拌边将温度降到室温，放入室温软化的黄油。

用打蛋器使劲搅拌均匀。

Ⓐ

Ⓑ

Ⓒ

蛋白霜①

法式蛋白霜

此类蛋白霜常用来制作舒芙蕾等甜点。放入少许盐，可以让打发的蛋白霜更坚挺。

法式蛋白霜的基本做法

只单纯打发蛋白霜，马上就会消泡，所以要放入细砂糖和盐来稳定打发的状态。

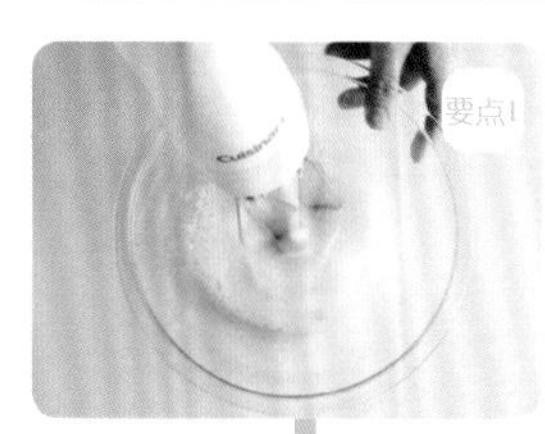

碗内放入蛋白和盐。用电动打蛋器打发蛋白。

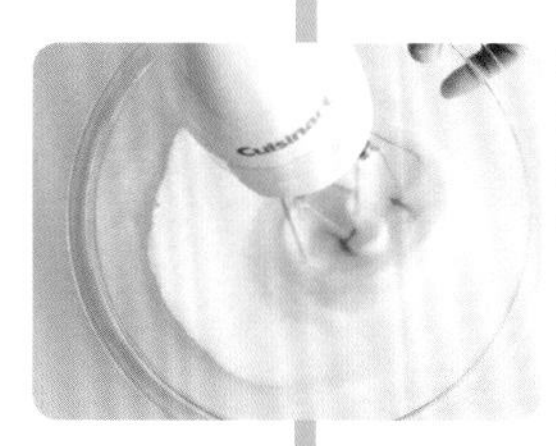

稍稍打发后放入⅓的细砂糖继续打发。

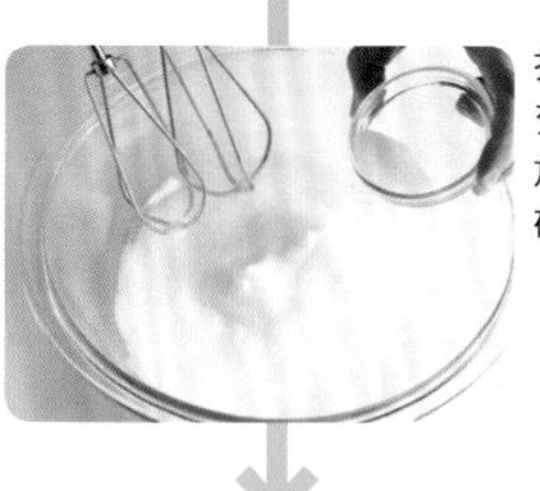

打发到气泡变小后，再放入⅓的细砂糖。

有小角立起后，倒入剩下的细砂糖继续打发。

使劲打发到细砂糖完全融化。

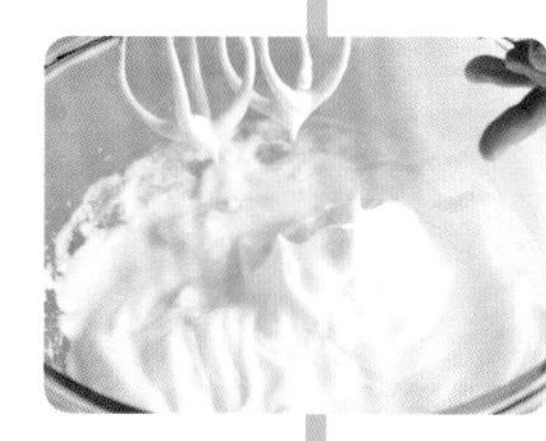

打发到有直角立起，气泡不倒也不动，就打发好了。

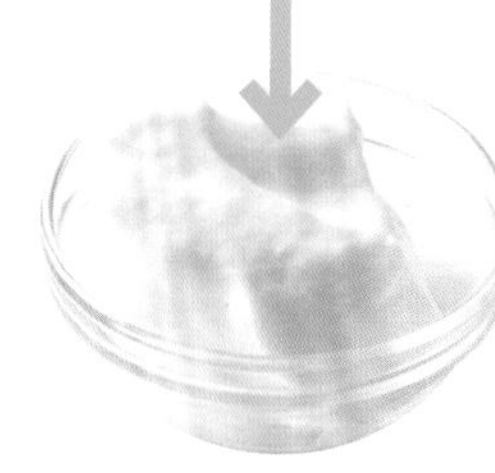

提起气泡时，气泡质地柔软轻盈，能看到细腻的气泡。

蛋白霜制作成功的要点

要点1 好好掌握蛋白的温度

最好使用刚从冰箱拿出来的冰凉的蛋白，这样更容易打发出细腻气泡。另外，最好放在冰水中边冷却边打发。

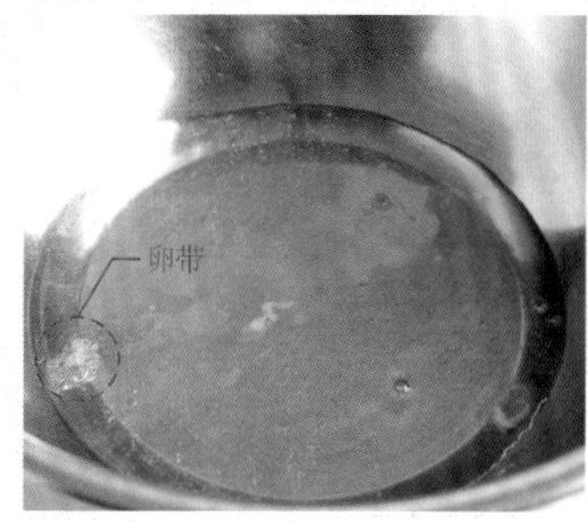

蛋白要打散搅匀后再打发。取出鸡蛋中的卵带（白色块状）。

要点2 使用打蛋器打发

碗下面铺上湿毛巾固定，使用方便的手持打蛋器。碗稍稍倾斜20~30度。用打蛋器大幅度打发。

手感到疲劳时，最好换手持电动打蛋器。

材料

（约285g）

蛋白……160g

盐……一小撮

细砂糖……125g

蛋白霜②

意式蛋白霜

蛋白打成蛋白霜，然后加入热糖浆。最理想的状态是打发到气泡细腻，有小角直立。

材料

（约280g）

蛋白霜

- 蛋白……100g
- 细砂糖……30g

糖浆

- 细砂糖……170g
- 水……50ml

意式蛋白霜的做法

将蛋白打发到有小角立起，加入细砂糖，制作蛋白霜。蛋白室温回温。

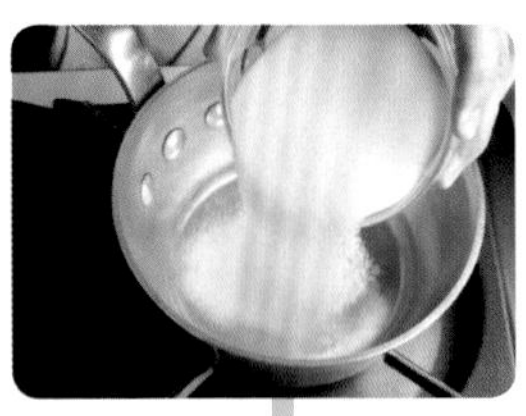

锅内倒入水和制作糖浆用的细砂糖，大火加热。

要点1

用温度计测量，接近110℃后转小火，加热到117℃。

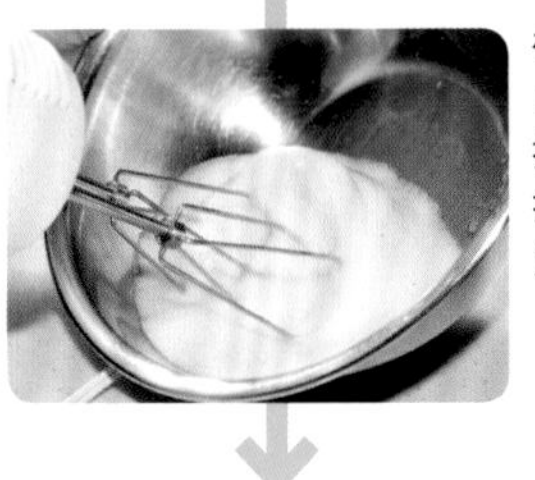

碗内放入蛋白，用电动打蛋器轻轻打发到有小角立起。

放入制作蛋白霜用的细砂糖，继续打发到小角立起。

将117℃的糖浆全部放入蛋白霜，整体均匀受热。

打发到出现光泽，提起时会略感沉重。

将打蛋器提起时，蛋白霜会出现小山一样的形状，最理想的状态就是有小尖角立起。

蛋白霜制作成功的要点

要点1 认真确认糖浆的温度

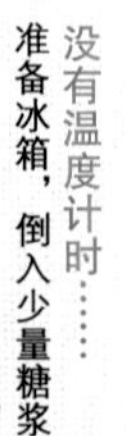

没有温度计时……准备冰箱，倒入少量糖浆。

115～118℃

拇指和中指分开时会拉出糖丝

120℃以上

用指尖触摸时，就形成圆圆的结晶。

要点2 提起打蛋器时略感沉重

将蛋白霜打发到表面出现光泽，提起打蛋器时略感沉重，会干脆地落下。

打蛋器转动会在蛋白霜上留下痕迹，再稍微打发就有小角立起。

第4章

基本装饰和包装

蛋糕装饰

尽情自由发挥，不过也要遵守一定的规则

甜点制作的最终阶段，也是最欢乐的步骤。
一定要掌握奶油裱花等让蛋糕变得美丽的要点。

装饰上奶油和水果，让蛋糕变得美丽

蛋糕装饰没有绝对的规定。但是毫无顾忌地胡乱装饰，也不会装饰出美丽的蛋糕。特别是把蛋糕当作送人的礼物或者招待的甜点时，肯定想装饰得美美的。蛋糕的基本装饰，需要具备以下3个要素。

①有3~4种颜色。奶油裱花的颜色、摆放水果的颜色等，尽量组合相同色系成双色，再摆上绿色的香草做装饰，颜色鲜艳、效果华丽。

②决定色彩的搭配，考虑将颜色安放在蛋糕的何处。锦上添花，浅色和深色交叉摆放，相同颜色摆放在一处，亦或大量使用一色再略微点缀其他颜色等等，决定好色彩的搭配方案后，在纸上画出来，这样设计就很容易看懂了。

③奶油和水果要保持“最好状态”。奶油达不到要求的硬度，就挤不出想要的花纹。淡奶油要打发到8分发，要放在冰水中保持冷却的状态裱花。另外，水果表面有水汽，会打湿奶油，所以要用纸巾认真擦干。

毫无章法的裱花，没有间隔和平衡美感，容易失败。要构思一下整体的完成图再进行操作。

草莓奶油蛋糕的基本组合方法

学会经典蛋糕的搭配方法，就能以此为基础再做创新。再掌握操作中的细枝末节，就能打造出赏心悦目、味道极佳的蛋糕了。

装饰基本流程

1 夹上水果

蛋糕和蛋糕之间要夹奶油或者水果时，要将蛋糕等分切开。中间部分不要放置水果，要用奶油填充。

怎样才能夹得漂亮呢？

将混入洋酒的糖浆刷在蛋糕上使其湿润，这样更容易涂抹奶油。

在湿润的蛋糕上涂抹奶油，避开中心放上水果，再涂抹奶油。

2 涂抹奶油

用抹刀将奶油均匀抹在蛋糕表面。先用少量奶油“打底涂抹”，等凝固后再进行“正式涂抹”。

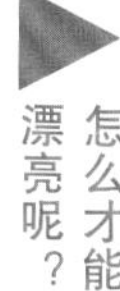

怎么才能抹得漂亮呢？

叠加蛋糕，用手掌从上到下轻轻按压，涂上一层均匀的奶油。

旋转操作台，将溢出的奶油在侧面抹匀。抹刀顺着蛋糕移动抹面。

3 奶油裱花

将淡奶油打发到8分满，趁没有变软抓紧裱花。裱花时要用力均匀，尽量让手少接触奶油，不然奶油容易受热融化。

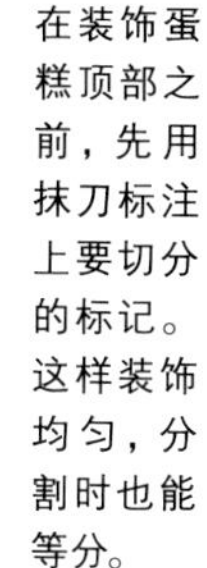

在装饰蛋糕顶部之前，先用抹刀标注上要切分的标记。这样装饰均匀，分割时也能等分。

4 装饰水果

要用纸巾将水果切口处的水汽擦干再放在蛋糕上面。摆放大小不同的水果时，要从大到小依次放置。

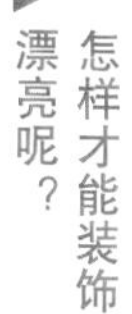
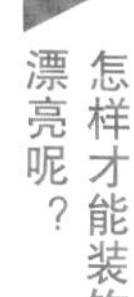

怎样才能装饰得漂亮呢？

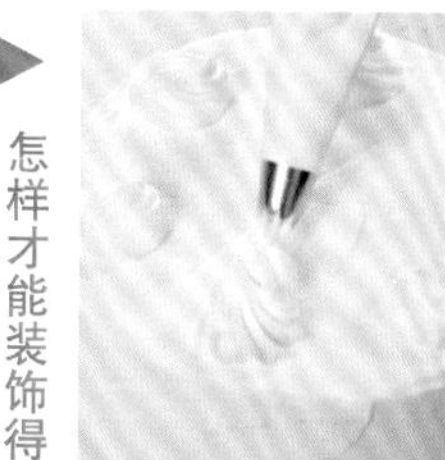
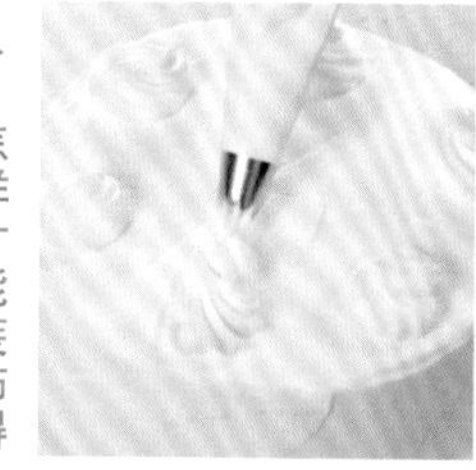

自己选择喜欢的裱花嘴来裱花，但是考虑到等分切割，要有一定间隔地装饰。

水果有水汽时，会打湿淡奶油，一定要认真擦干。

完成

蛋糕装饰

蛋糕和奶油的组合方法

奶油以打发淡奶油为基础，可以任意搭配组合。根据蛋糕的口味，可以仔细考虑用于夹馅、抹面或裱花。

基本蛋糕

海绵蛋糕糊（全蛋打发法）

材料（直径15cm・圆模）

鸡蛋……100g

细砂糖……60g

低筋面粉……60g

黄油……20g

※详细做法请参照第42页

基本奶油

①打发淡奶油

材料（方便制作的量）

淡奶油……250g

细砂糖……25g

※详细做法请参照第65页

②黄油奶油酱

英式奶油酱式

炸弹面糊式

意式蛋白霜式

使用自己喜欢的任意一种奶油酱。

※详细做法参考第68页

草莓蛋糕 × 樱桃奶油

方便制作的量

海绵蛋糕糊 1个份

（细砂糖40g，草莓酱 20g）

做法

将面糊和草莓酱混合后用烤箱烘烤。

方便制作的量

打发淡奶油 50g

樱桃酱 15g

做法

樱桃酱和打发淡奶油混合。

打发淡奶油为基础

开心果蛋糕 × 栗子奶油

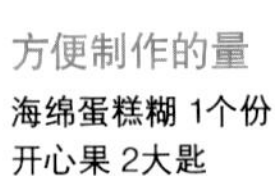

方便制作的量

海绵蛋糕糊 1个份

开心果 2大匙

做法

将面糊和开心果碎混合，用烤箱烘烤。

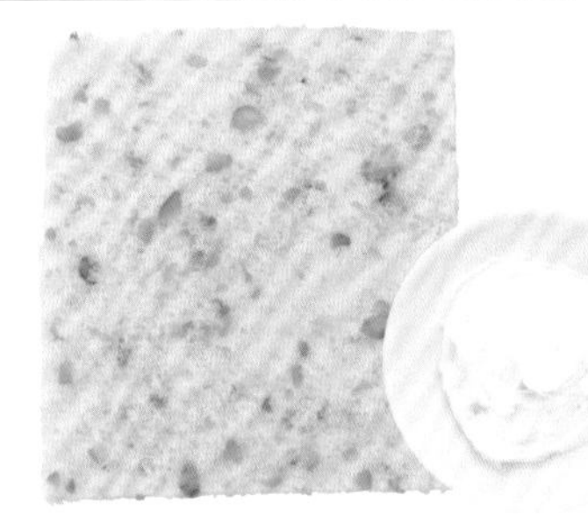

方便制作的量

打发淡奶油 50g

甜煮栗子 3个

做法

将甜煮栗子切碎，和打发淡奶油混合。

打发淡奶油为基础

黑橄榄蛋糕 × 番茄奶油

方便制作的量

海绵蛋糕糊 1个份

（不放黄油）

黑橄榄 15g

做法

将面糊和切碎的黑橄榄混合，用烤箱烘烤。

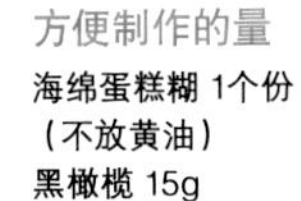

方便制作的量

打发淡奶油 50g

番茄干 3g

做法

番茄干切碎，和打发淡奶油混合。

打发淡奶油为基础

藏红花蛋糕 × 石榴奶油

方便制作的量

海绵蛋糕糊 1个份
藏红花 少量
（选用藏红花粉时取⅓小匙）

做法

藏红花干炒之后磨成粉末，和面糊混合，用烤箱烘烤

方便制作的量

打发淡奶油 50g
石榴糖浆 10g

做法

石榴糖浆和打发淡奶油混合。

打发淡奶油为基础

红茶蛋糕 × 红豆奶油

方便制作的量

海绵蛋糕糊 1个份
红茶粉 1小匙

做法

将红茶粉和面糊混合，用烤箱烘烤。（最好使用红茶茶叶碎）

方便制作的量

打发淡奶油 50g
红豆 20g

做法

红豆和打发淡奶油混合。

打发淡奶油为基础

可可蛋糕 × 樱桃利口奶油

方便制作的量

海绵蛋糕糊 1个份
（改动，低筋面粉50g）
可可粉 10g

做法

面糊和可可粉混合，用烤箱烘烤。

方便制作的量

黄油奶油酱 50g
樱桃利口酒 10g
（参照第161页）

做法

樱桃利口酒和黄油奶油酱混合。

黄油奶油酱为基础

抹茶蛋糕 × 甜纳豆奶油

方便制作的量

海绵蛋糕糊 1个
（改动，低筋面粉50g）
抹茶粉 10g

做法

面糊和抹茶粉混合，用烤箱烘烤。

方便制作的量

黄油奶油酱 50g
甜纳豆 15g

做法

将甜纳豆切碎，和黄油奶油酱混合。

黄油奶油酱为基础

奶油和蛋糕的配色方案

蛋糕和奶油同色系，或者用浓郁的可可蛋糕搭配白色的打发淡奶油等，搭配拥有无限可能。装饰水果时，也要考虑颜色搭配。

蛋糕卷的配色

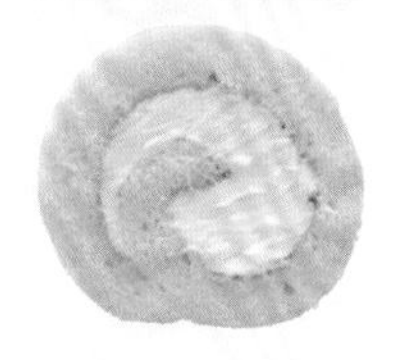

基本蛋糕卷

淡黄色的蛋糕，白色的淡奶油，赏心悦目。

款式1

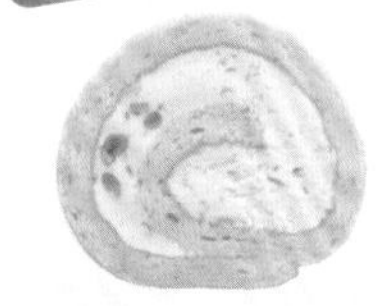

经典蛋糕和红豆奶油，关键在于红豆粒。

款式2

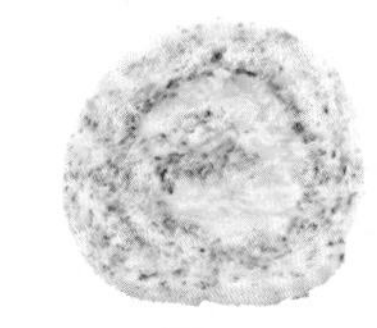

菠菜蛋糕搭配南瓜奶油。

款式3

可可蛋糕和马斯卡彭奶酪奶油。

蛋糕装饰

蛋糕涂抹和裱花

涂抹蛋糕时，将淡奶油打发到7分发，这样质地较软、容易抹平。裱花时为了保持奶油的形状，需要打发到8分发。

均匀涂抹平整

掌握基本的涂抹方法，就可以随意创新啦。

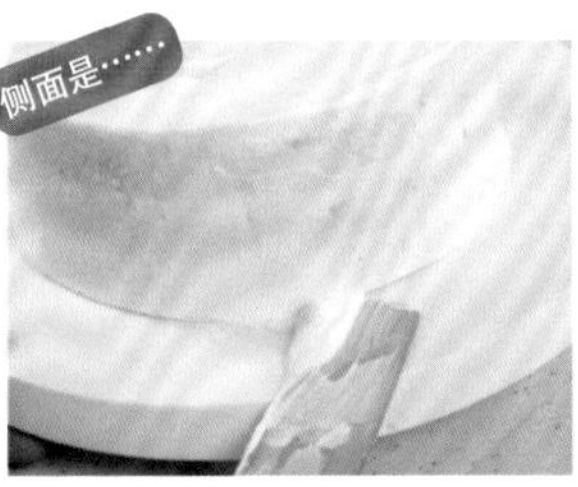

将抹刀靠着旋转台，沿着蛋糕旋转，涂抹2mm~3mm厚。

用食指和拇指像夹住抹刀一样拿着抹刀，轻轻将蛋糕表面抹平。

“正式涂抹”将蛋糕完全盖住

用奶油将整个蛋糕包裹住。握住抹刀前端，轻轻涂抹1~2次。重复涂抹会影响外观，一定要注意。

尝试在表面做出多种花样

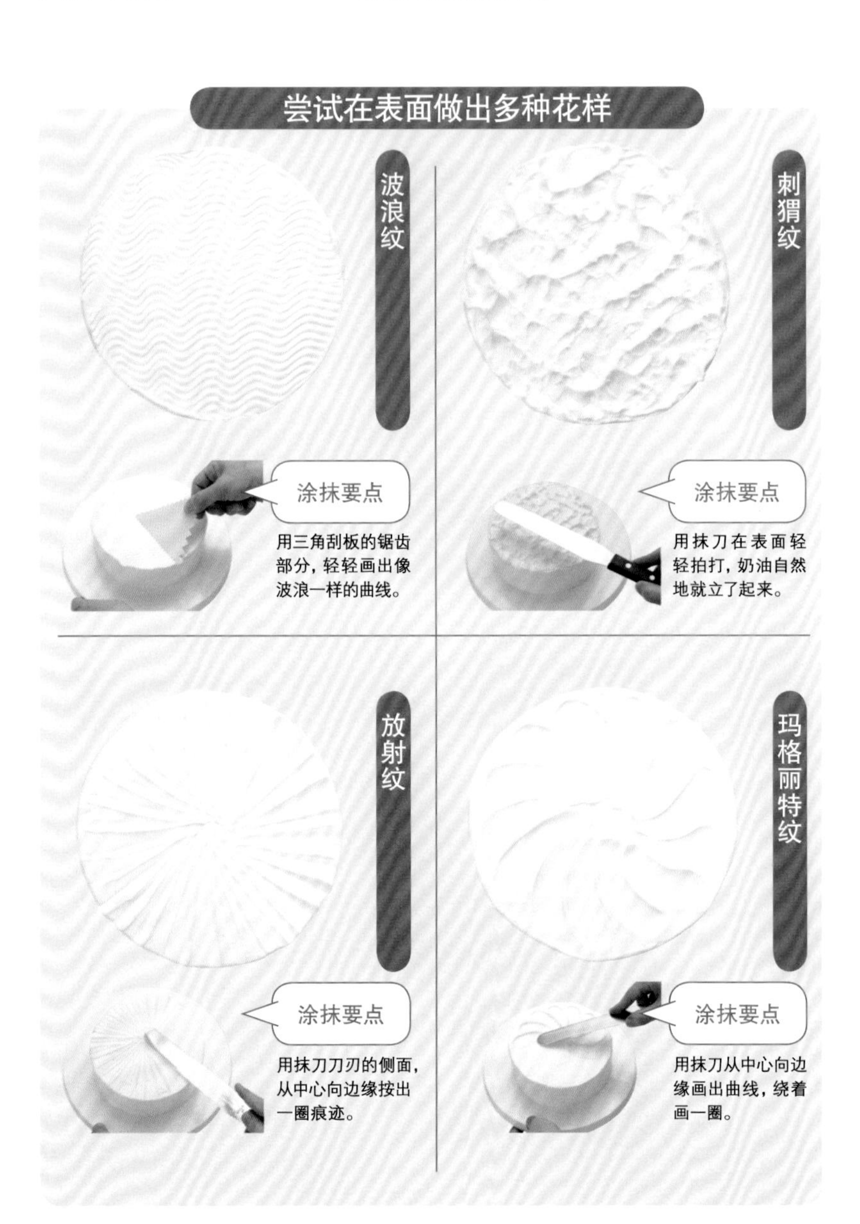

2种基本裱花方法

高高的裱花让蛋糕更具立体感，也增加了华丽度。

点状裱花

分离裱花

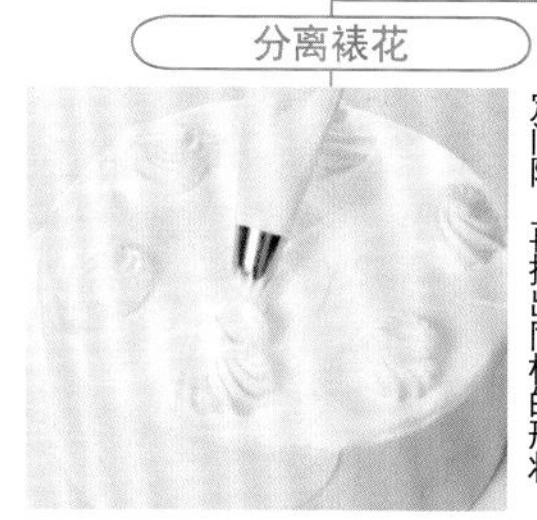

挤出奶油后提起花嘴。留出一定间隔，再挤出同样的形状。

连接裱花

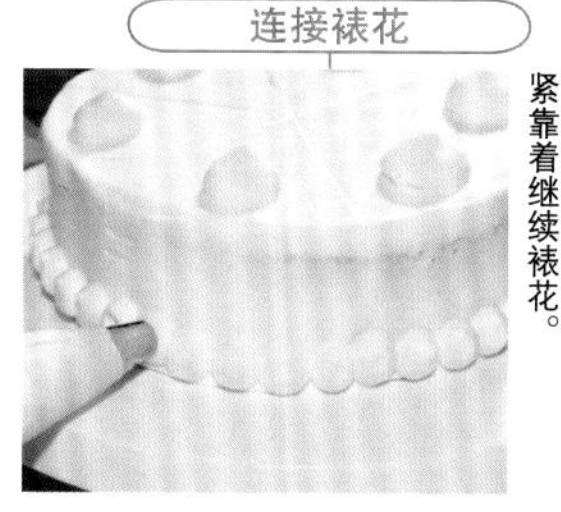

挤出奶油后提起花嘴。之后紧靠着继续裱花。

线状裱花

将奶油直线挤出，要力度均匀。或者，上下移动挤出波浪纹。

就算花嘴相同也能创造出不同的花样!

首先要反复练习裱花

奶油的硬度

淡奶油打发到8分发，硬度足以维持裱花的形状。质地过于柔软时容易塌陷。

裱花力度

用拿着裱花袋的手轻轻按压，调整奶油的挤出量。裱花时要力度均匀。

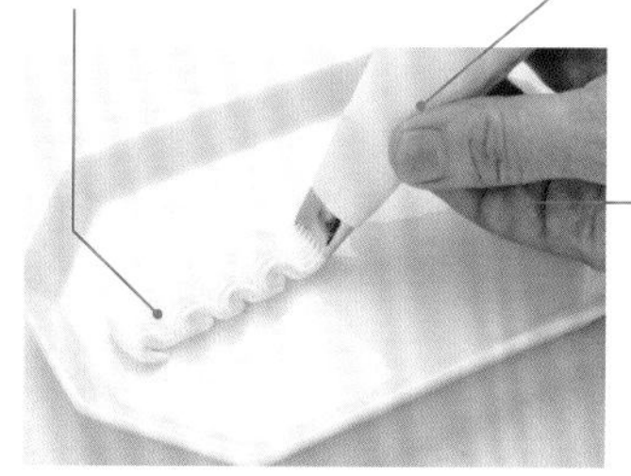

手的动作

挤出波浪花纹时，不要用手指，还是晃动手腕来裱花，这样挤出的奶油才稳定。

圆形 直线裱花

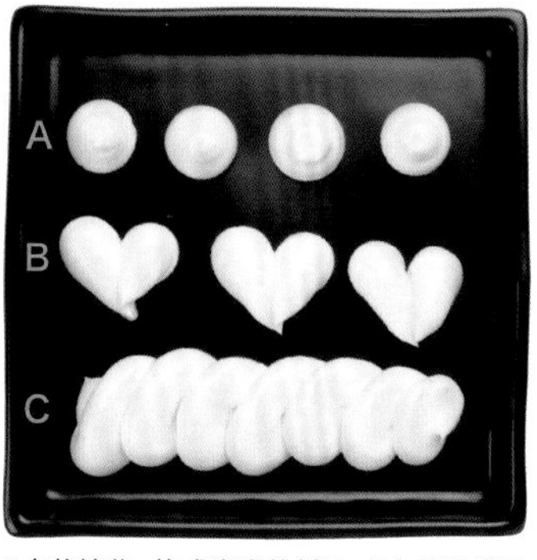

A点状裱花，挤成膨胀的样子。B点状略微下拉，就挤出心型的奶油。C像画圆一样上下一定挤成一条线。

星型花嘴 直线裱花

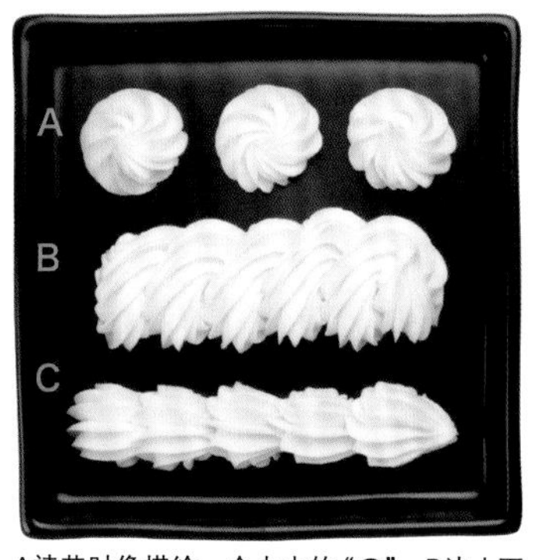

A裱花时像描绘一个小小的“の”。B边上下移动边线状裱花。C略微线状裱花后折返，像重叠一样等距离地继续裱花。

圣多诺黑花嘴 直线裱花

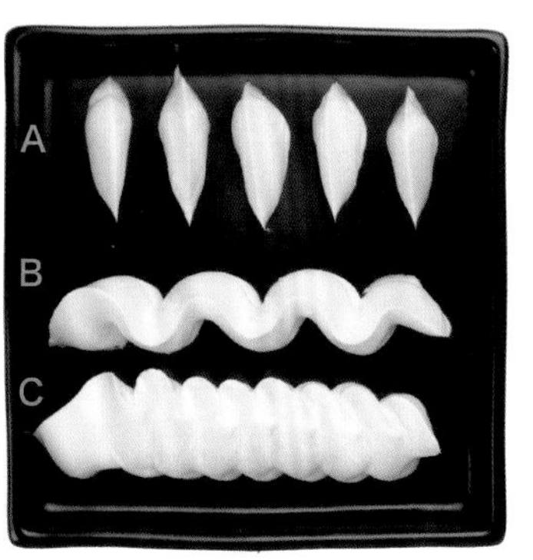

A从上到下点状裱花。B边上下移动边线状裱花。C 没有间隔地上下移动，线状裱花。

蛋糕装饰

手工制作装饰配件

使用剩余的蛋白霜或者水果，制作装饰配件。既美味又简单，而且有着不输于商品的华丽感。

干橙片

将橙子切片，颜色明亮华丽，有着独特的新鲜感。

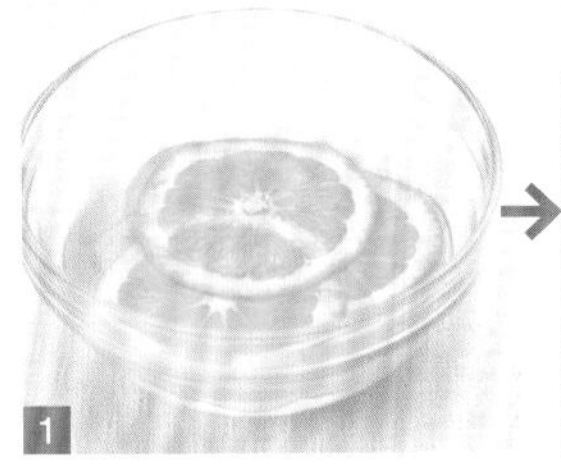

1 煮沸糖浆（水：砂糖=2：1），关火。将切成薄片的橙子趁热浸泡半天。

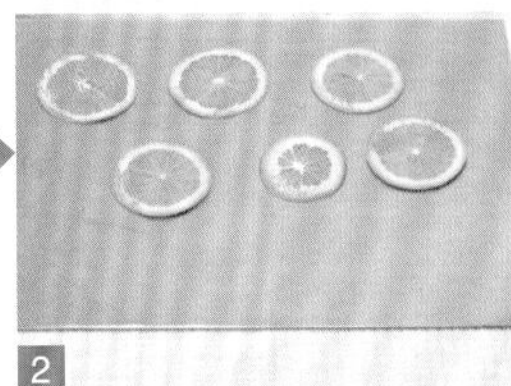

2 擦干水分摆在烤盘上，烤箱100℃烘烤约60分钟。继续放置使其干燥。

烤蛋白霜

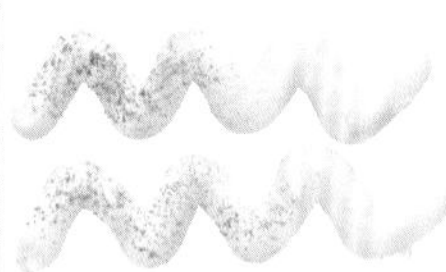

插在蛋糕上，或者平放，都引人注目。不是很甜，可以用来换换口味。

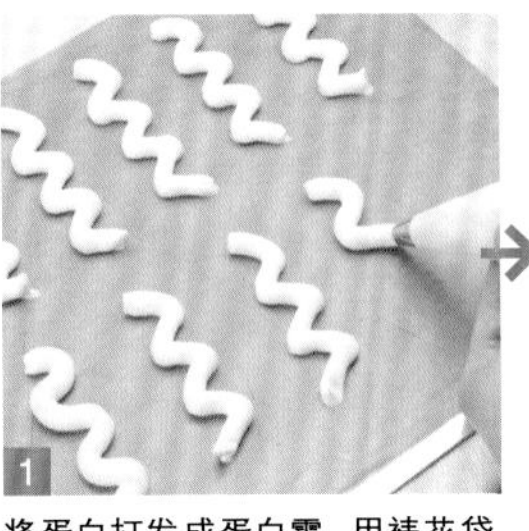

1 将蛋白打发成蛋白霜，用裱花袋在烤盘上挤出波浪状。

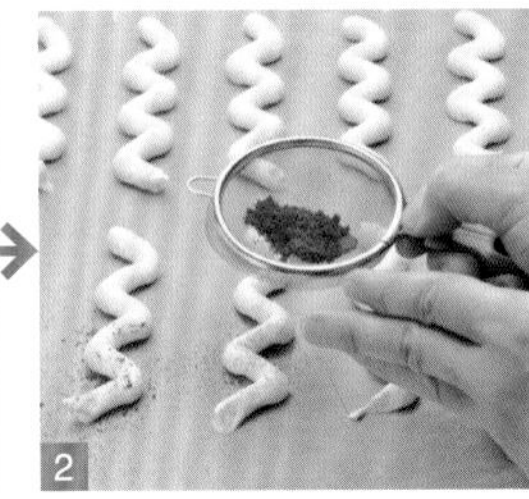

2 将冷冻干燥的覆盆子弄碎，用滤茶器过筛到蛋白霜的一半位置。烤箱90℃烘烤约60分钟。

糖衣薄荷

绿色的叶子粘上白色的砂糖，就像是雪花一样。

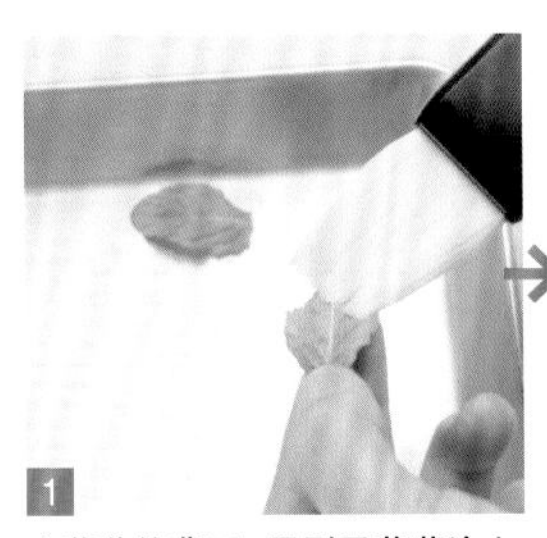

1 在薄荷的背面，用刷子薄薄涂上一层糖浆（水：砂糖=2：1）。

2 容器内倒入细砂糖，将1的薄荷蘸一下。静置晾干。

瓦片

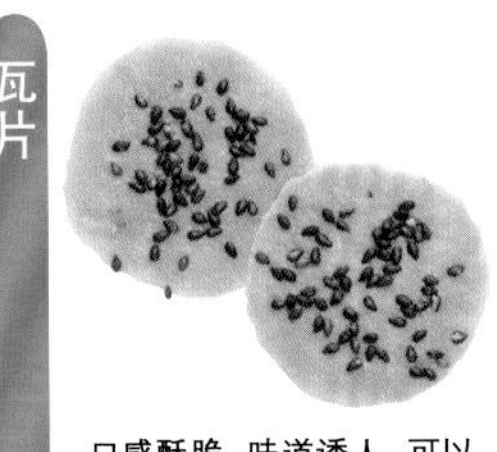

口感酥脆，味道诱人，可以中和蛋糕的甜腻。

1 将蛋白和糖粉混合后，用勺子背面在烤盘上压圆。

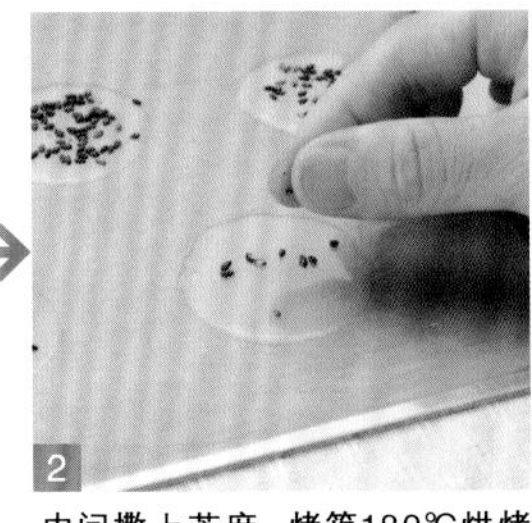

2 中间撒上芝麻，烤箱180℃烘烤约6分钟。

蛋糕装饰

巧克力装饰

只要在蛋糕上装饰上巧克力，就变得像市售蛋糕一样漂亮。使用调温（温度调节、参照第140页）过、有光泽的巧克力。

基本做法

调温

1 将巧克力隔水加热融化，将温度调节到31～32℃。

描绘

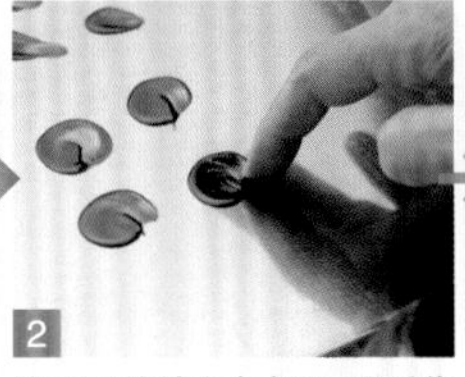

2 将OPP垫铺在方盘里，用手指蘸巧克力在上面画圆。

剥下

3 继续室温放置让巧克力凝固。将巧克力从OPP垫上剥下来，注意不要破坏形状。

使用刮板做成的装饰

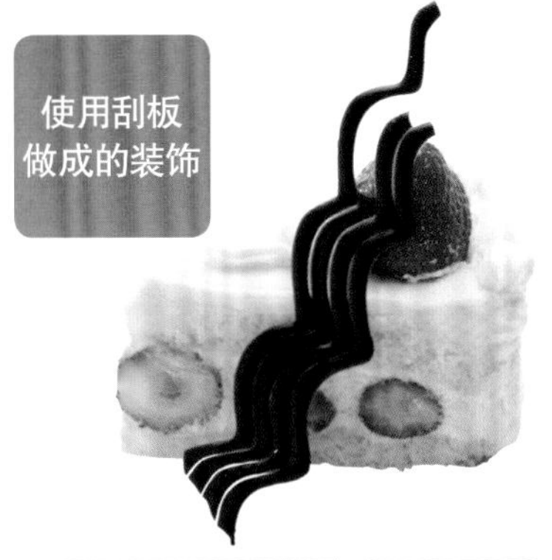

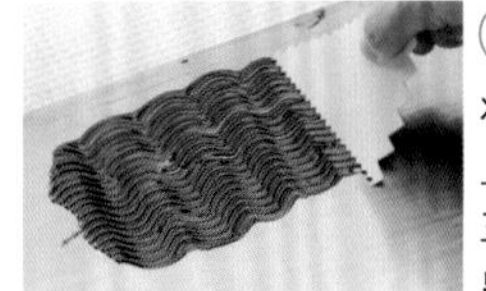

做法

将大量巧克力涂上OPP垫上，用三角刮板慢慢画出线条。

使用切模做成的装饰

做法

将巧克力涂在OPP垫上。待彻底凝固后，用切模切出喜欢的造型。

使用转印纸做成的装饰

做法

铺上转印纸，涂上巧克力。凝固后剥下，折成喜欢的形状或者用切模切出形状。

使用装饰笔画出的装饰

可以描出文字或者插画！

里面放入切块的巧克力，用微波炉融化后就可以使用了，使用硅胶材质的装饰笔。

在OPP垫上用巧克力描出喜欢的文字或者插画，静置凝固后剥下。

蛋糕装饰

戚风蛋糕的搭配方法

将蛋糕的口感作为着力点，在烘烤前增添蛋糕的味道。不仅能提味，还能上色、变换模样，非常有趣。

增加材料时一定要遵守份量的法则

增添材料时，不能破坏蛋糕的结构和平衡。比如，增加粉类时就需要减少低筋面粉的用量。新鲜水果水分过多，要加热后再放入。

蛋糕的基本份量（做法参照第48页）

蛋黄……60g
色拉油……40ml
牛奶（或热水）……80ml
香草精……2~3滴
盐……一小撮
低筋面粉……90g
蛋白……125g
细砂糖……70g

可以直接加入基本份量中。不过，放入水分过多的材料容易产生空洞。

推荐这样的材料

巧克力碎、坚果类、干燥水果等

实践！

番茄干&罗勒

番茄干和罗勒切碎，放入面糊中混合，烘烤指定的时间。

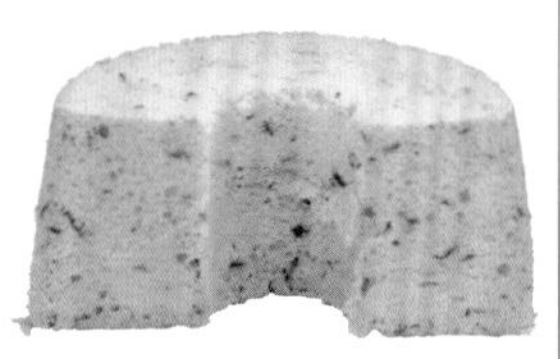

盐渍樱花

将盐渍樱花切碎，放入面糊中混合，烘烤指定的时间。

直接和基本份量的热水交换。不过，如果是酒类，只需放入少量提味即可。

推荐这样的材料

咖啡、葡萄酒、果汁、利口酒等

实践！

橙汁

将橙汁煮开后和面糊混合。加入糖渍橙皮，烘烤指定的时间。

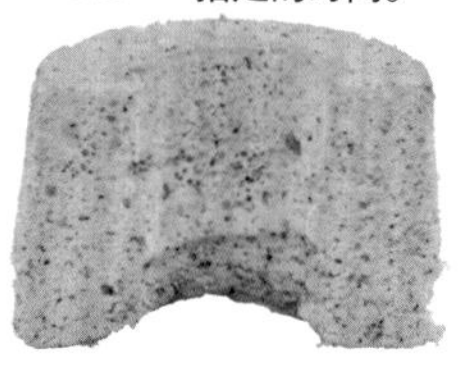

红茶

将低筋面粉和磨成末的红茶茶叶混合过筛，制作面糊。与煮好的红茶搅拌均匀，烘烤指定的时间。

减少基本份量中的低筋面粉用量。不过，要控制在10%以内。

推荐这样的材料

可可粉、奶酪粉、杏仁粉等

实践！

抹茶粉

低筋面粉和抹茶粉混合过筛，制作面糊。放入甜纳豆混合，烘烤指定的时间。

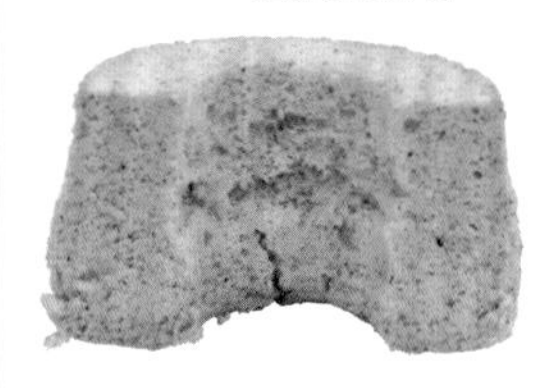

榛子粉

将低筋面粉和榛子粉混合过筛，制作面糊，烘烤指定的时间。

蛋糕装饰

小小心机变换大模样

成品马马虎虎，想不到绝佳的装饰创意。此时，只需稍微用心地刷出光泽或者撒些糖粉，蛋糕就变得赏心悦目了。

改变水果的摆法

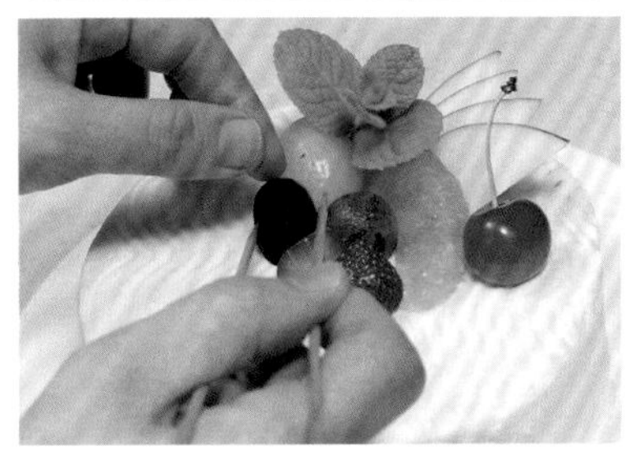

摆放水果时，层层叠加摆出高度，这样蛋糕变得立体，也更华丽了。

撒粉

用滤茶器过筛糖粉，撒在蛋糕上。建议在剪出形状的纸上过筛。

搭配果冻

将果汁或者鲜榨果汁用吉利丁凝固成果冻，切成5mm的小块，撒在蛋糕上面用做装饰。

水果涂上镜面果胶

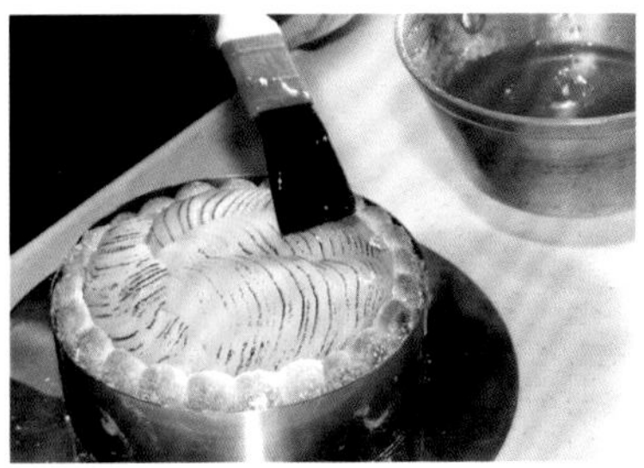

将糖浆或者煮化的果酱涂在水果上。这样的水果光彩照人，新鲜欲滴。

装饰侧面

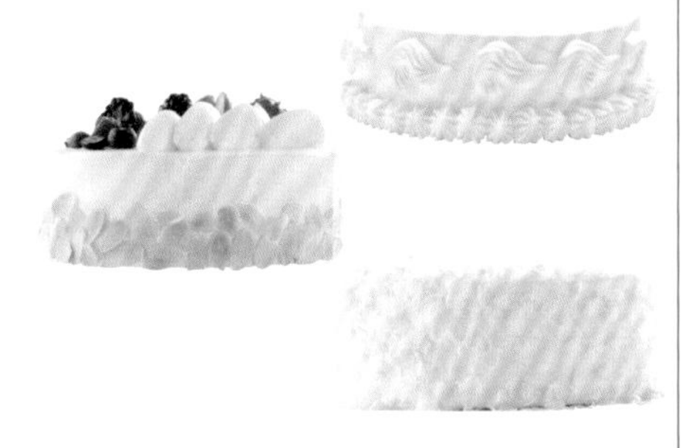

用杏仁片或者巧克力碎等粘在蛋糕整个侧面，或者只粘一部分。也可以用奶油裱花来装饰。

装饰蛋糕碎

将剩下的蛋糕用筛网过滤弄碎，撒在蛋糕侧面用来装饰。

塔皮和派皮装饰

表面光泽和内馅搭配是关键!

苹果派、洋梨塔等传统甜点都有经典的搭配方法。以此为基础，稍作改变吧。

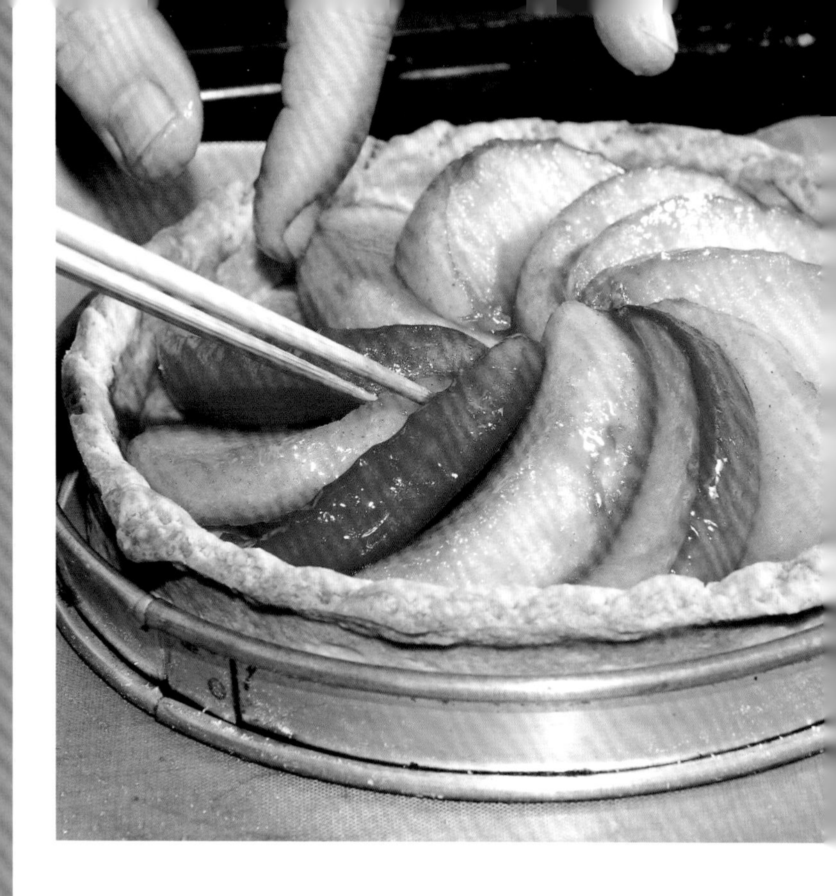

以传统的装饰技巧为基础，融入自己的创意，就能做出令人惊艳的成品了。

将杏仁片摆放成放射状的杏仁塔，摆放多种水果的水果塔，用刀子在派皮上切出花纹再烘烤的皇冠杏仁派……塔和派中大多是以装饰为特征的甜点。

传承下来的美丽装饰，都颇费功夫精心做成。自己创新的时候，以经典的装饰方法为基础，既不打破平衡，又推陈出新。

比如，将苹果或哈密瓜等大型水果薄薄切片，叠加在一起，呈放射状摆放，摆出一个圆形，派就变得非常华丽。摆放大小不同的水果时，先放大的水果，用小水果填补中间的空隙。

塔和派大多会在派皮和水果中间填充内馅，让派皮和水果更能融为整体。大部分内馅都是奶油，不过建议加入果酱或者巧克力，让味道更丰富。

完成后经典的方法是涂上薄薄一层镜面果胶。镜面果胶能防止水果干燥，也让水果光彩照人。用镜面果胶涂抹水果，也常用在蛋糕装饰中，不过涂在派皮上，焦黄色的色泽越发明亮，会更赏心悦目，令人垂涎欲滴。

塔的装饰

水果塔的组合方法

首先一定要掌握经典水果塔的结构。创新时摆放在塔上的顺序是一样的，可以变换奶油的口味和水果的种类。

1.派皮

法式塔皮适合搭配甘甜的奶油和水果。甜酥面团也可以搭配蔬菜做成法式咸派。

2.奶油

将草莓奶油从外圈向里挤成漩涡状。也可以填充巧克力。

3.水果

可以只切1种水果摆上，也可以搭配组合多种水果。干燥水果和水果蜜饯也可以。

4.完成

为了让水果有光泽，涂上镜面果胶（参照第37页），撒上糖粉装饰。

可以用作内馅的酱汁

阿帕雷酱汁

牛奶和淡奶油等搅拌而成的液体奶油酱汁。

杏仁奶油酱

奶油酱有着坚果特有的质朴甘甜（做法·参照第67页）。

果酱

因为凝结了水果的酸甜，非常适合用来搭配。

卡仕达奶油酱

杏仁奶油酱中加入卡仕达奶油酱，味道更柔和。

内馅是什么？

放入派皮或塔皮的填充物

在派皮或塔皮底部填充的奶油，也叫做“内馅”。将烘烤好的塔皮填充奶油内馅直接使用，或烤到半熟（空烤·参照第37页），途中从烤箱中拿出，填充内馅后继续烘烤。内馅大约填充到8分满就可以。

表面美化法

水果散发着宝石般的光泽，衬托着焦黄色的甜点越发明艳。为了充分挖掘出塔和派的魅力，一定要掌握传承下来的经典技巧。

镜面果胶的效果

刷上镜面果胶后，焦黄色的光泽越发明艳。水果像宝石一样褶褶生辉，让人垂涎欲滴。

将市售镜面果胶稍作改变

加入水融化，加热到70℃使用。因为颜色透明，可以直接使用，也可以混入颜色后再用。

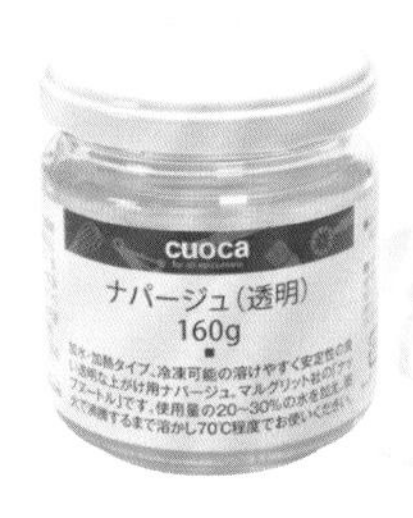

赏心悦目技巧①

涂抹镜面果胶

将镜面果胶薄薄涂在表面，以防干燥，又能保持明艳的色泽。市售镜面果胶有透明的，也有带颜色的，可以自己融化果酱手工制作。

用杏酱制作镜面果胶

材料（方便制作的量）

杏酱……50g

水……25ml

做法

1 锅内倒入杏酱加热，倒水。

2 用打蛋器将果酱搅碎，搅拌到顺滑。

3 用刷子将2刷在装饰甜点的水果上面（也适用于派皮）。

和市售镜面果胶混合

巧克力

因为味道甘甜，建议使用少量提味即可。

咖啡

略有苦味，搭配甜点，更加美味。颜色略淡。

炼乳

白色，涂在水果上，就像穿了糖衣一样。

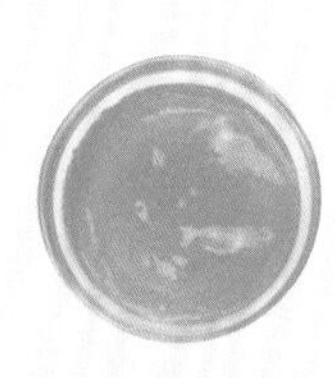

橙汁

新鲜的橙色。搭配放入糖渍橙皮的甜点，味道更浓郁。

赏心悦目技巧②

做出花纹

上面盖上面皮切出花纹，烘烤色泽错落有致。传统甜点国王饼就是在表面切出花纹，制作凹凸感，凹陷的部分和凸出的部分颜色不同，就形成了美丽的花纹。

用面皮做出花纹

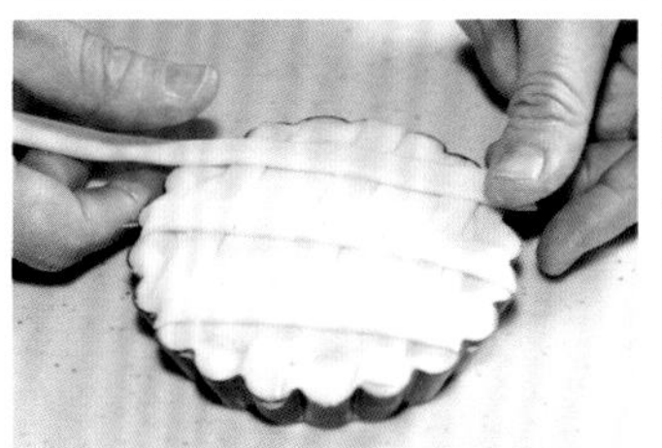

盖上面皮做成花纹

适合苹果派等，将切好的面皮交叉摆放，填充的内馅隐约可见。

用刀切出花纹

涂上蛋黄

填充上内馅后再覆盖一层面皮，薄薄涂一层打散的蛋液。

↓

切出花纹

使用刀子，从中心向边缘切出螺旋状的花纹。也可以画成自己喜欢的花样。

烘烤之后

烤出焦黄色，或浅或深，错落有致

凹凸不平的面皮烘烤后色泽相差很大，所以能清楚地看到美丽的花纹。

赏心悦目技巧③

加重色泽

在烤好的派皮上撒上糖粉继续烘烤，砂糖产生美拉德反应（参照第125页），比普通烘烤颜色更重，表面光彩照人。

焦糖化

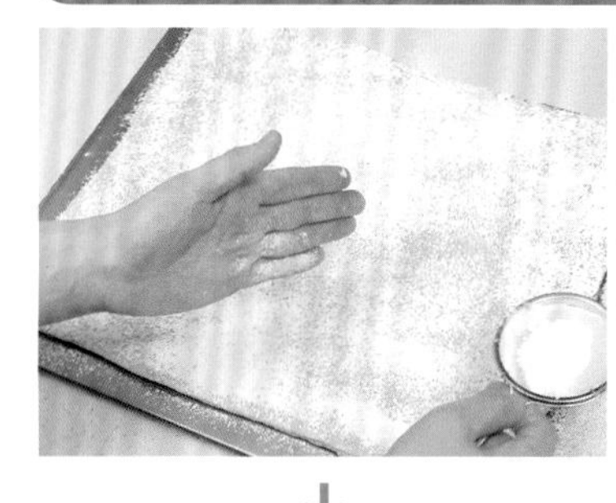

撒上糖粉

用滤茶器过筛糖粉，撒到派皮表面。一定要均匀过筛。

↓

烘烤

用烤箱高温烘烤派皮。糖粉融化形成糖饴，让派皮表面光彩照人。

用喷枪烘烤

糖粉用滤茶器过筛，用喷枪从上往下喷火，烤出焦黄色。

派皮刀能干净地分割派皮

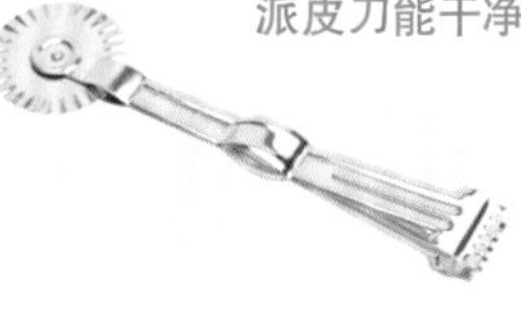

划过派皮时，不会破坏派皮的层次，能干净地分割派皮，整形时也可使用。

塔、派装饰

水果点缀法

水果塔或者水果派等甜点，主要以水果为装饰。水果的颜色、大小和种类，会影响成品的外观，所以要认真搭配组合。

水果的装饰方法

水果的形状和切法不同，装饰方法也不同。

平面装饰

摆放面积较大的时候，效果最好。将切薄片的水果散在表面重叠、摆放。再装饰上小粒水果，或者切成丁的水果。

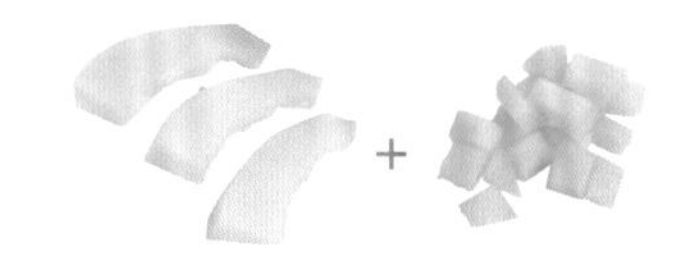

像画圆一样 哈密瓜塔

将哈密瓜切成塔皮半径一样的大小，叠加摆成圆形。剩下的切丁摆在中间。

也可以这样装饰

将苹果切成薄薄的月牙形状，有一半削皮。煎熟后，将带皮和不带皮的呈放射状交叉摆放。

立体装饰

面皮较小，可摆放的表面太窄，立体装饰效果更好。也用于组合大小不同的水果，或者摆放较厚的切片水果。

山型 水果派

在狭窄的范围内将数种水果装饰成山型。先放较大的水果，这样容易保持平衡。

也可以这样装饰

将无花果切成约5mm的厚片。中间挤上高高的奶油，周围摆上无花果切片。

正确的水果准备方法

在水果切片之前要提前准备，以免损伤水果的味道。摆放在甜点上的水果，一定要用纸巾擦干水分后再用。

哈密瓜

用水果刀切开，用勺子将种子和瓜瓤一起取出。

草莓

用刷子刷去杂质。用水清洗会损伤味道，带有水汽也容易变质。

水果的形象

要考虑到是否适合搭配甜点或者奶油的味道，还有是否应季。

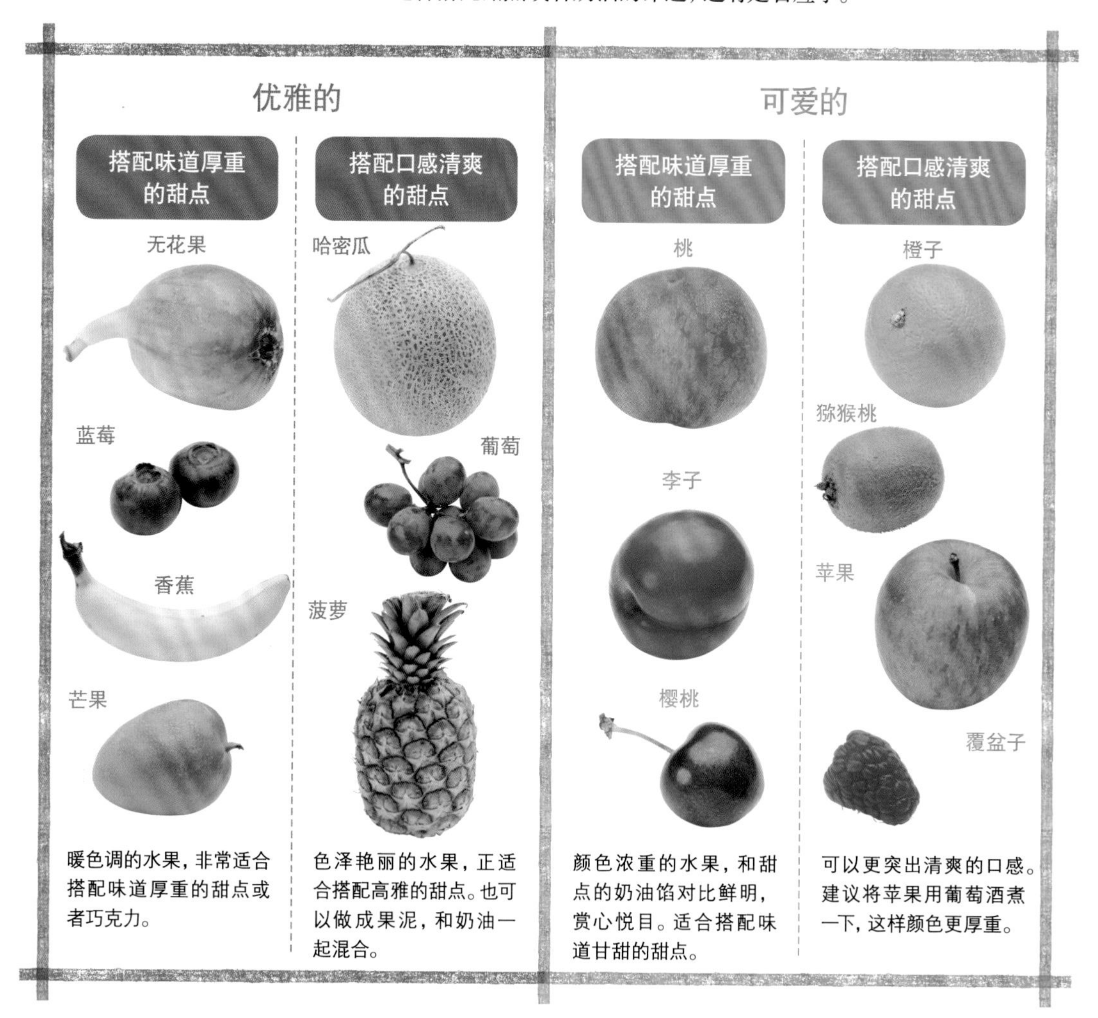

柑橘类

带皮使用时，因表皮含蜡，所以用盐搓洗后再用水洗净。擦干水分再用。

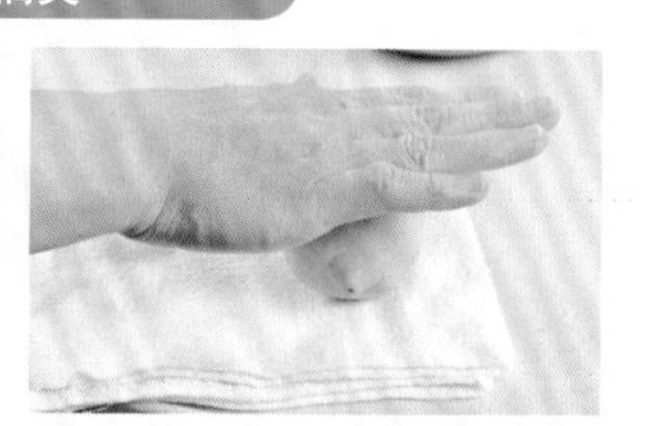

榨出果汁时，在切割前用手按住轻轻滚动。这样果肉被滚软，容易出汁。

注意新鲜水果的保存方法

水果室温放置，等待自然成熟后再用。哈密瓜底部散发出香气时，就是最佳的食用时机。桃不耐低温，所以使用之前再冷藏。草莓放入冰箱冷藏即可。

经典派以组合搭配一决胜负

经典派就是苹果派和千层派，掌握基本做法后，尝试一下稍作改变吧。既能让外表变得赏心悦目，也提高自己烘焙的水平。

只需小小改变就让苹果派大变身！

苹果派

美国的经典甜品，大多都是在圆形派皮上放满砂糖煮过的苹果，再将派皮交叉叠加组成格子形状装饰。

改变①

一口吃下的大小

派皮用直径7cm的波浪纹圆模切模。苹果切成5mm的小块，参照基本做法的①和②，填充上内馅，同样叠加派皮。撒上糖粉烘烤。

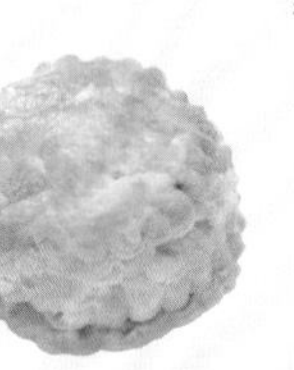

改变②

长方形的法式风味

将苹果切成1mm宽的半月形。在25cm×12cm的长方形上，将苹果一字摆开，两边用带状的派皮盖住。撒上黄油和糖粉，烘烤。

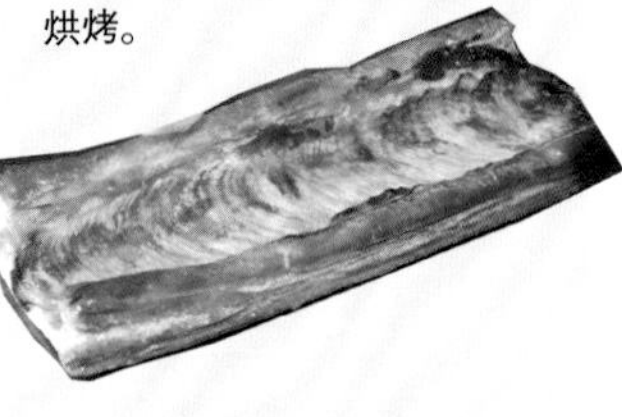

改变③

搭配冰淇淋

将苹果煮过，分割派皮烘烤。碗内放入苹果、派皮、香草冰淇淋和草莓搅拌。装盘，浇上巧克力糖浆。

基本做法

1 **煮苹果**

将苹果用黄油煎过后，倒入砂糖，等炒出水分后，转小火慢煮。撒上肉桂粉放凉。

2 **派皮上放上苹果**

将擀圆的派皮放在派盘上，撒上蛋糕碎。放上1，边缘用刷子刷上蛋液。

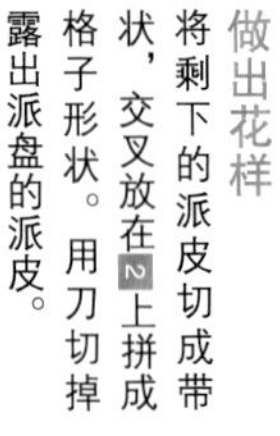

3 **做出花样**

将剩下的派皮切成带状，交叉放在2上拼成格子形状。用刀切掉露出派盘的派皮。

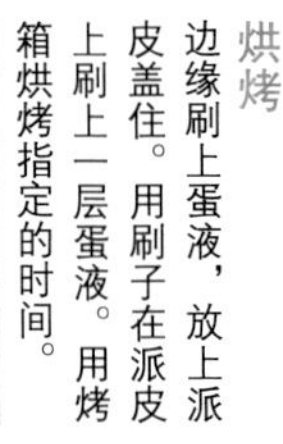

4 **烘烤**

边缘刷上蛋液，放上派皮盖住。用刷子在派皮上刷上一层蛋液。用烤箱烘烤指定的时间。

苹果派制作的要点

内馅水分不完全挥发，就会弄湿成品

如果苹果还残留水分，派皮会吸水变软涨大。另外，如填充内馅的苹果过少，派皮会膨胀，出现多处空洞。

千层派

甜点之间由奶油作夹层。可以做成大的派皮再分割，也可以分割派皮再烘烤。

只需小小改变就让千层派大变身！

改变①

用切模做出可爱造型

将面皮用心型切模切出心型后烘烤，将奶油装入裱花袋挤到心型派皮上。装饰上覆盆子。

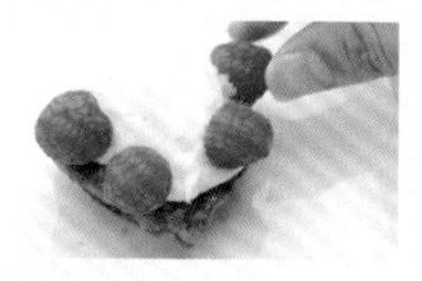

改变②

改变叠放方式显得更高端

在正方形的派皮上点状裱花，装饰上蓝莓。再将另一片派皮旋转45度错开叠加。

千层派的正确切法

分切时要注意不要破坏形状

分切大的千层派时，如刀子水平切下，派皮和奶油容易错开切断。将千层派靠在木板或者小方盘上，将刀立起分切。

用刀刃分切整体时，派皮会朝下错开，破坏形状。

用方盘的背面靠在甜点侧面用于固定，将刀立起，慢慢分切。

基本做法

1 **烘烤派皮**

将派皮擀成烤盘大小，扎孔后静置。用烤箱烘烤，中间撒上糖粉。

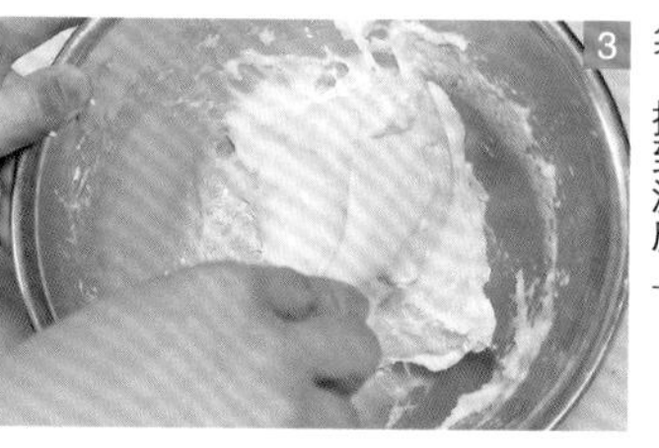

2 **分割派皮**

派皮放凉，切成3cm×9cm的长方形。最好使用锯齿刀分割。

3 **制作奶油**

将卡仕达奶油酱和打发淡奶油混合，放入裱花袋，挤到派皮上。

4 **叠加派皮**

将派皮和奶油交叉叠加成三层。装饰上糖粉、打发淡奶油、草莓和薄荷。

千层派制作的要点

在食用前组合

组合了一段时间后，奶油会塌陷，奶油中的水汽也会让派皮受潮变软。为了不影响外观，在食用前组合装盘就可以了。

烘烤甜点装饰

简单也可以很美，但要努力变得更美

对轻松做成的甜点，建议自由发挥进行创新。因为保质期短，更适合用作礼物。

创新不要影响甜点的香味

饼干或玛德琳这种烘烤甜点，直接食用就十分美味，但是稍作改变，就能变身为彰显个性的独家甜点了。

146页之后介绍了可以混入面糊烘烤的辅助材料，或者制作巧克力淋面，尽享自由创新的乐趣。

烘烤甜点大多富有黄油的浓郁醇香，尽量少使用香气浓郁的洋酒，这样才不会影响甜点本身的味道。

像饼干这种口感略硬的甜点，建议搭配干燥水果或者果酱等口感黏稠的，或者坚果等口感硬脆的配料。

另外，在造型饼干奶油酥饼等表面，可以用糖霜画出花纹或者写下文字。糖霜是用糖粉、蛋白、柠檬汁等搅拌后装入锥型裱花袋细细挤出使用。

白色的糖霜，可以描出雪花、白云，也可以加入食用色素做成色彩鲜艳的糖霜。因为含有大量水分，所以质地松软，涂在玛德琳等甜点上，就像穿了一件薄薄的糖衣。画上花纹，除了能美化外形之外，也让口感更香甜，防止甜点干燥。

只要掌握了基本做法，就能变幻出无限可能。搭配季节，做成小小的礼物或者贺礼，一定要尝试一下。

烘烤甜点装饰

烘烤甜点的基本搭配

将干燥水果混入面糊中烘烤，用糖霜画出花纹……首先介绍一下烘烤甜点的基本搭配。只有掌握了基本方法，才能化为己用产生独家创意。

改变①

搅拌面糊

将干燥水果、坚果、巧克力碎等加入面糊混合再烘烤，可以让味道更丰富。建议加入奶酪碎或者柑橘类的皮屑。

黄油蛋糕。搅拌面糊时放入洋酒浸泡过的干燥水果，烘烤。

玛芬。将面糊倒入模具至⅓处，放入蓝莓。再将面糊倒到7分满，烘烤。

改变②

糖霜・翻糖

除了让甜点更加香甜，也会改变口感和外观，又能防止甜点干燥。

糖霜。加入食用色素可以变换颜色。使用锥型裱花袋，用细线画出花纹或者写下文字。

翻糖。将少量砂糖液隔水加热到变软，浇在甜点上凝固。

改变③

奶油裱花

将打发淡奶油或者卡仕达奶油酱挤到杯子蛋糕或者泡芙上。挤出的奶油有一定高度，让甜点变得立体，也更华丽。

将卡仕达奶油酱挤到泡芙里面，上面再挤上高高的打发淡奶油，这样就变得豪华了。

用专用的花嘴将奶油挤到圣多诺黑香醍泡芙上，高低错开，立体交叉。

改变④

用蛋液画出花纹

烘烤之前刷上蛋黄，用水果刀划出刀纹。等烘烤后花纹就会显现出来。如果先切刀纹再刷蛋黄，花纹就不会这么明显。

在国王饼的上面刷上打散的蛋黄，表面用叉子画出横线，画出花纹后烘烤。

将蛋黄和咖啡粉混合，刷在巴斯克蛋糕表面，用刀子画出叶子形花样。

改变⑤

进行装饰

将辅助材料混入面糊中，或者烘烤完成后装饰在上面。只需稍稍装饰，就能一改甜点简单的模样。

在挤出的饼干上装饰去籽樱桃、坚果或者干燥水果烘烤。

将市售的巧克力放入面糊中混合再烘烤。烘烤时巧克力就在里面融化了。

烘烤甜点装饰

糖霜装饰法

糖霜由糖粉、蛋白和柠檬汁搅拌而成。加入食用色素后，可用来描绘图案或者文字，让甜点更赏心悦目。

糖霜的做法

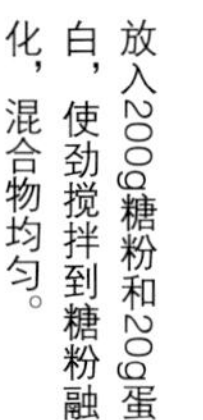

1 放入200g糖粉和20g蛋白，使劲搅拌到糖粉融化，混合物均匀。

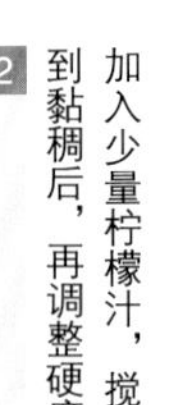

2 加入少量柠檬汁，搅拌到黏稠后，再调整硬度。

着色方法

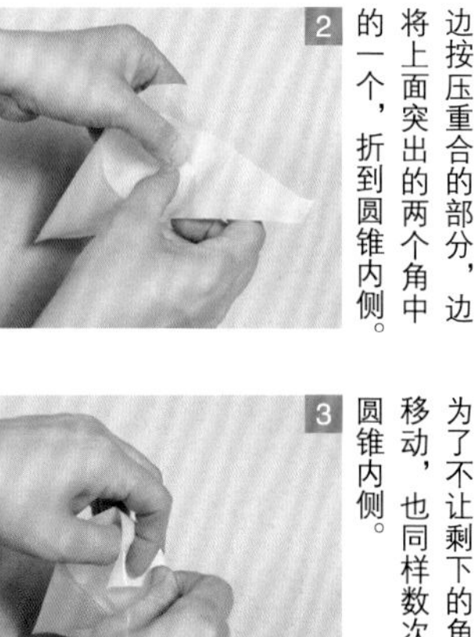

在做好的糖霜中添加自己喜欢的市售食用色素搅拌。

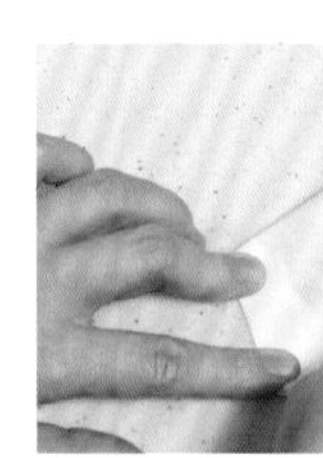
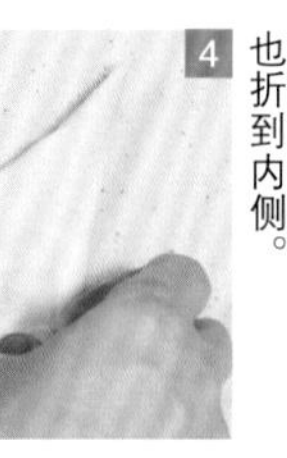

食用色素，也有不溶于水的啫喱状的色膏。黑色使用黑芝麻糊就可以。

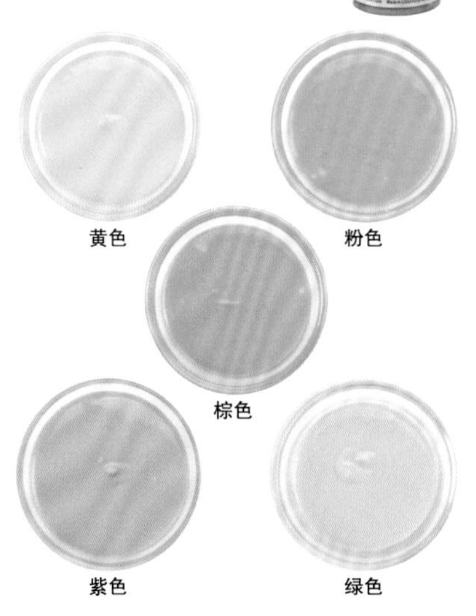

黄色　粉色　棕色　紫色　绿色

锥型裱花袋的折法

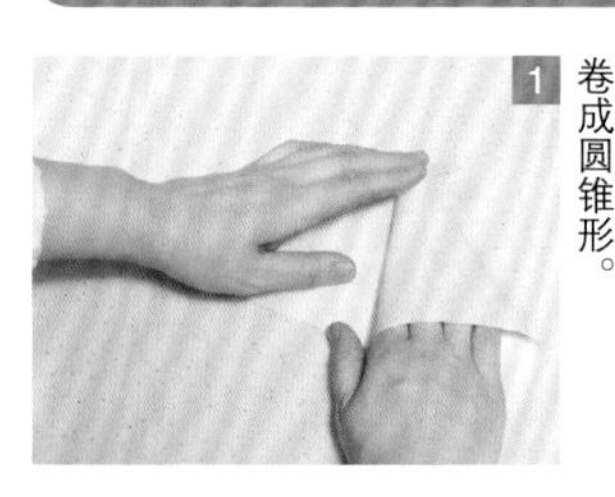

1 将烘焙纸裁成直角等边三角形。将直角的部分放在身前，从右边开始卷成圆锥形。

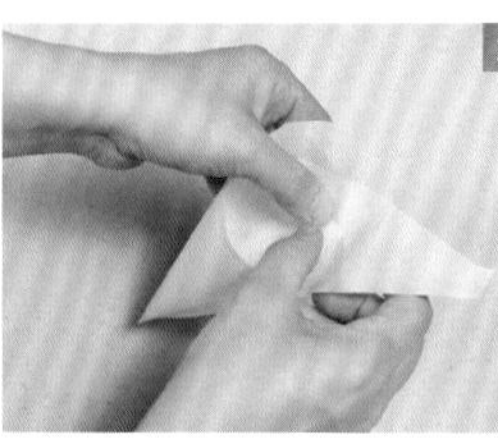
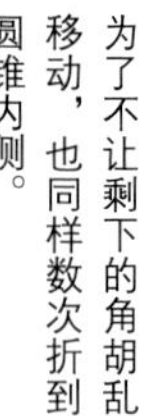

2 边按压重合的部分，边将上面突出的两个角中的一个，折到圆锥内侧。

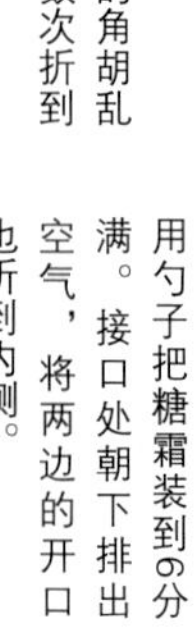

3 为了不让剩下的角胡乱移动，也同样数次折到圆锥内侧。

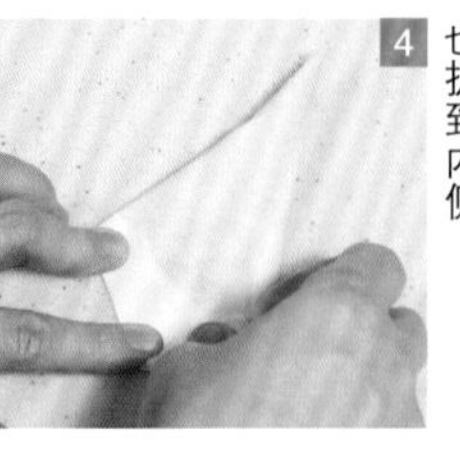

4 用勺子把糖霜装到6分满。接口处朝下排出空气，将两边的开口也折到内侧。

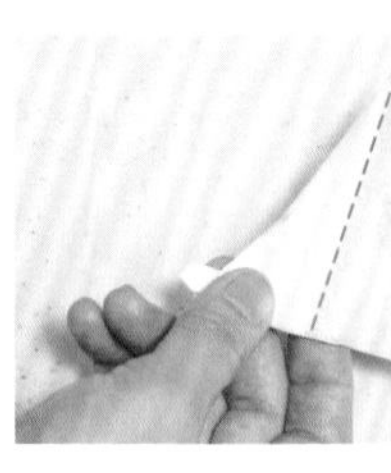
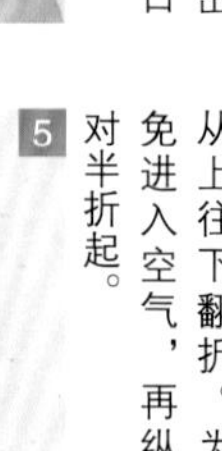
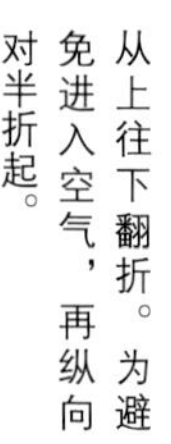

5 从上往下翻折。为避免进入空气，再纵向对半折起。

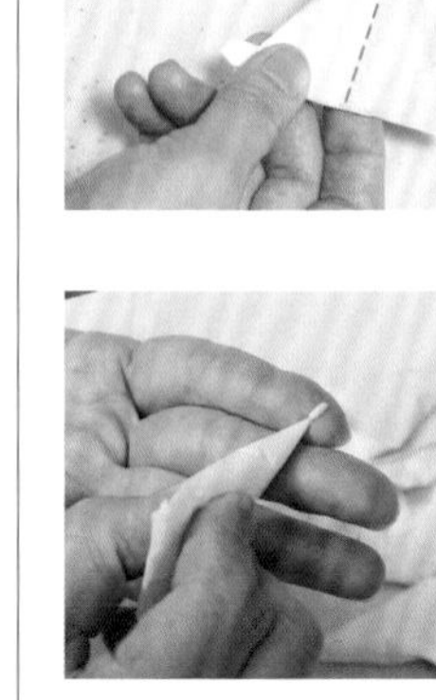
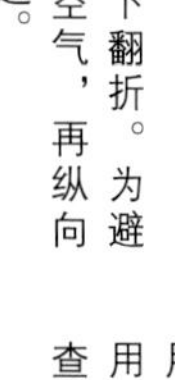
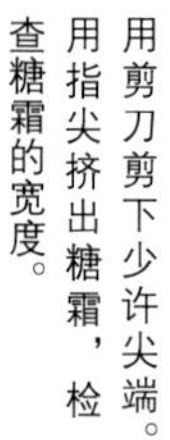

6 用剪刀剪下少许尖端。用指尖挤出糖霜，检查糖霜的宽度。

糖霜饼干

搭配造型描绘图案，让饼干立马可爱变身

节日饼干

配合圣诞节、复活节等节日描绘图案。装饰在圣诞树上也很可爱。

圣诞节。在圣诞树造型的饼干上，涂满绿色糖霜，再用粉色和黄色的糖霜画出图案。

春节。用白色糖霜画出饼干的形状。用橙色画出桔子，用粉色和棕色画出底座。

父亲节。用白色糖霜勾出边缘，中间用紫色画出领带，用黄色画出花纹。

文字饼干

在锥型裱花袋上剪出细口，用糖霜写出文字。最适合用作礼物。

在长方形的波浪纹饼干上，涂满绿色的糖霜，用白色写上文字。

饼干表面涂满粉色糖霜，用白色写上文字。O是红色的心型糖果。

饼干表面涂上白色糖霜，用紫色在边缘画出蕾丝。用棕色写出文字。

插画饼干

建议使用单色或者双色简单地装饰。也可以装饰上糖珠或者巧克力豆。

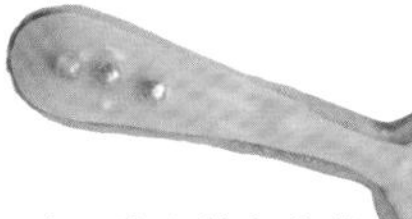

表面涂上粉色的糖霜，在勺柄部分装饰上3粒糖珠。

表面用白色糖霜描出花的样子，中间用黄色点出花蕊。

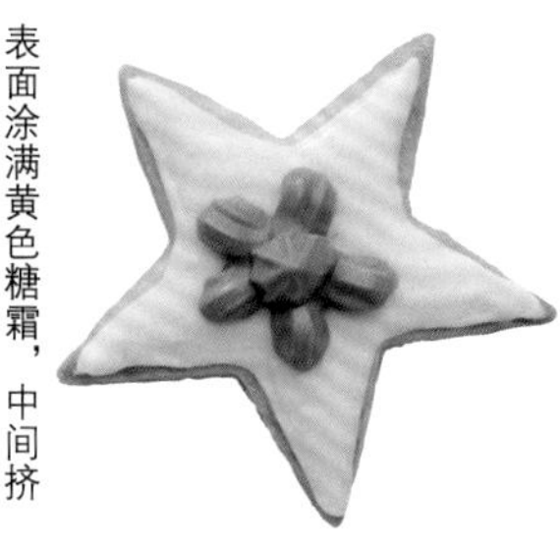

表面涂满黄色糖霜，中间挤出高高的紫色糖霜。

杯子蛋糕装饰

将黄油奶油酱和食用色素混合，用裱花嘴高高挤出，蛋糕也变得华丽。

黄油奶油酱比打发淡奶油更硬，更易着色。

使用蒙布朗花嘴将白色奶油挤成螺旋状。上面再用星型花嘴挤出一朵小花，撒上几粒糖珠。

使用星型花嘴，将紫色奶油叠加挤出。放上5粒蓝莓。

使用星型花嘴，将粉色奶油挤成高高的螺旋状。撒上几粒大大小小的糖珠。

冰箱饼干图案集

虽然只使用原味和可可双色面团，但可以变换成各种各样的冰箱饼干图案。也可以和胡萝卜粉或者抹茶粉混合，让饼干的色彩更加丰富。

基本整形方法

漩涡状的图案是双色面团叠加卷起形成的。

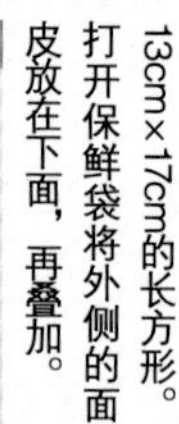

1 将双色面团擀成5mm厚，13cm×17cm的长方形。打开保鲜袋将外侧的面皮放在下面，再叠加。

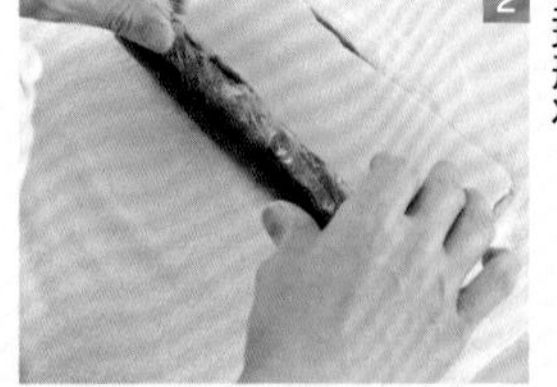

2 从面前开始卷起。要注意不要产生裂纹或者混有空气。接口朝下放置，整理形状。

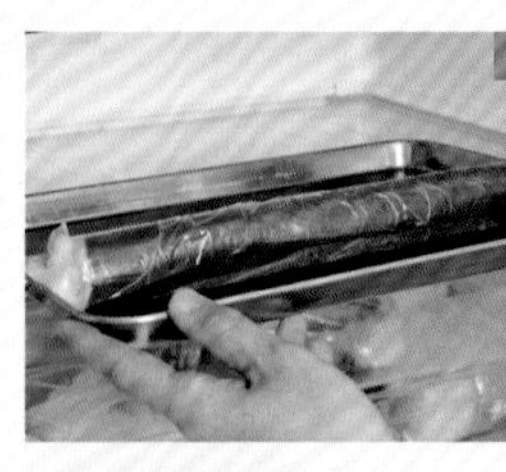
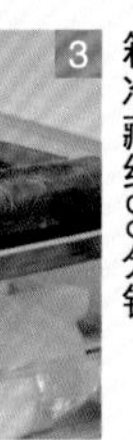

3 用保鲜膜紧紧包住，放在方盘上，放入冰箱冷藏约30分钟。

4 将面团切成1cm宽的厚片。取下保鲜膜，有间隔地放在烤盘上，用烤箱烘烤。

※基本做法参照第62页。

双色面团大全

漩涡状的图案，可以交换外侧和内侧的面团，可以将厚面团擀薄做成4层面团再卷起。另外，也可以变换厚度上下叠加，再用面团包裹起来。格子状的图案，是把面团整成正方形再叠加组合。

烘烤甜点装饰

泡芙奶油的组合方法

只需改变泡芙的挤出方式或者装饰上糖霜，就能让泡芙的外观大为不同。使用数个泡芙做成圣多诺黑香醍泡芙时，可以灵活运用。

2种不同的组合方法

不分割泡芙

1 用筷子等在刚烤好的泡芙顶端戳一个洞，可以让花嘴插入。不过也不要太大。

2 将花嘴插入泡芙中，挤出充足的奶油。

分割泡芙

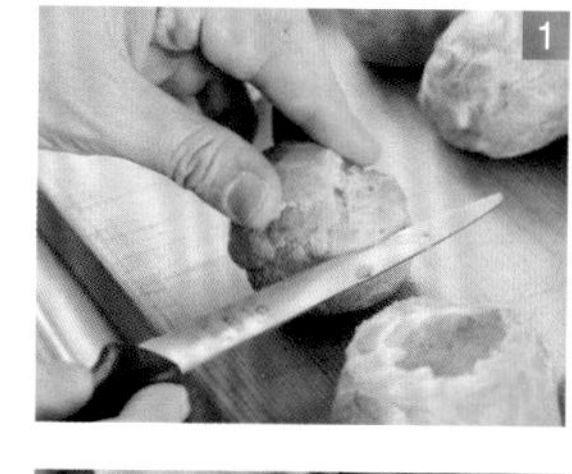

1 用水果刀削掉泡芙上面的⅓部分。用手轻轻按住，以免破坏形状。

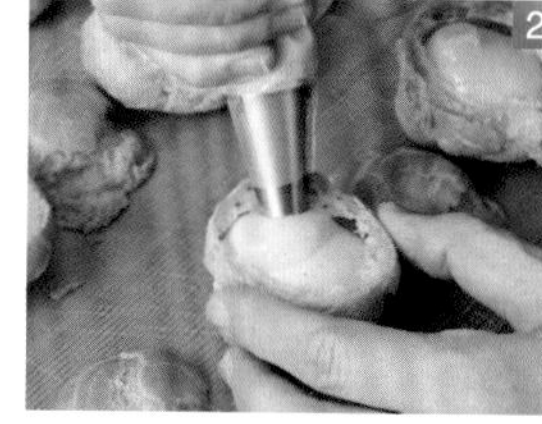

2 在下面的空洞中注入充足的奶油，再盖上削掉的泡芙。

泡芙的创意

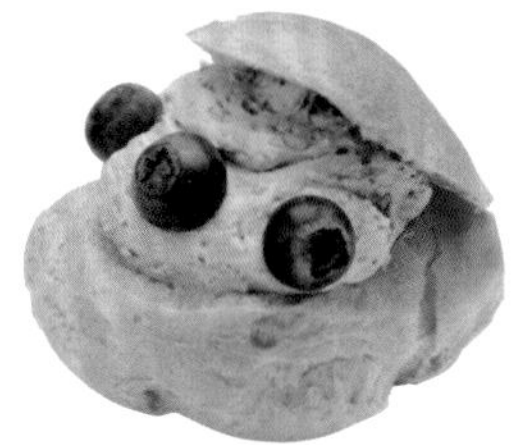

整形做成天鹅

削掉泡芙上半部分做成翅膀。挤上打发淡奶油。用裱花袋挤出天鹅的头部，烘烤后再拼装。

变换奶油

在打发淡奶油中加入黑加仑搅拌均匀。切开泡芙，挤上奶油，装饰上蓝莓。

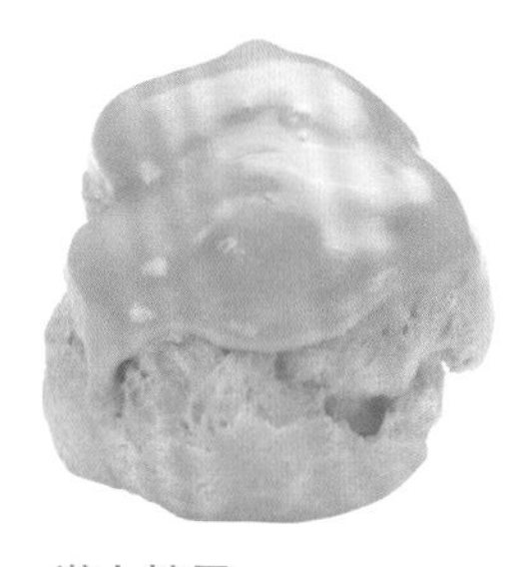

淋上糖霜

将糖霜（参照第38页）和棕色食用色素混合，直接浇到泡芙的⅔处，凝固即可。

应用篇！ 挑战派皮泡芙

入口时有派皮独有的香脆口感，里面质地松软。

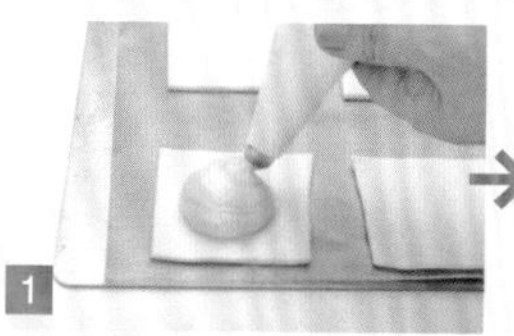

1 将派皮切成5cm的正方形，摆在烤盘上，中间挤上泡芙面糊。

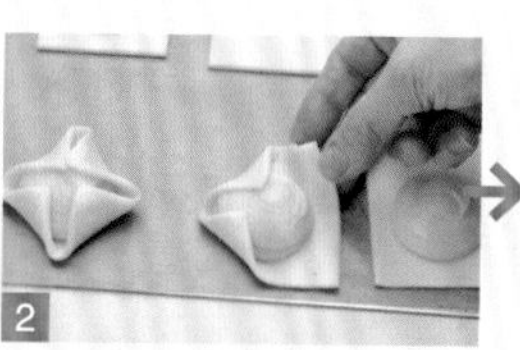

2 将派皮的四角向中心折起。这时，仍可以看到泡芙面糊。

3 烤箱200℃烘烤约8分钟，等膨胀后不开门，继续调到180℃烘烤约20分钟。

冰点装饰

装饰出清新凉爽的感觉

果冻、奶油布丁、冰淇淋等甜点的装饰，都要烘托出一种清新凉爽的氛围。一定要注意选择装盘的器具。

以感受到季节和清凉为装饰的目标

冰点装饰，一般在食用之前。如果装饰后再冷却，奶油会塌陷流动，形状被破坏，外观也会大打折扣。

使用水果装饰果冻，一定要选择外观清新、味道清爽的水果。

酸酸甜甜的草莓，适合搭配白巧克力、炼乳、奶油奶酪、打发淡奶油等奶味十足的甜品，酸味和奶甜味相得益彰。

葡萄柚或菠萝，与椰子、薄荷等应季又清凉的东西搭配，也十分可口。

布丁、舒芙蕾等使用鸡蛋和牛奶的甜点，建议搭配香草味道或者略苦的巧克力、焦糖等。

使用香草豆荚时，纵向剖开刮出香草籽，和牛奶一起加热，让香草的味道蔓延到牛奶里。此时，在液体里的时间越短，味道越淡，把香草荚提前浸泡在牛奶中，香味就会很浓郁了。

倒入果冻或者布丁液前，要将模具先用水浸湿，容器的凹凸处浸过水后，会更容易脱模。

凉点装饰

小创意大变身

将甜点脱模时，操作稍有不慎就会破坏美丽的外形。装饰对成品的美丽来说就更为重要了。

案例1

果冻

将果冻液倒入模具时，混入了空气，产生了很多气泡。如果就这样直接凝固，残留气泡非常难看。

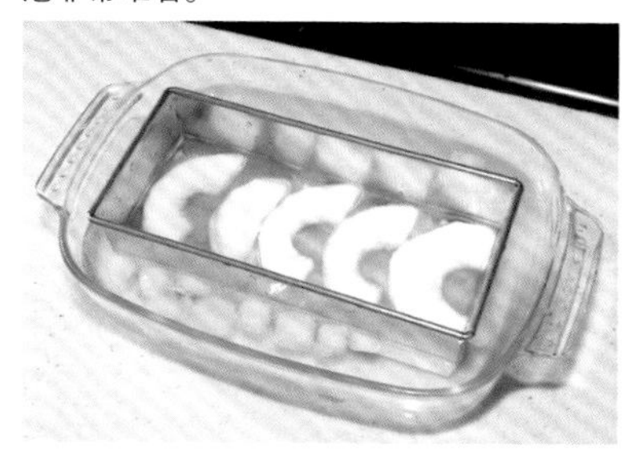

消灭气泡

搅拌时尽量避免裹入空气。凝固前用喷枪或者打火机消灭气泡。

案例3

布丁

经常出现布丁表面或者里面有空洞这种失败。将液体倒入模具时，用勺子不断舀起就能消灭气泡。

空洞会影响外观

烤箱烘烤期间，盖上锡纸，这样导热性变差，就很难出现空洞了。

案例2

提拉米苏

容器内铺满手指饼干，倒上奶油酱，在毛巾上敲打3～4次，让表面平整。

粉类没有被浸湿，食用时容易呛到

撒上可可粉或者咖啡粉，盖上保鲜膜放入冰箱冷藏，这样就能全被浸湿了。

案例4

舒芙蕾

搅拌面糊时，一定不要破坏柔软的气泡。倒入模具后，在毛巾上轻轻敲打模具。

冷却凝固后再装饰

放入冰箱凝固，在食用前撒上糖粉或者装饰上水果。也可以使用不含油脂、很难受潮的糖粉。

凉点装饰

创意果冻甜点

融化吉利丁，冷却凝固后做成果冻，初学者都能学会的简单创新。干净地脱模非常重要，但是故意将果冻弄碎，搭配合适的器具，也非常漂亮。

果冻的组合方法

将水果和液体组合成喜欢的果冻

改变放入果冻或者冻粉里的水果，或者变换果冻液，都能让味道和外形大为改观。自由发挥组合搭配吧。

设计基本结构

果冻液着色 → 用水果摆造型 → 装盘搭配合适器具 → 装饰

果冻液的颜色

在饮料中加入细砂糖和吉利丁，融化后形成半透明的颜色。

红茶　橙汁　咖啡　葡萄酒　牛奶　煮蜜饯的汤汁

水果造型

将水果整个或者切开后放入。选用透明的玻璃杯，这样从侧面就能看到漂浮的水果。

哈密瓜

使用完全成熟的哈密瓜，用勺子将果肉挖成圆球，放入液体中。也可以加入果汁。

橙子

去皮去籽，剥出果肉切块。搭配果汁或者100%鲜榨汁味道更佳。

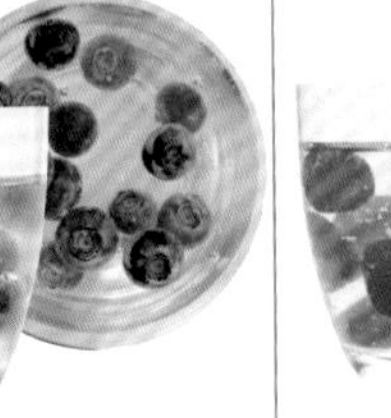

蓝莓

整颗放入，就像是浮在液体上一样。因为很容易上浮，所以等浓稠后就倒入容器中。

覆盆子

整颗放入。有着鲜艳的红色，适合搭配白葡萄酒等浅色液体。

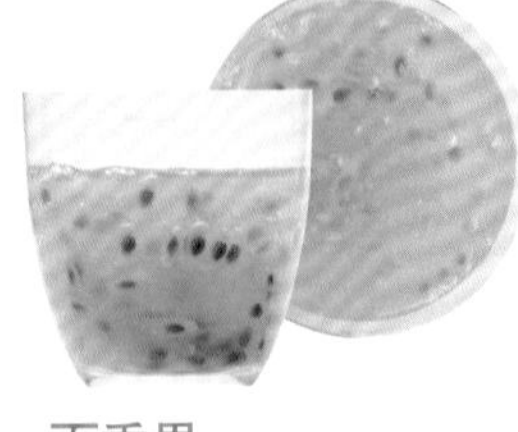

百香果

将里面的种子和果浆一起取出。种子颗粒很小，口感硬脆，非常引人注目。

李子

容易变色，所以切成月牙形状后立刻放入液体中。可以去皮，也可以不去皮。

黑樱桃

去籽，切成小块放入液体。略有苦味，所以可以加入糖浆。

无花果

带皮切成细月牙形状，略微煮软后，放入凝固。烫熟之后去皮更容易。

搭配器具的装盘方法

使用玻璃杯或者透明容器，更添清凉感。

杯装

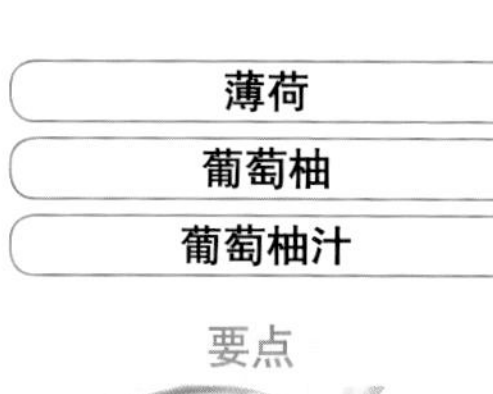

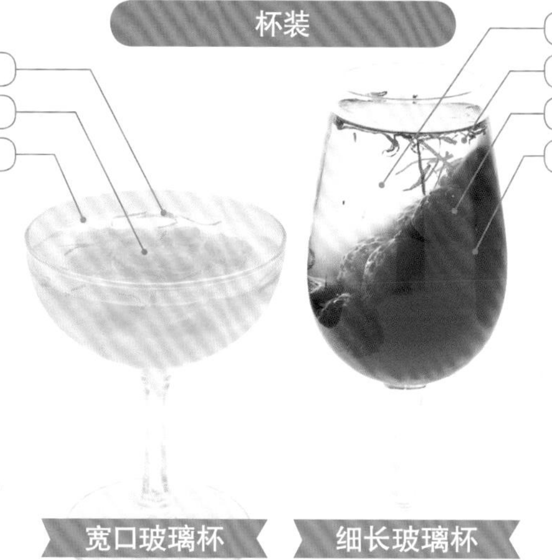

要点

将果冻液放在冰水中，用橡皮刮刀抵住碗底使劲搅拌，以免产生气泡。将水果和薄荷一起倒入玻璃杯，凝固。

要点

将玻璃杯斜放，倒入红葡萄酒果冻液和水果，凝固，再倒入混有薄荷的白葡萄酒果冻液凝固。

装盘

平盘

适合果冻慢慢凝固成果泥状，或者装脱模时弄碎的果冻。

深杯

将倒入方盘凝固的果冻，切成一口大小，装盘。装饰上打发淡奶油和香草，更有立体感。

水果容器

将水果中间挖空当作容器。果肉可放入果冻液中，也可以切成小块，再放回水果内。

能成为容器的水果有哪些？

除了葡萄柚外，苹果、哈密瓜、西瓜等果皮坚硬结实的水果，都适合用作容器。苹果带皮煮过之后也能使用。

1 苹果取出果核，果肉挖成圆球。放入锅中，和煮汁一起加热，煮到变软。

2 将一半的果肉和淡奶油、吉利丁混合搅拌，倒入苹果容器中，冷却凝固。

3 将用苹果果汁做成的果冻和剩下的一半果肉放入容器中，装饰上喜欢的香草。

冰点装饰

酱汁与装饰方法

制作甜点招待客人时，在装盘和装饰酱汁上下点儿功夫，就能让甜点华丽变身。下面介绍几种简单却能让甜点高雅奢华的技巧。

糖艺装饰

将水、细砂糖、水饴加热，煮成茶褐色，冷却凝固。利用这种特性来制作装饰。

1 等距摆放3根擀面杖。用打蛋器取一些糖饴，挂在擀面杖上，就会产生细细的糖丝。

2 放置一会儿，等糖饴凝固后，用刮板把糖丝从擀面杖上取下来。装饰在甜点上。

↓

放在甜点上，尽享香脆的口感。将剩余的糖饴放入密封容器中，放入干燥剂，可冷藏保存约1周。

用酱汁描绘

甜品和酱汁一起装盘时，使用竹签将酱汁画出图案，让外观更加华丽。

1 甜点周边倒入英式奶油酱汁。有间隔地放上草莓酱，做成水滴状。

2 用竹签连接水滴，像以圆心开始画圆一样移动，做成心型图案。

↓

心连心的设计给甜点锦上添花。过一段时间花纹就会消失，一定要在食用前再描绘。

也可以这样装饰！

在酱汁上面用草莓酱等画出圆圈。用竹签画出图案。

甜点周边摆上蓝莓和覆盆子。将草莓酱浇在水果上面。

将叉子或勺子放在盘子上，撒上可可粉，形成叉子或勺子的图案。

市售装饰品

非常简单就能让甜点变得更华丽!

花朵

花朵干燥后颜色变淡，更显可爱。最适合用来装饰春天的甜点或者结婚礼物。

大马士革玫瑰

食用玫瑰的花蕾干燥后，形成自然的颜色。也可以扯下花瓣来用。

樱花薄片

将樱花花瓣冷冻干燥，切成薄片。也可以撒在松露巧克力上。

金箔

就算非常少量，也能让甜点褶褶生辉，变得高雅豪华。

装饰用金箔

食用金箔，有薄片、星型、心型等多种形状。

纯金箔

能将可食用的金箔片喷到甜点上的喷雾。也有银箔。

巧克力

巧克力独特的味道能丰富甜点的口味，深受孩子们喜爱。

巧克力棒

将巧克力和白巧克力卷成棒状。可以装饰在冰淇淋上。

巧克力笔

用巧克力描绘出图案或者文字。另外，还有绿色、蓝色等各种颜色。

巧克力针

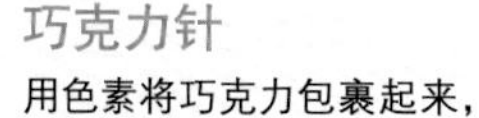

用色素将巧克力包裹起来，撒在甜点上使用。

巧克力咖啡豆

将巧克力加工成咖啡豆的形状，能品尝到咖啡的些许苦味。

糖果

装饰在饼干等烘烤甜点上一起烘烤。或者撒在蛋糕上用来装饰，用途广泛。

装饰糖果

将砂糖加工成星型糖果。其他还有心型或者花朵形状。适合搭配巧克力。

糖珠

将砂糖用食用银粉包裹，做成珍珠的形状。有多种颜色，大小也不一。

晶体糖

将白砂糖着色，变成鲜艳的颜色，和面糊混在一起，口感硬脆，别有风味。

装饰技巧

甜点师亲自传授让甜点更精致的秘诀

想装饰得像店里一样精致，却担心装饰方法千篇一律……这种烦恼还是交给专业甜点师来解决吧。

以精致的装饰为目标，让享用的人开心

最近市售的装饰品种类越来越多，即使在家里制作甜点，也能装饰得无比精致。但是，也有很多人没有使特地买来的装饰品发挥应有的作用。

华丽的装饰不等于繁多的装饰。减法反而比加法更重要。

甜点的装饰颜色，有基本奶油和水果的颜色就可以了。确定使用的颜色模式，统一协调，又不失华丽。

撒上亮晶晶的金箔，只是起到让水果或者奶油更美丽的作用。

令人一见钟情、引人注目的甜点大部分都有主题。装饰有巧克力的生日蛋糕，装饰几种坚果的秋之蛋糕等，遵循主题来决定需要强调突出的东西。

甜点师制作甜点，也会用到糖艺或者细腻的翻糖装饰。这些需要熟练的技巧和专业的工具，并不是十分推荐一般人做。

相比之下，要更重视将奶油漂亮地裱花、摆放间隔均匀、装盘时方便食用等方面。虽然都是基本功，不过这才是让甜点更精致的捷径。

提高装饰技巧的方法

1 首先忠实遵循菜谱装饰 → 依照书本介绍的方法来裱花或者装饰水果。等熟练后，一点点尝试改变花嘴、奶油、水果等，加入自己的创意。

2 充分利用市售装饰品 → 装饰上巧克力针或者糖珠，用巧克力笔描出文字等，可以随意装饰。但不要频繁使用，以免影响重点。

3 尽享自由创新的乐趣 建议尝试一下塑形巧克力，有制作粘土的感觉。只需改变一下奶油的挤法、水果的切法等，外形就会大为改观。

日高宣博

在成城Malmaison等名店学习后，1987年前往欧洲。回国后，任职于PATISSERIS LA MAREE DE茶屋、明治纪念馆总领甜点师。获得国内外多种烘焙大奖，2010年开办PATISSERIS LA NOBOUTIQUE。

装饰5大法则

装饰不能毫无章法，遵循以下5个法则非常重要。

法则1 装饰时考虑到食用甜点的人数

装饰时考虑到食用甜点的人数

考虑到食用人数，装饰时要能均匀分切。分切时水果均等，下刀的部分尽量不要装饰。

将带壳的坚果和香草豆荚用来装饰，看起来别具一格，但是食用时反而会减分。很难破坏形状的水果，要去籽后再分切。

要考虑到分切蛋糕时，水果是否均等摆放。装饰几种水果时，要均匀装盘。

△

这些未必尽然

将肉桂或者香草豆荚整个放上，大量装饰味道浓烈的香草，反而会影响蛋糕本身的味道。

法则2 装盘时突出重点

主次分明才能让甜点更精致

不需要装饰得很满，只需突出一处或者两处。其他的装饰只不过是配角。使用浅色、小装饰品等，不露痕迹，更能突出重点。

最引人瞩目的主要装饰，要放在最后，才有画龙点睛之妙。

卡片

赠送礼物时使用。装饰在中间就非常醒目。要是立体卡片就更好了。

奶油

使用着色的奶油或者独特的裱花方式。

水果

颜色鲜艳、刀工漂亮的水果容易成为主要装饰。

塑形巧克力

像粘土一样可以塑形的巧克力。制作大型装饰时效果很好。做出形状后放在甜点上，也不会弄脏奶油。

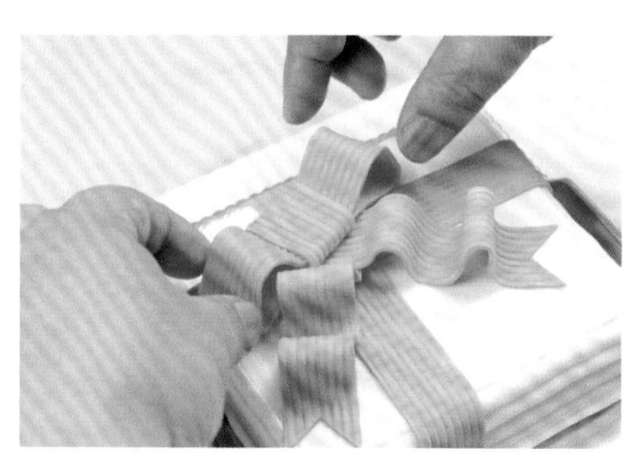

法则3 巧妙利用水果的颜色、形状和大小

同种水果也能变换不同摸样

草莓去蒂，切开后能看到白色果肉，这样就会与众不同。

装饰多种水果时，要注意颜色的平衡，大小不同的搭配。颜色最多只能到4种。可以使用同色系的莓果，或者浅色桃子搭配深色橙子，有浅有深、错落有致。

利用颜色　一见到这个颜色就觉得好漂亮!

红色	橙色	绿色	黑色
草莓、覆盆子、苹果、樱桃等。	橙子、葡萄柚、芒果、菠萝等。	猕猴桃、哈密瓜、香草、开心果等	蓝莓、黑加仑、巧克力、黑樱桃等。

同种色系也能变换不同颜色

就草莓奶油蛋糕来说，为了凸显草莓的红色，将覆盆子撒上糖粉减弱红色，这也算一种小决窍。

利用大小　提前切成均匀的大小

切装饰水果时，尽量要切得差不多大。擦干水分后再用来装饰。

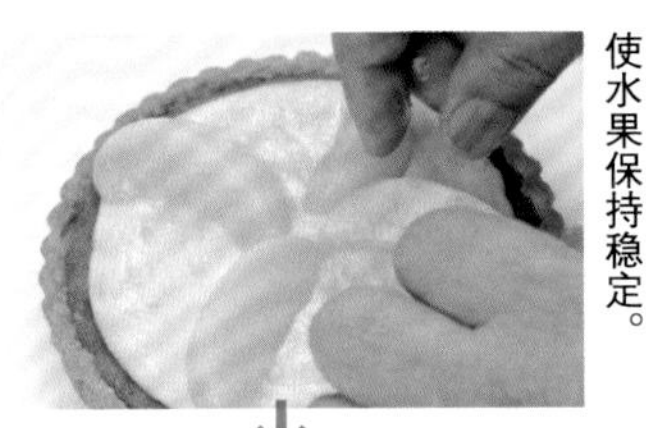

大 摆放大型水果

先行摆放切成月牙形的桃子等大型水果，这样可以当作底座，使水果保持稳定。

小 摆放小型水果

草莓、蓝莓等球状水果最后装饰，填补空隙即可。

利用形状　同种水果也能变换不同切法

将整个水果和切好的水果交叉摆放，也可以将切口朝外侧摆放。

切法大变身!

切成薄片、带皮直接切、用切模压出形状等，变换切法也能让甜点更精致。

苹果

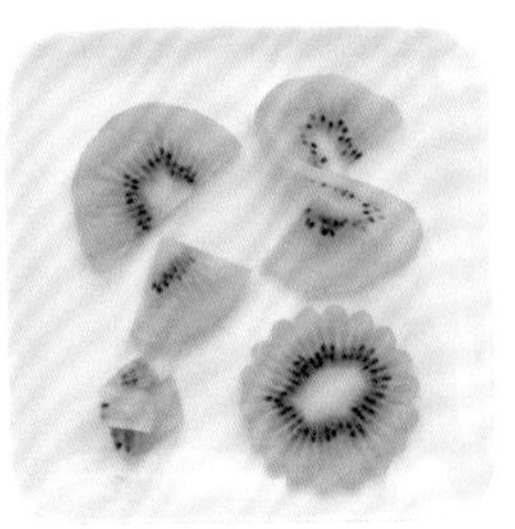

猕猴桃

法则4 制作出高度和空间感

下点功夫打造出立体感，让甜点更加豪华

将奶油高高挤在甜点上，水果叠加摆放，打造出甜点的高度和空间感。
为了体现立体感，装盘时一定要注意不管从哪一面看都非常漂亮。如果随意地挤出奶油就会破坏整体造型，所以一定要保持力度均匀。

用水果

在甜点中间挤上卡仕达奶油酱，利用奶油作为黏稠剂，将草莓立起摆放一圈。

用奶油作底座

从中心开始螺旋挤出卡仕达奶油酱。边缘空出5mm，放上水果，馅料就不会溢出。

用香草

装饰上带枝的新鲜香草，或撒上几片叶子，在叶子和叶子之间挤上奶油，就有空间感了。

用装饰奶油

均匀等量地挤出奶油。如图所示，由外向内挤出曲线，弯曲的地方也要保持一致。

法则5 细节处理也要视野开阔

过于集中会偏移、倾斜，导致失败

想让整体装饰随意、不露痕迹，就不能将装饰特别集中于一个地方。
另外，挤出细线或者摆放小水果时，往往过于集中，操作时非常靠近甜点。特别注意一个地方，反而忽视了整体平衡，所以要经常拉远确认一下。

正因为是不规则的描绘，更要置于全局下考虑

用锥型裱花袋画蕾丝时，首先画普通的圆，以此为基础画出波浪纹的圆圈。

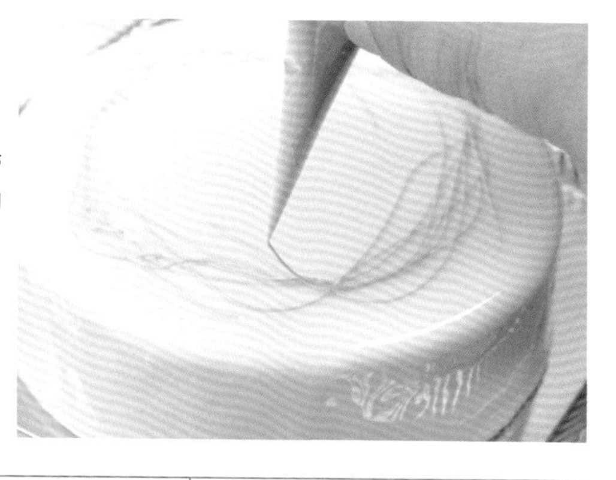

调整成足够的长度

不断的修正只会弄脏奶油，要在装饰前就量好长度和宽度。

考虑摆放顺序

装盘时要让食用的人公平地享用到水果，就要依据水果的颜色和大小来考虑摆放方法。

经典蛋糕装饰

糖粉和金箔的撒法也是技巧之一。

草莓奶油蛋糕

正因为经典，才需要更好的品味

①海绵蛋糕涂上打发淡奶油。用圣多诺黑花嘴由外侧向中心将奶油挤成曲线。中间挤出一个S。

②在S形奶油周围摆上草莓。草莓间点缀覆盆子和蓝莓。

③将镜面果胶装入锥型裱花袋，挤到覆盆子和蓝莓上形成露珠。

④覆盆子上撒糖粉，中间装饰香芹叶。

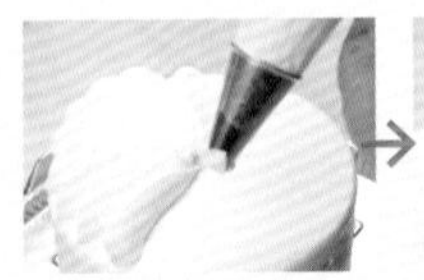

从蛋糕的外侧向中心慢慢挤出曲线。

挤出镜面果胶时，要挤成露珠的形状。

春之蛋糕

设计细腻，成品高雅

①蛋糕胚涂上甘纳许，用调温白巧克力淋面。

②将粉色的塑形巧克力放在OPP垫（参照第79页）上，从边缘卷起做成花朵形状。黄色的塑形巧克力也同样做成花朵。

③将绿色、黄色食用色素混合加入黄油奶油酱，装入锥型裱花袋中。在蛋糕上面不规则地画圆，做成蕾丝状。将②摆上装饰。

④将③的锥型裱花袋的尖端稍稍剪大，剪成山型，这样开口变大。在蕾丝上面挤出叶子形状的奶油。

⑤将白色黄油奶油酱装入锥型裱花袋，在蕾丝边缘挤出小点。外侧撒上银箔。

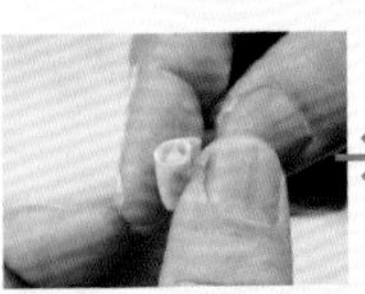

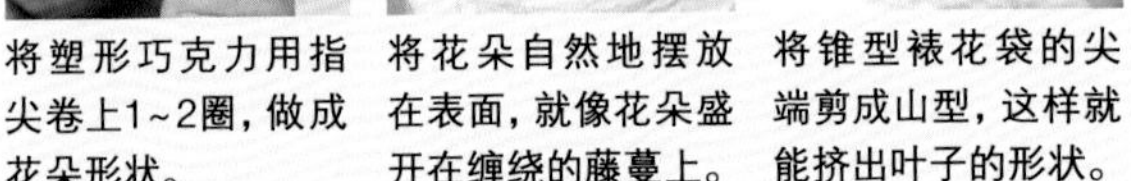

将塑形巧克力用指尖卷上1~2圈，做成花朵形状。

将花朵自然地摆放在表面，就像花朵盛开在缠绕的藤蔓上。

将锥型裱花袋的尖端剪成山型，这样就能挤出叶子的形状。

调温白巧克力可在甜点材料专卖店中购买。

礼盒蛋糕

作为婚礼或者聚会的华丽祝福

①长方形的蛋糕涂抹上打发淡奶油。
②将粉色塑形巧克力用擀面杖（图中使用有凹凸花纹的擀面杖）擀薄。搭配装饰的位置，切成2.5cm宽的长条，摆在蛋糕上。
③用同样宽的巧克力长条做成蝴蝶结，凹凸花纹更凸显立体感。
④将③装饰在①的上面。周围撒上糖珠和金箔。

在打算放置蝴蝶结的位置，将两个巧克力长条交叉摆放。

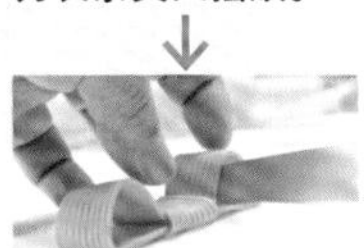

先用刀子将蝴蝶结挑出空间，这样更有立体感。

水果塔

使用大量水果，豪华靓丽

①塔皮内挤上卡仕达奶油酱。
②桃和橙子交叉摆放，纵向对半切的薄片和整个水果交叉摆放。另外再夹上切成月牙形的猕猴桃。
③上面装饰蓝莓和纵向对半切的覆盆子，用刷子刷一层镜面果胶。
④装饰上切出花纹、刷上镜面果胶的苹果。塔皮边缘撒上糖粉，表面装饰上香芹叶。

桃和橙子切成相同大小，从中间开始呈放射状摆放。

在放上香芹叶之前，先用刷子刷上一层镜面果胶。

草莓塔

高耸的装饰摆脱了简单的印象

①塔皮中间挤上卡仕达奶油酱。
②①的周边装饰上整个草莓和对半切的草莓。
③草莓刷上镜面果胶，中间挤上打发淡奶油。撒上糖粉，上面放上切出花纹的草莓。

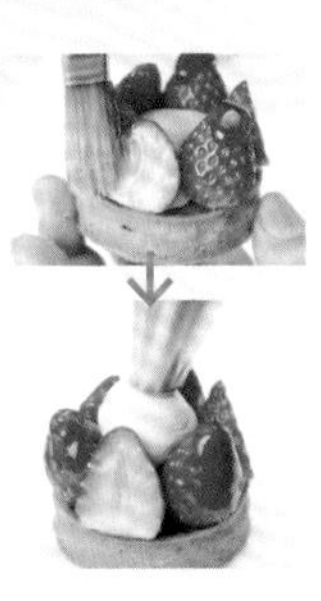

维也纳蛋糕

巧克力和金箔是黄金搭配

①蛋糕上面用调温巧克力淋面，撒上金箔。
②纵向装饰两个马卡龙，周边装饰上夏威夷果和开心果。
③制作弯曲的巧克力片，靠近马卡龙装饰。

包装技巧

满含心意，赠与他人

想要表达自己的心意或者生日祝福，可以把手工制作的甜点作为礼物。包装时也要体现自己的独家创意。

要根据送礼的对象来包装甜点

先依据送礼物的对象，来考虑制作什么甜点当作礼物。也要考虑方便食用的份量、食用的时机、对方的喜好、是否可以移动等因素。

特别是有奶油馅的甜点，非常容易塌陷，不适合用来做礼物。另外，水果时间长了也会影响味道、伤及颜色，一定要刷上镜面果胶。

包装的材料，没有必要全部买齐。用家里现有的或者十元店可以买到的东西，只需巧妙利用，也能打造成非常惊艳的甜点。平常就要收集这些创意，才不会被突如其来的赠礼困扰。

包装前要检查！

□ 包装什么样的甜点？

是圆形蛋糕这种大型的，还是松露巧克力或者马卡龙等小型的，然后根据情况选择合适的盒子或者袋子。

□ 送礼的对象是什么样的人？

一家人口众多，还是自己独居，有没有孩子或者老人，要根据情况调整份量。

□ 将礼物送到他人手上要多长时间？

是否需要先放入冰箱冷藏，还是常温放置即可？

□ 方便食用的环境是哪里？

蛋糕等由对方分切，还是已经切好并包装好了呢？

包装技巧

保持美味的方法

甜点长时间放置后，奶油变软，颜色破败，会影响外观和味道。只需在普通的制作方法中多加一步，就可以长久地保持美味了。

放置一段时间美味依旧

为了保持甜点的美味，关键在保持蛋糕的口感、水果的新鲜和整体造型3个方面。加入了不耐常温的奶油的甜点或者凉点，在送出之前一定要冷藏冷却。塔和饼干要放入干燥剂，以免甜点受潮变软。

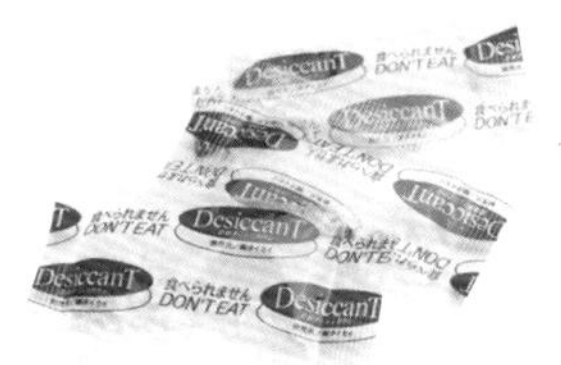

干燥剂

硅胶颗粒，有吸水性，可以保持甜点的酥脆口感。

冰袋

加入水、高吸水性树脂、防腐剂等，可以保持低温。冷冻后可反复使用。

多一个步骤就能长久保持美味

要点 1

提前给塔皮分层

塔皮吸收了奶油的水分，就会丧失酥脆的口感。涂上蛋白后烘烤，或者涂上巧克力防止奶油的渗透。

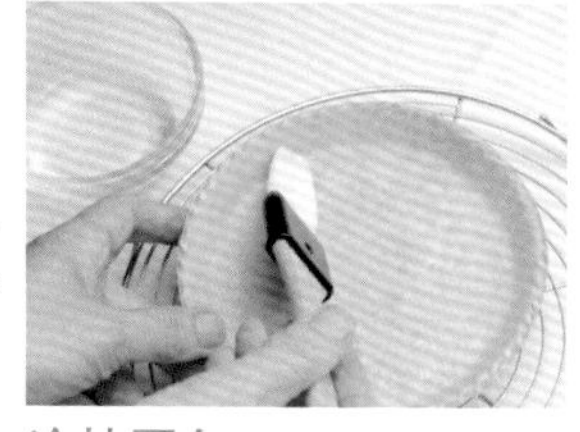

涂抹蛋白

在塔皮上涂抹打散的蛋白再烘烤，也能起到防水的效果。

涂抹巧克力

在塔皮上涂抹巧克力，凝固后形成脆皮，奶油就不会渗透下去了。

要点2

水果上挤柠檬汁

水果切片久置后颜色就变得破败。维生素C有防止变色的效果，最好切开后立刻挤上一些柠檬汁。

除了香蕉外，像苹果、桃等容易变色的水果，都可以采用相同的处理方法。

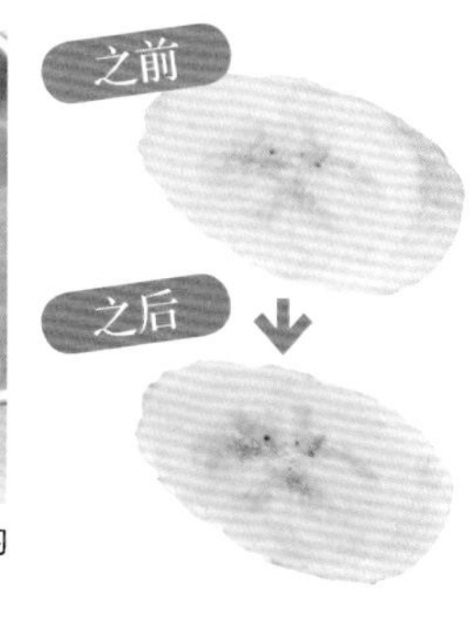

要点3

镜面果胶比平时多煮一会儿

镜面果胶（参照第84页）既能保持光泽，又能防止干燥。比平时多煮一会儿，让浓度变高，多涂一些，效果会更好。

煮镜面果胶时注意不要煮焦，小火慢煮，使劲搅拌。可以比平时多做一些。

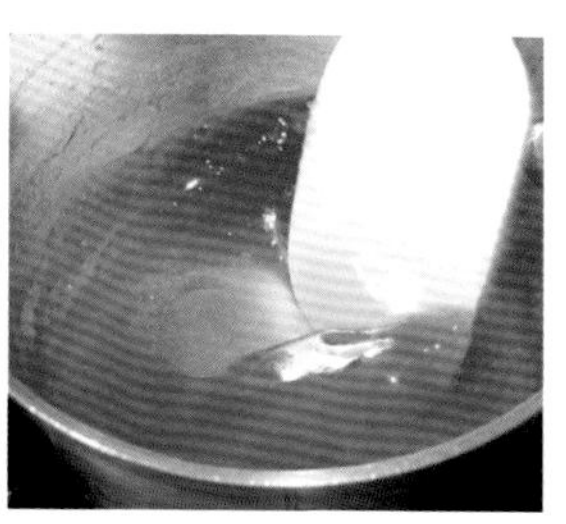

涂上比平时要多的镜面果胶。不过，涂得太多会让水果过甜，要适可而止。

包装技巧

选择包装工具

一定要备有玻璃纸。用包装纸包裹之前，先用玻璃纸包起来，这样才不会破坏形状。另外，要搭配甜点选择包装纸和蝴蝶结，最好多备一些。

包装工具的种类

专业店里种类丰富。围绕以下种类重点选择。

选择包装纸

了解花纹、图案、质地后再选择，才不会失败

包装纸有多种多样的图案、颜色和质地。英文字母的包装纸高雅、无纺布质地柔软，包上包装纸就变身为漂亮的礼物了。有光泽的纸张，出现折痕时会很明显，所以建议先准备没有光泽的牛皮纸。

最好准备同色系的纸张、蕾丝图案和日式图案。和季节或节日相关的图案更能烘托出过节的气氛。

步骤2

选择蝴蝶结

先选好粘在礼物上的蝴蝶结再使用！

宽幅蝴蝶结很有存在感，窄幅蝴蝶结容易搭配，所以选择时要考虑整个装饰的平衡。另外，麻绳朴实无华，非常适合搭配小礼物。种类越多使用越方便，平时要多收集一些蝴蝶结。

一次装饰常使用多个蝴蝶结，所以要收集各种类型。

选择点睛之品

多准备几款纸胶带！

写上信息的贴纸、木夹子、蕾丝杯垫、蜡纸等，都可以用作装饰。另外，圣诞节或情人节时，有应景的饰品会更好。多备几款纸胶带会更方便。

稍作改变就能打造成个性装饰

缎带的系法

可以将缎带系在盒子上，也可以系好整形后粘在盒子上，使用方法多种多样。

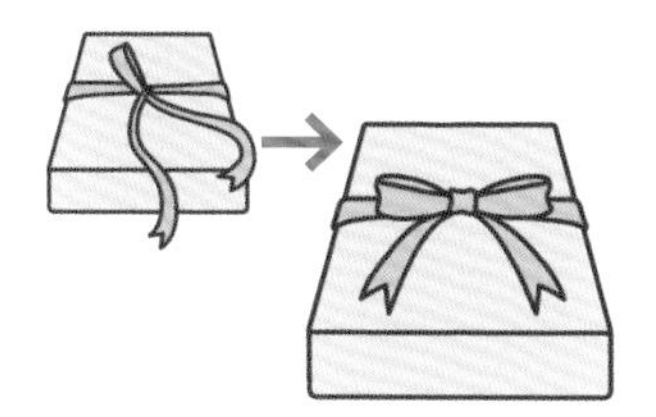

蝴蝶结

在盒子上绕一圈做一个圆圈，另一端绕过拉紧。完成后将两个圈各向左右拉伸做成蝴蝶结。

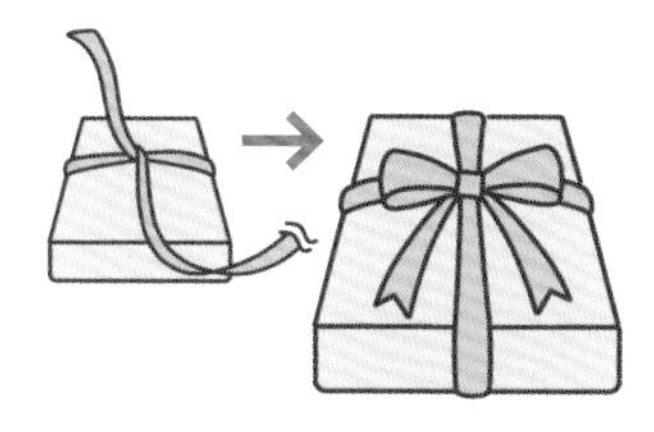

十字结

缎带横向绕盒子一圈，在中间十字交叉。纵向绕盒子一圈，在正面相遇，打上蝴蝶结。

斜向结

以盒子的中心为起点，斜着绕过盒子再返回来，在箱子一角打上蝴蝶结。

锯齿剪刀包装时非常方便！

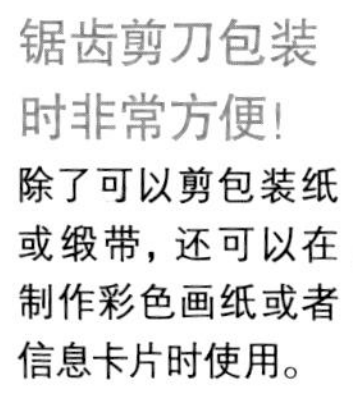

除了可以剪包装纸或缎带，还可以在制作彩色画纸或者信息卡片时使用。

包装纸的包法

依照甜点的大小和想要的效果来选择包装方法。

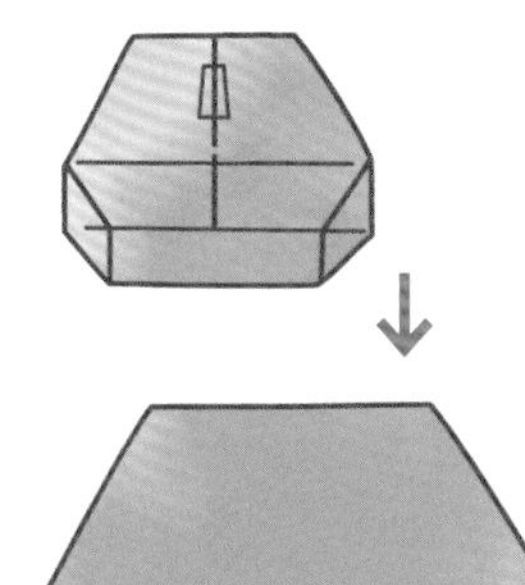

奶糖包法

用包装纸包起盒子侧面，两边稍留一块，剪下多余的包装纸。将包装纸卷起，用胶带固定，两边各自折角，将折角折入盒子内侧，用胶带固定。

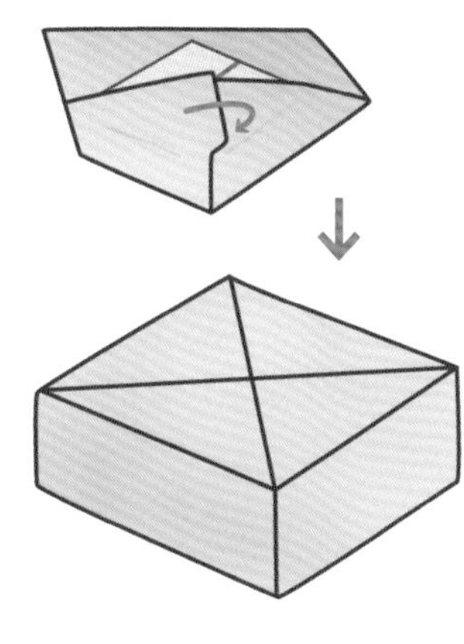

包袱包法

将包装纸裁成盒子表面约3倍的大小。将盒子放在包装纸中间，包好侧面，立起纸张。对面也以同样方式立起纸张，将纸张边缘折在盒子上的对角线上。剩下的一面立起纸张，折进去，不要让纸张露出。接缝处用胶带固定。

用玻璃纸包装

糖果包装

把玻璃纸做成袋子放入甜点，开口用胶带封好。或者固定两端，就做成糖果的样子了。

种类丰富又实用的十元商品

装入甜点的盒子或者瓶子，少量的缎带或者布等，都可以在十元店买齐，非常方便。另外，杯子或者陶瓷碗可以作为舒芙蕾的模具使用，可以连同杯子一起作为礼物送出。

包装技巧

搭配甜点的包装

将大型蛋糕整个包装和将甜点分开包装，包装方法有所不同。另外，像玛德琳这种形状特别的甜点，包装时一定要小心。

包装大型甜点

奶油必须涂抹在内侧。用玻璃纸紧紧贴合包装，这样才不会破坏形状。

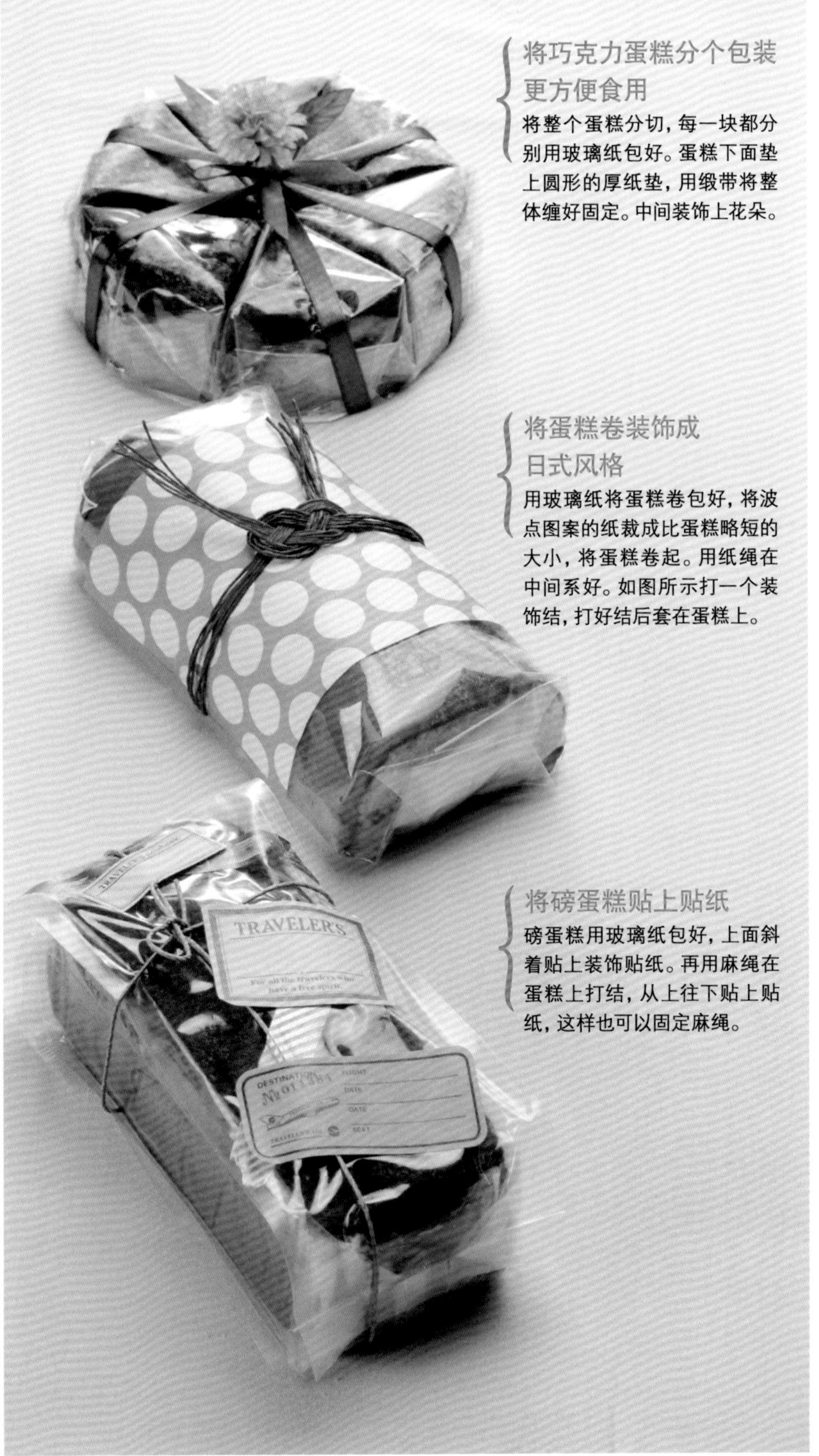

将巧克力蛋糕分个包装更方便食用

将整个蛋糕分切，每一块都分别用玻璃纸包好。蛋糕下面垫上圆形的厚纸垫，用缎带将整体缠好固定。中间装饰上花朵。

将蛋糕卷装饰成日式风格

用玻璃纸将蛋糕卷包好，将波点图案的纸裁成比蛋糕略短的大小，将蛋糕卷起。用纸绳在中间系好。如图所示打一个装饰结，打好结后套在蛋糕上。

将磅蛋糕贴上贴纸

磅蛋糕用玻璃纸包好，上面斜着贴上装饰贴纸。再用麻绳在蛋糕上打结，从上往下贴上贴纸，这样也可以固定麻绳。

包装小型甜点

考虑食用的人数分个包装，这样也传达了心意。

将玛德琳放入木盒中

将玛德琳摆在小木盒中。放入蕾丝图案的纸张，用玻璃纸包好。用纸绳打结，再装饰上小卡片。

奶油酥饼叠加包装

将每个奶油酥饼分别用玻璃纸包装。将圆点图案的纸张折成细长型，卷起叠加后的奶油酥饼。上面用缎带系紧打结。

磅蛋糕分片包装

将玻璃纸做成袋子，放入切好的磅蛋糕。卷上粗蕾丝带，将蕾丝剪得比袋子稍长，用曲别针固定蕾丝一端，挂上复古标签。

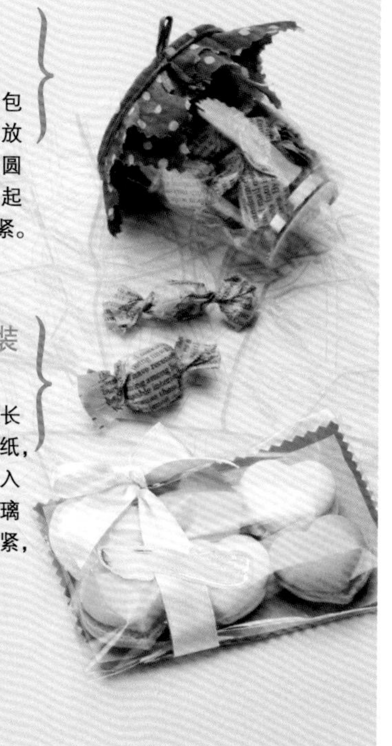

将奶糖包装成糖果

将奶糖用蜡纸包好，两端系紧。放入塑料杯中，用圆点图案的布包起来，再用缎带系紧。

将马卡龙包装成宝石一样

将彩色画纸切成长方形，再铺上蜡纸，和马卡龙一起装入裁成袋子的玻璃纸中。用缎带系紧，贴上贴纸固定。

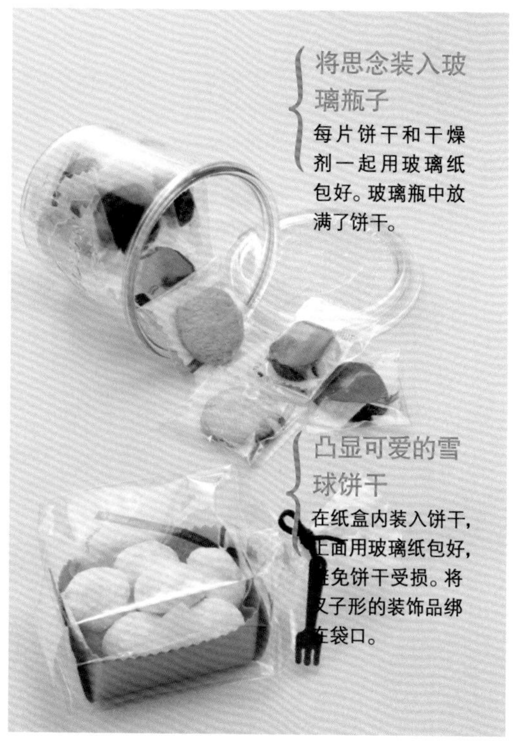

将思念装入玻璃瓶子

每片饼干和干燥剂一起用玻璃纸包好。玻璃瓶中放满了饼干。

凸显可爱的雪球饼干

在纸盒内装入饼干，上面用玻璃纸包好，避免饼干受损。将叉子形的装饰品绑在袋口。

包装创意集锦

包装没有特定的规则。将身边的东西融入其中也是一种创意。平时扔掉的鸡蛋盒等，稍加改变，就能变成华丽的装饰了。

身边的物品就能做成装饰

没有甜点专用的盒子，可以使用纸杯当作盒子。除此之外，小塑料瓶或者咖啡滤纸都可以做成创意装饰。

纸杯

没有图案的话可以描绘图案，用布包裹也非常可爱。也可使用塑料杯子。

饭团盒

正好可以放入直径12cm左右的小型磅蛋糕。也可以放入很多饼干。

鸡蛋盒

将松露巧克力或者小饼干逐个放入小空槽里。一定要洗净晾干后再用。

放入会更受欢迎的小礼物

甜点盒中也可以放上适合搭配甜点享用的小礼物。

饮品

和甜点一起享用的饮料

除红茶、香草茶、花茶等茶包外，也可以放上形状可爱的糖果。

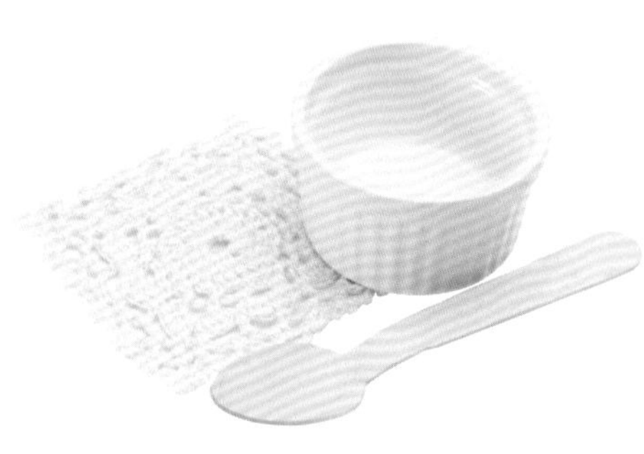

餐具·杯垫

实用的东西会更受欢迎

食用甜点会用到的勺子，品尝饮料的杯子或者杯垫等，都是可能会用到的东西。

礼物盒变身

简单的盒子，只要稍作改变，也能和甜点店的不相上下。

从适合装入一片蛋糕的盒子，到能装数个蛋糕的，大小尺寸各有不同。最适合包装礼物。

不会失败的简单装饰 粉色会更可爱

搭配提手部分的宽度，裁剪彩色纸。绕盒子一圈后，在上面用缎带卷好打结。

利用贴纸和缎带打造高雅的感觉

分别在盒子侧面的上下两边用纸胶带贴一圈。中间缠上纸带，在中心贴上贴纸固定。

搭配勺子做成野餐盒

在盒子外面贴上有图案的玻璃纸，做成口袋，放入食用蛋糕时使用的勺子。

这些可以用来代替盒子!

收到的礼物盒、罐子、果酱瓶等，都可以装饰后再次使用。装便当用的纸托可以用来装松露巧克力。

甜点礼盒种类

表面涂有奶油或者外形容易损坏的甜点，都要放入专用盒子。

蛋糕卷盒

可以放入狭长的蛋糕卷。作为礼物赠送时，外侧不要涂抹奶油。

玛芬盒

可以放入两个高高的玛芬。也可以放入挤上糖霜的杯子蛋糕。

切片蛋糕盒

可以放入分切好的一块蛋糕。也可以放入小型磅蛋糕。

巧克力盒

造型巧克力、松露巧克力等，放入有内格的盒子，立马变得高雅。

包装技巧

解决包装的烦恼

甜点的油脂会让玻璃纸变得油腻，撒上的糖粉会消失。不要因为没有应对之策而放弃。只要稍作改变，就能让成品更加完美无暇。

包装甜点时的烦恼

为避免油脂或奶油粘在包装纸上，要将手洗净再操作。

烦恼1

油脂渗透

油脂过多的甜点，用纸张包裹会渗出烘焙纸，包装时也容易粘上指纹。

这样来解决！

用厨房纸来避免油脂渗透

用液体石蜡做成的石蜡纸耐热性很好，可以铺在甜点下面再包装。

烦恼2

糖粉消失

装饰甜点时，撒上像雪粒一样的糖粉，过段时间被甜点吸收就不见了。

这样来解决！

使用不会消失的糖粉，可以长时间保存

在烘焙材料专业店里就可以买到。建议使用有油脂涂层的糖粉。

烦恼3

冰袋不可爱

冰袋和甜点一起包装时，一起放入的冰袋非常显眼。像是商业用的，没有手工制作的感觉。

这样来解决！

包装成可爱的样子

放入蕾丝纸或者袋子中。包装干燥剂必须留有通气口，包装冰袋要使用不会被濡湿的材质。

第5章

甜点制作材料

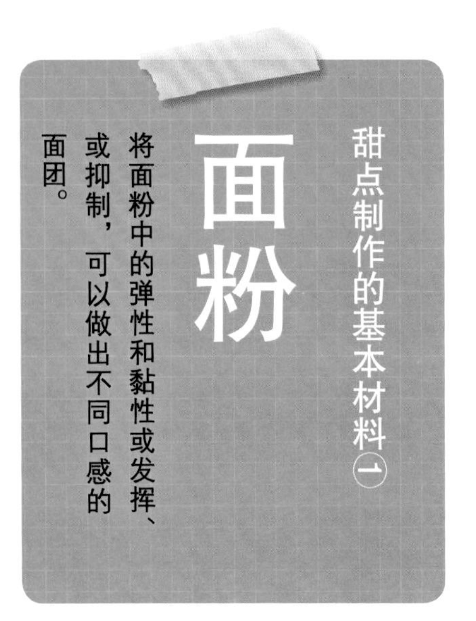

制作出有助于甜点膨胀的面团

面粉中含有蛋白质。依照蛋白质量的多少，从高筋面粉到低筋面粉，分成4个阶段。

蛋白质和水混合后，形成被称为“面筋”的黏性物质，面筋越多，面团弹性越大。要做出像海绵蛋糕一样松软的口感，要使用面筋较少的低筋面粉。

另外，面粉除了蛋白质之外，还有“淀粉”。淀粉加热后就有黏性，所以也有助于面团的膨胀。

面粉拥有的弹性和黏度，通过黄油或者砂糖等其他材料，或发挥，或抑制。利用这一点来制作甜点的主结构。

面粉的种类

经常用于制作面条中

颗粒稍细，蛋白质含量8.5%~10.5%。介于高筋面粉和低筋面粉之间，适合制作面条。

用途
- 中式面条
- 派皮
- 乌冬面

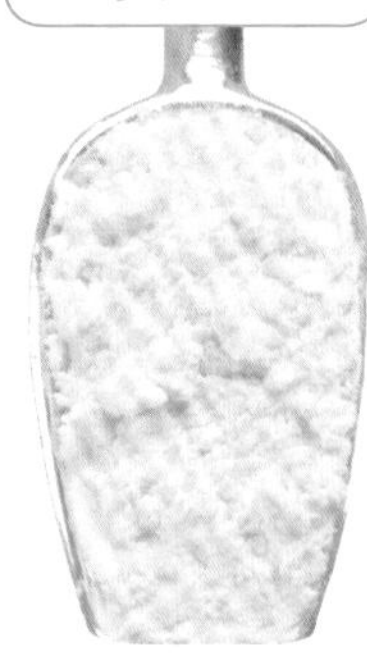

制作甜点时用作撒粉

颗粒较粗，蛋白质含量11.5%~13.5%。因为能形成大量的面筋，所以能形成强大的弹性。制作甜点时常用作撒粉。

用途
- 派皮
- 折叠派皮面团的基本面团
- 蜂蜜蛋糕等

适合制作甜点的面粉

面粉非常细腻，蛋白质含量7.0%~8.5%。很少形成面筋，所以弹性较弱。常用于制作各类甜点。

用途
- 海绵蛋糕
- 戚风蛋糕等大部分甜点

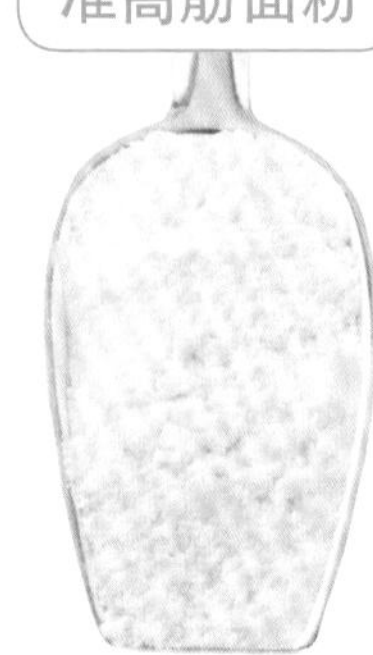

适合制作面包

颗粒稍粗，蛋白质含量10.5%~11.5%。形成面筋较多，适合制作松软的面包或者面条。

用途
- 面包
- 中式面条等

面粉的效果①

产生松软口感

加热时，淀粉产生 “糊化=α化”

面粉大约含有70%的淀粉。淀粉粒加热时吸收水分，颗粒变大，形成像浆糊一样的黏性物质。这种现象就称为“糊化”。泡芙面糊的膨胀，就是巧妙利用糊化的结果。黄油的油脂会抑制面筋的形成，将面粉倒入87℃以上的热水（黄油液）中融化，就会让淀粉变得黏稠。另外，奶油炖菜的黏稠汤汁也是利用这种特性做成的。

淀粉加水搅拌，搅到黏稠。不过，糊化后，面团如冷却就会变硬，要多加注意。

发生糊化后

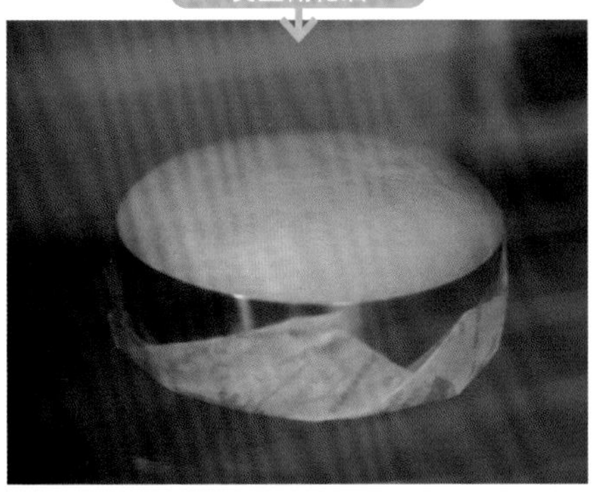

加热后，淀粉会吸收面糊中的水分。烘烤后面糊膨胀，就是糊化的作用。

糊化黏度各有不同

发挥或者抑制糊化，可以做出不同口感的甜点

弱　　黏度的强弱　　强

塔皮要抑制黏度

为做出松散的口感，要将糊化的作用减到最低。因此，塔皮尽量减少水分的含量，减少搅拌，只通过烘烤来加热。

卡仕达奶油酱要黏稠顺滑

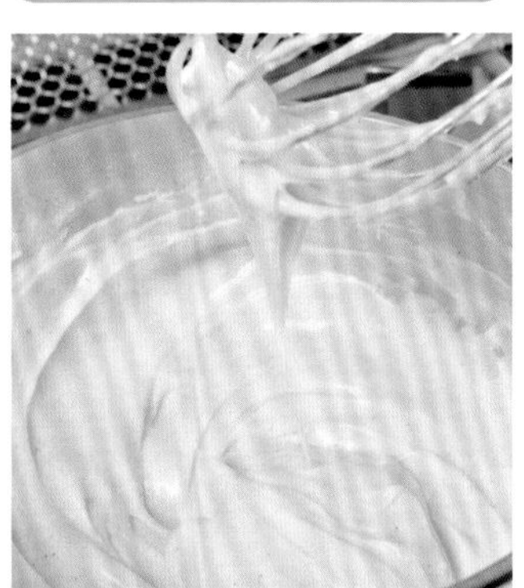

蛋黄、砂糖和少量面粉搅拌，加入牛奶加热，形成合适浓度的奶油。冷却后会增加黏度，搅拌时就会变得顺滑。

泡芙面糊要求黏度很高

将低筋面粉放入85℃以上的液体中加热，煮到恰到好处的黏稠。然后放入鸡蛋，烘烤出中空的泡芙。

面粉的效果②

形成有弹性的面团

形成有黏度和弹性的“面筋”

面粉含有2种蛋白质（麦醇溶蛋白和麦谷蛋白）。加水搅拌时将2种蛋白混合，就形成了“面筋”。

面筋的特性是有黏度和弹性。用擀面杖擀薄派皮时，形成不会断裂的薄膜，就是面筋的作用。制作海绵蛋糕时，之前提到的面粉糊化的黏度，就起到了支撑面筋结构不让其坍塌的作用。

面筋的本来面目是……

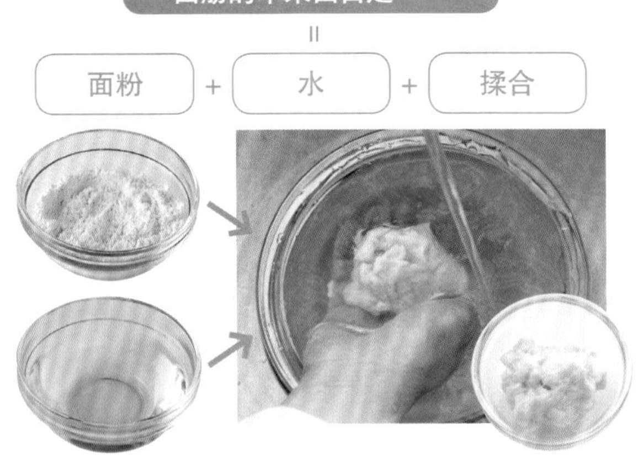

检查面筋的弹性

图片中使用的是高筋面粉。面粉加水后揉成面团，清洗面团时残留下来的有弹性的块状物就是面筋的本来面目。

影响面筋形成的主要原因

① 使用面粉的种类

② 水分含量

③ 搅拌、揉合的次数

④ 和面粉混合的其他材料的作用

⑤ 搅拌其他材料的时机

面粉+? 与其一同搅拌的材料的影响!

减弱面筋

+ **酒精**：将利口酒或洋酒等和面粉搅拌揉和，酒精会融化麦醇溶蛋白，降低黏度。

+ **酸**：将柠檬或醋等和面粉搅拌揉和时，酸会融化麦谷蛋白。这样会形成黏度略低的面筋。

+ **砂糖**：将砂糖和面粉搅拌，用水揉合，砂糖会先吸收水分，减少面筋的形成。

+ **油脂**：黄油或油类和面粉搅拌，用水揉合，面粉颗粒会被油脂包裹，也会减弱水分的吸收。

增强面筋

+ **盐**：面粉和盐搅拌，用水揉合，会增加黏度和弹性。因此在做面包时也会放入盐。

增强面粉效果的操作

想要发挥或者抑制黏度，可以进行如下操作

不揉和面团

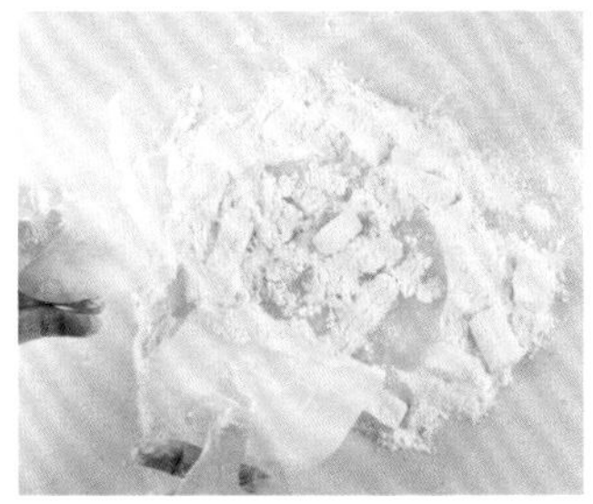

口感酥脆的塔皮不需要弹性。不过，为了擀薄时需要少量面筋，所以进行切拌。

加入煮沸的液体

制作泡芙面糊时，将低筋面粉加入煮沸的黄油液，加热到85℃以上，搅拌到变得黏稠为止。

不要过度搅拌面糊

将低筋面粉倒入海绵蛋糕糊后，大幅度地搅拌，这样可以尽量减弱面筋的弹性。

加入酵母的面团

甜甜圈等发酵甜点使用高筋面粉。利用强大的弹性，将发酵产生的气体密封在面团之中。

基本面团使用2种面粉

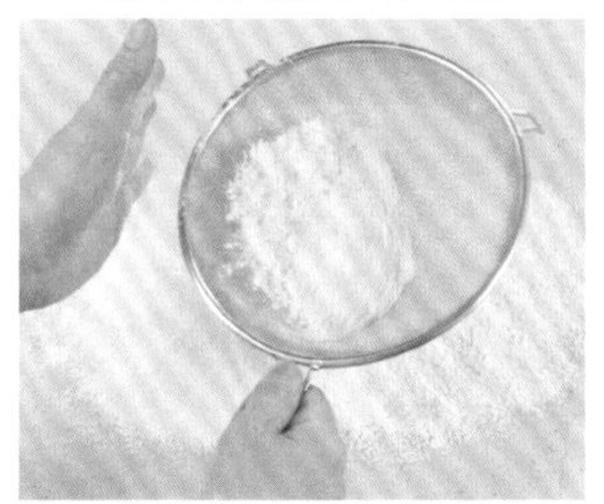

派皮面团中的基本面团使用高筋面粉和低筋面粉。面团质地略硬，和黄油的层次也清晰分明。

擀薄后静置

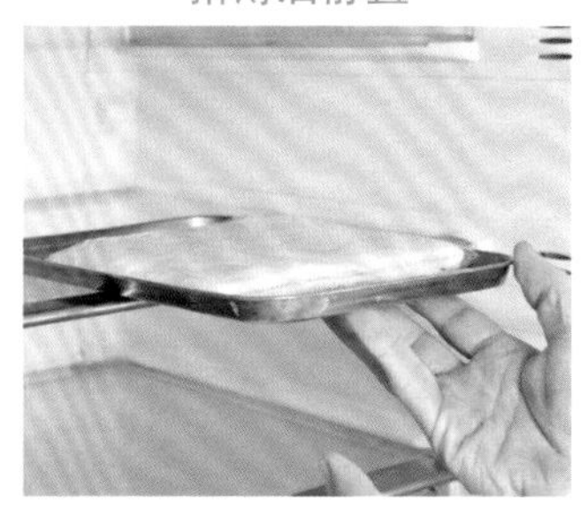

揉合后，面团弹性十足，不能直接用来擀薄。要先静置，减弱多余的弹性之后才行。

因面粉原因导致的失败？

注意松软面糊的搅拌方法

制作分蛋海绵蛋糕（参照第44页）时，放入面粉后，关键在于大幅度的切拌。如果慢慢搅拌到出现光泽，蛋糕就会塌陷，烘烤时质地也会变硬

分蛋海绵蛋糕糊如果搅拌过度，就没办法挤出。

静置时就会发生这样的事情！

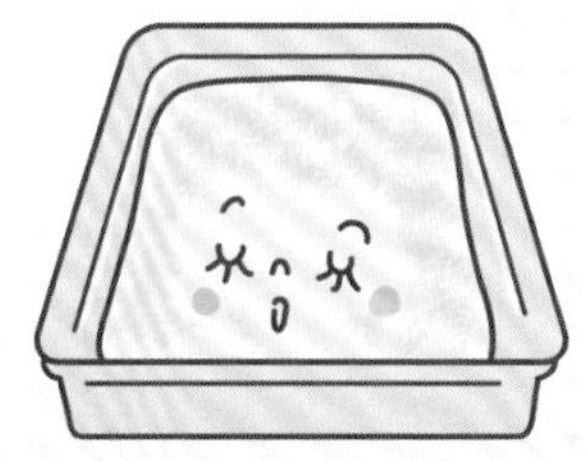

擀薄后被拉扯的面筋结构松弛下来，变得柔软更加有伸缩性，这样将更容易进行后面的操作。

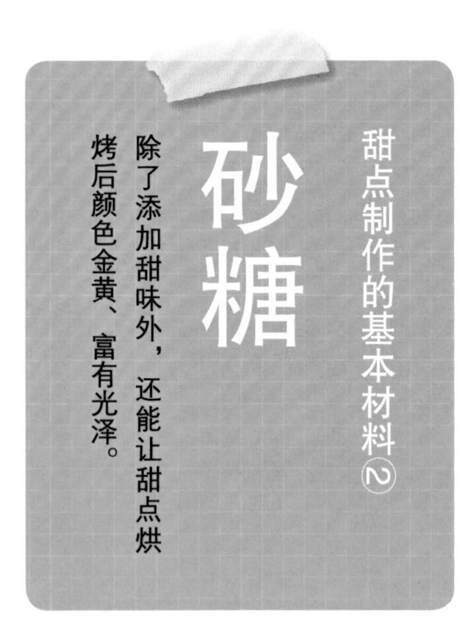

甜点制作的基本材料②

砂糖

除了添加甜味外，还能让甜点烘烤后颜色金黄、富有光泽。

砂糖种类不同，味道和作用也各有不同

砂糖是用甘蔗等材料中所含的蔗糖（甜味的主要成分）制作而成的。依其颗粒大小、制作方法、味道不同，分为很多种类。在法国曾经以细砂糖为主流，因此在甜点制作中，细砂糖至今仍被经常使用。

搅拌面糊或奶油馅中的砂糖，使其融入水分中，即使看不到形状，也有利于打发、烘烤出金黄色或者防止干燥，都是砂糖起到的作用。经常有人为了降低甜度，在制作甜点时减少砂糖的用量，这样砂糖的作用也会减弱，甜点就容易失败。

另外，塔皮面团中水分较少，使用细砂糖会残留结晶，外观和味道都会受影响，此时，要使用更加细腻的糖粉。

砂糖的种类

糖粉

将细砂糖磨碎成颗粒极细的粉末。多撒在甜点上装饰。

三温糖

用制作白砂糖或者细砂糖时残留的糖液，加热制作而成。因为加热过，所以颜色呈褐色。

细砂糖

甜点制作时最常使用的砂糖。结晶小，大多由蔗糖构成。

白砂糖

日本最常见的砂糖。含有被称为黏胶的转化糖浆和水分，甜度较高。

甜点用糖

红糖

用甘蔗制作而成，其他还有黑糖等。

转化糖

将蔗糖还原成葡萄糖和果糖后转化而成。

枫糖

加热枫糖糖浆形成的结晶。

珍珠糖

加入面团中即使烘烤也很难融化，会残留结晶。

果糖

水果或蜂蜜中所含的糖分，甜度很高。

砂糖的效果①

容易与水分融合

利用砂糖的“亲水性”

砂糖易溶于水，这个性质被称为“亲水性”。亲水性中包含夺去水分的“脱水性”，吸收水分的“吸湿性”，和吸收后保持水分的“保水性”。制作甜点时，使用的水分除了水之外，还有蛋白、牛奶、淡奶油等。面糊加入砂糖搅拌时，砂糖会与水分融合，烘烤时水分不会过度蒸发，使其保持在面糊中，因而口感更湿润。

因为砂糖的用量会有这样的失败！

甜点必须保持适度的水分，一旦砂糖过少时会无法保留水分，砂糖过多时甜点也会过于柔软。

砂糖太少时会失去绵润口感

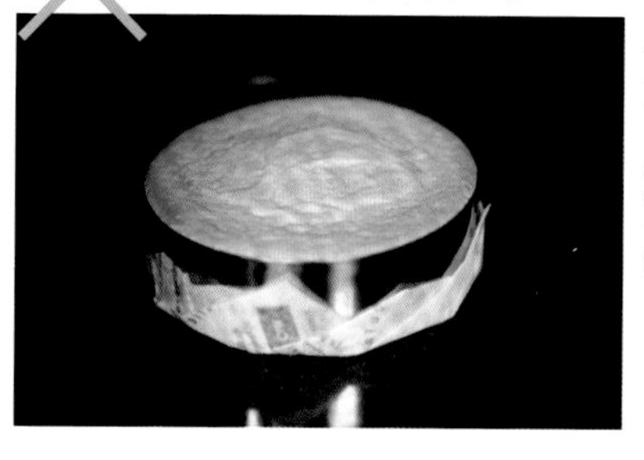

砂糖会在面糊中保留适当的水分，做出绵润的口感。当砂糖太少时口感会干涩。

砂糖太多时容易烧焦、很难凝固

砂糖过多时容易烧焦，打发蛋液时，容易水油分离。

砂糖亲水性的特征

特征1 吸湿性

砂糖吸收水分的性质

打发蛋液时，加入砂糖，让砂糖吸收水分，使气泡很难被破坏。制作果酱时，砂糖吸入水果中的水分，阻碍微生物的繁殖，利于保存。

制作海绵蛋糕糊时，将融化的砂糖搅拌均匀，可以稳定气泡。

特征2 脱水性

夺取材料水分的性质

制作果酱时，在新鲜水果表面撒上砂糖放置一会儿，砂糖使水果外皮甜度升高，水果内部为接近甜度，就会渗出水分。

草莓表面撒上砂糖，放置30分钟后，就会渗出水分。

特征3 保水性

因吸湿性具有保持水分的特性

蛋白霜稍加放置也可以保持形状，海绵蛋糕烘烤后也能保持绵润口感，这都是保水性的作用。

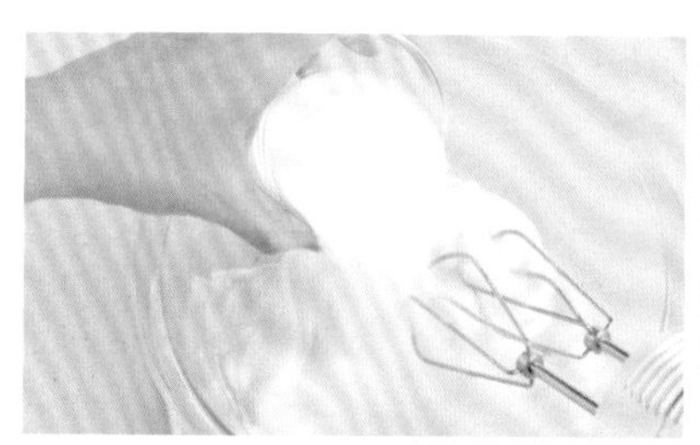

用蛋白打发成蛋白霜时，气泡会消失，加入砂糖之后与水分融合，能产生光泽。

砂糖的效果②

有助于打发

利用砂糖的"吸湿性"，能用来打发多种材料。正如之前所说，砂糖有溶于水的特性。其中，有助于稳定打发状态的吸湿性，在糕点制作中经常被用到。蛋白霜、打发淡奶油，都是经过搅拌打发形成的。打发成蓬松柔软的状态，维持这样的状态，都是砂糖的作用，用于打发的材料不同，砂糖的用量也会酌情加减。

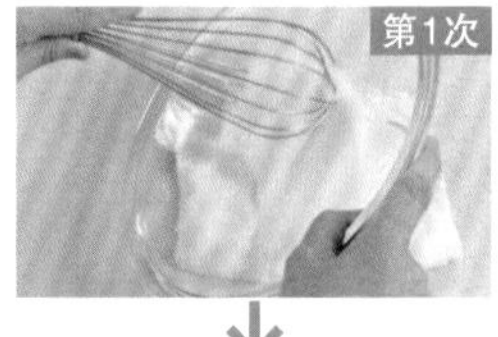

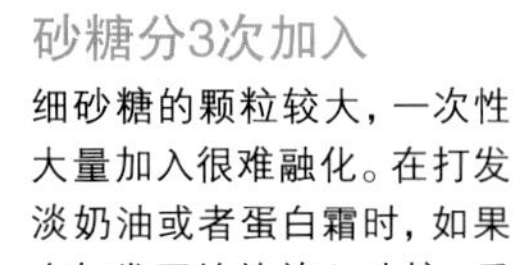

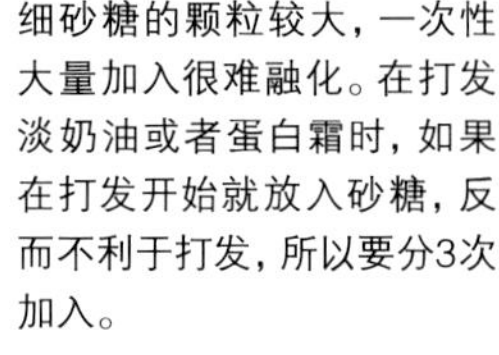

砂糖分3次加入

细砂糖的颗粒较大，一次性大量加入很难融化。在打发淡奶油或者蛋白霜时，如果在打发开始就放入砂糖，反而不利于打发，所以要分3次加入。

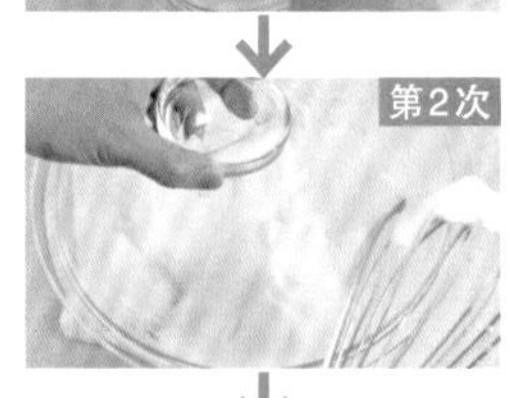

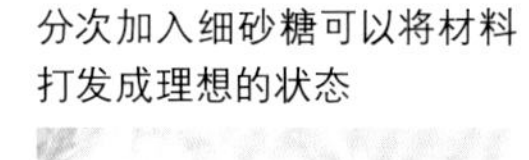

分次加入细砂糖可以将材料打发成理想的状态

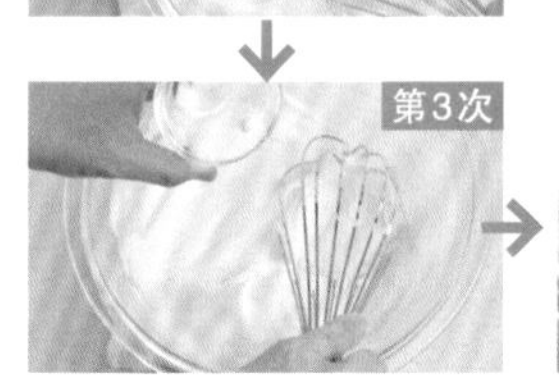

加入砂糖进行打发

了解砂糖对于其他材料有什么作用

与黄油…

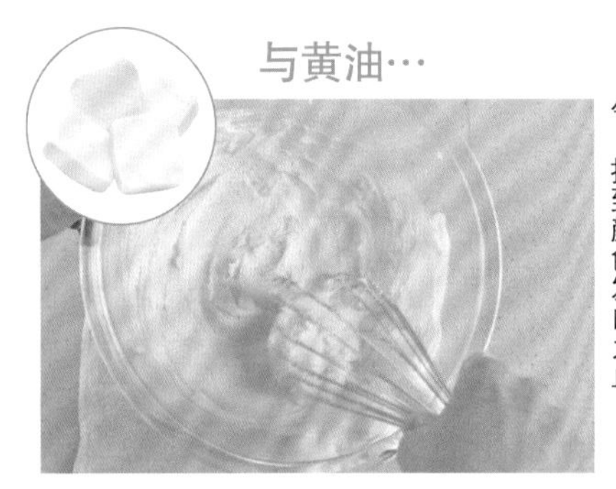

制作黄油蛋糕面糊时，黄油中添加砂糖，搅拌时裹入空气，打到颜色发白为止。

与鸡蛋…

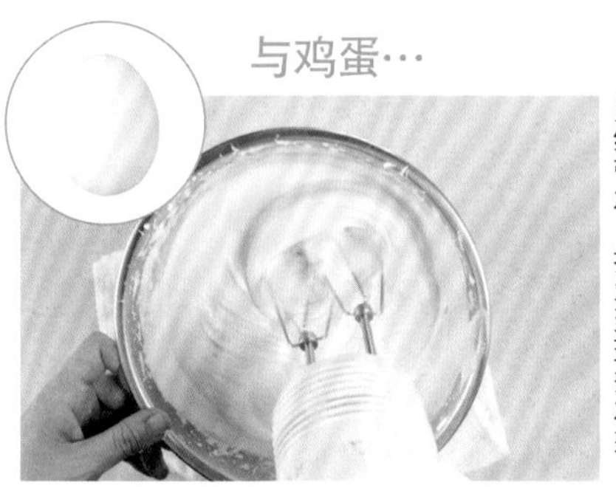

制作海绵蛋糕糊时，加入砂糖，搅拌到颜色发白，面糊呈缎带状，打发到理想状态。

与淡奶油…

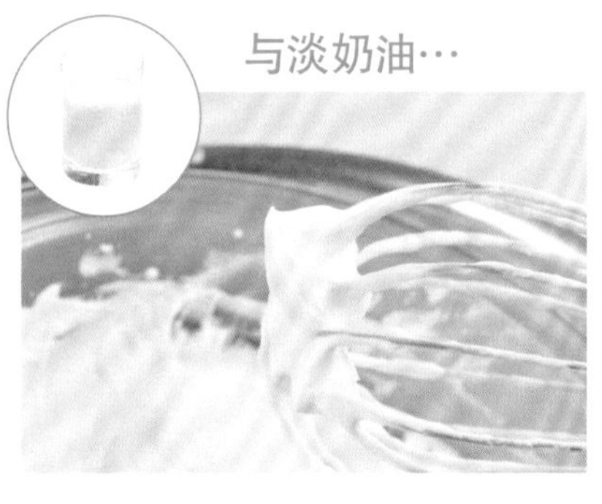

打发淡奶油时，分3次加入砂糖，使其打发状态逐渐稳定。

与蛋白…

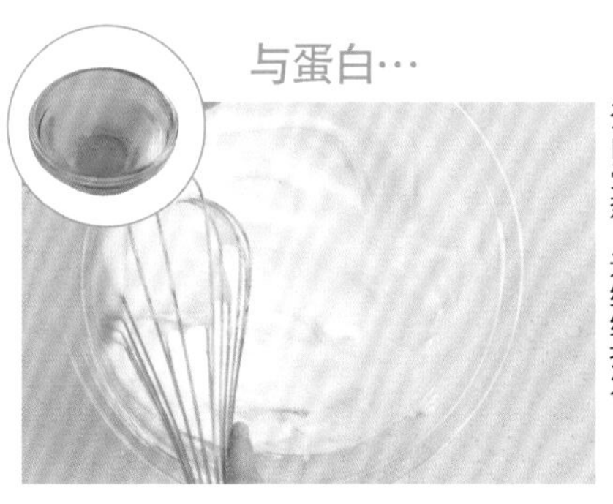

制作意式蛋白霜时，加热砂糖做成糖浆，边加入蛋白使蛋白受热，边继续打发。

砂糖的效果③

烘烤出漂亮的颜色

促进食欲的颜色更添风味

烘烤面糊时，砂糖与面粉中的氨基酸一起加热，就会烘烤出茶褐色，这叫做“美拉德反应”。砂糖单独加热时，大约从140℃开始上色。

用烤箱加热上色
烘烤甜点时，不仅会烤出焦黄色，还会烤出浓郁的香味。

装饰用上色
在做好的甜点上撒上糖粉，用喷枪将表面烧焦，形成焦黄色。

砂糖的效果④

加热后变得黏稠

糖饴和奶糖就是利用砂糖的黏性做成的

原本结晶的砂糖再次融化，加热到115℃，砂糖会以不同形式再次结晶，被称为“再结晶”。这种结晶可以在加热软化后，进行揉合。

焦糖酱变得黏稠
加热到110℃前后，会出现浅浅的黄色，并慢慢黏稠，可以浇在冰淇淋或水果上。

加热的温度升高时，硬度也会随之改变
从左侧开始是生奶糖、软奶糖、硬奶糖。随着温度升高硬度也会增加。

利用焦糖浆可以有2大效果！

砂糖随着温度升高颜色会变深，浓度也会增加。

将砂糖溶入水中煮到沸腾，这时还没有颜色。

转为小火，持续沸腾，颜色慢慢变黄。

继续加热，颜色变成茶褐色，液体慢慢浓稠。

水分减少，慢慢变硬，颜色变为茶褐色时就做好了。

全蛋、蛋白和蛋黄分开使用的理由是什么?

将有发泡特性的蛋白打发成蛋白霜，味道浓郁的蛋黄制作成卡仕达奶油酱。制作甜点时，要根据情况发挥蛋白、蛋黄或者两者共同的特性，请区分使用。

鸡蛋加热后，蛋黄约70℃，蛋白约80℃以上就会凝固。所以在制作甜点中，隔水加热或者烘烤时，没有注意到受热温度和时间差，就会失败。

另外，在制作甜点时，建议使用新鲜的鸡蛋。使用前先放进盐水看看，如果鸡蛋沉入水中，就是新鲜的鸡蛋。如果鸡蛋立在水中，就不太新鲜。

不新鲜的鸡蛋会立起。右边是新鲜的鸡蛋。

分开蛋黄和蛋白的方法

1 在操作台上轻轻敲打蛋壳产生裂纹。尽量不要在碗边敲打，这样蛋壳容易掉入碗内。

2 从裂纹处对半打开鸡蛋壳，将蛋黄倒入一半的蛋壳内，将蛋白倒入盆中。

3 蛋黄移到另一半的蛋壳内，将蛋白完全倒入盆内。再将蛋黄放入另外的容器中。

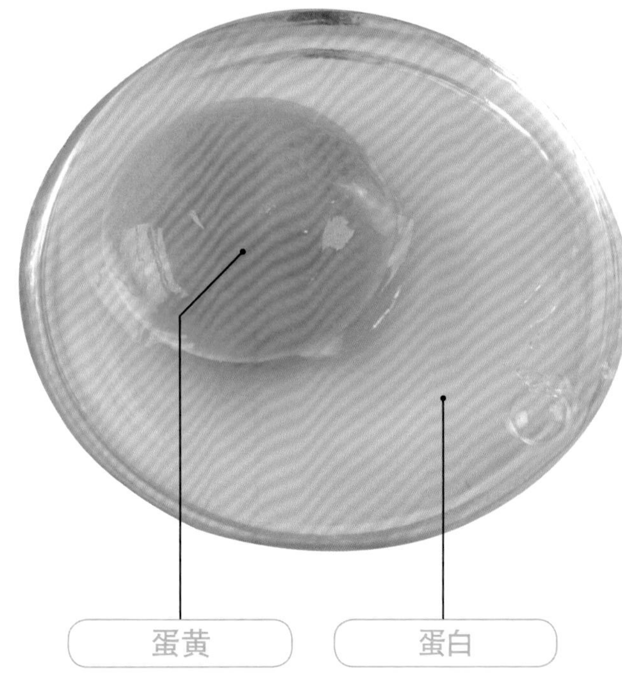

蛋黄

⅔是脂质，其余⅓是蛋白质。脂质当中有被称为“卵磷脂”的物质，能与其他材料发生乳化反应。

蛋白

大约80%是水分，其余都是蛋白质，不含脂肪。作用在于保护蛋黄，搅拌后会产生气泡。

鸡蛋的效果①

产生膨胀

利用蛋白的“发泡性”打发

打发蛋白会产生粗大的气泡，持续打发，气泡越来越细腻，变成带有光泽的蛋白霜。

蛋白所含的蛋白质，有减弱表面张力的作用，搅拌时混入大量空气来打发。这就是“起泡性”，蛋白因此能打发成蛋白霜。

裹入空气的蛋白，因蛋白质的结构被破坏，变得坚硬，所以能稳定气泡的形状。蛋黄也有少量的发泡特性。

蛋白的打发

气泡细腻，是最理想的打发状态。

搅拌蛋白时，会裹入空气进行打发。此时，如太早加入砂糖会抑制蛋白的起泡性（参照第124页），将打发的气泡保持稳定成型。

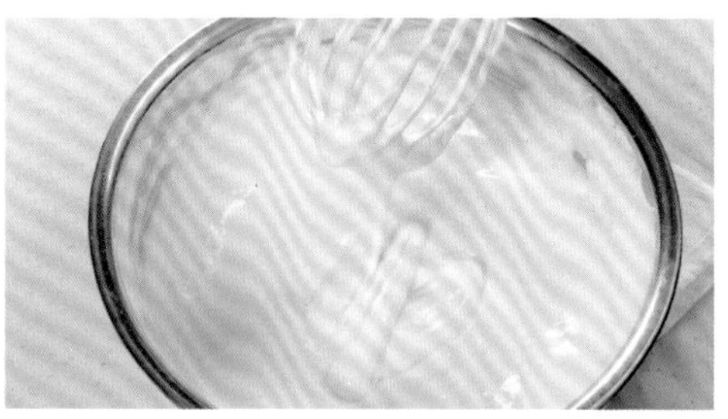

全蛋的打发

隔水加热

比蛋白的起泡性要差。因此必须加热到接近人体温度后再打发。气泡细腻，舀起时非常顺滑。

加热时鸡蛋黏性变差，裹入空气。

蛋黄的打发

搅断黏性

起泡性较差，用电动打蛋器使劲搅拌到颜色发白、变得浓稠。

和蛋白霜搅拌时要快速操作。

利用蛋白打发做成的甜点

戚风蛋糕

与面糊搅拌，尽量不要破坏蛋白霜，蛋糕会膨胀到和模具一样大小。

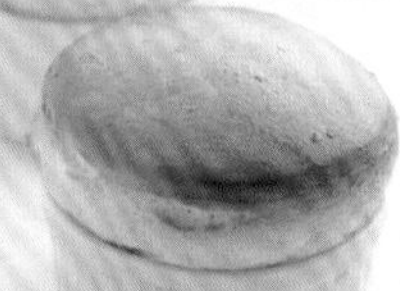

舒芙蕾

搅拌蛋白霜和卡仕达奶油酱，隔水蒸烤而成。冷却后会塌陷，所以完成后要立刻食用。

马卡龙

在蛋白霜中加入杏仁粉，低温干燥烘烤而成。质地绵润、入口即化。

棉花糖

在蛋白霜中加入热糖浆和吉利丁，冷却整形后，在阴凉处放置半天。

鸡蛋的效果②

加热就会凝固

蛋白和蛋黄的凝固有时间差

鸡蛋中所含的蛋白质，一旦加热就会凝固，这被称为“热凝固性”。水分较多的蛋白，会慢慢受热，蛋黄则是一加热就凝固。制作甜点时，在鸡蛋中加入牛奶、淡奶油、砂糖等，都是为了缓和这个特性。

凝固力量减弱时，就会形成柔软的状态。布丁、卡仕达奶油酱、英式奶油酱等黏稠的质地就是依此做成。

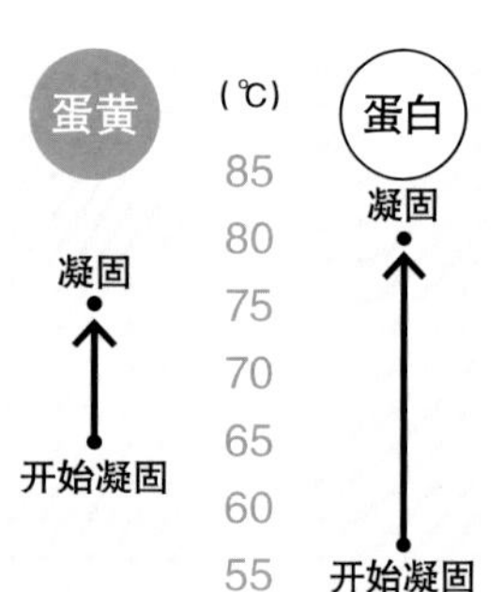

蛋白和蛋黄凝固的温度不同

蛋白大约58℃就会呈现柔软的果冻状，开始凝固，到80℃，透明部分凝固成白色固体。蛋黄在58℃时虽然没有变化，但是到65~70℃时就不再流动，到80℃时就变成粉末。

影响凝固的材料

砂糖

因砂糖的保水性，使蛋液中的水分很难被排出，很难凝固。

牛奶、淡奶油

水分过多时，蛋液也很难凝固。不过，添加少量牛奶或淡奶油时，因矿物质增多，反而更有利于凝固。

检查隔水加热的温度！

蛋黄隔水加热时，可以减弱黏性变得容易打发。但要注意避免过度加热。

鸡蛋完全受热 80℃ 90℃

炸弹面糊和蛋黄、糖浆、酒等搅拌，再加热。高温会使面糊无法凝固，变得松软，低温则会无法受热，导致消泡，所以要用80~90℃的水隔水加热。

加热到人体温度 60℃

打发全蛋时，蛋黄加热到65℃以上就会凝固，所以用60℃的热水，隔水加热蛋液到人体温度，就很容易打发了。

经常发生的失败！布丁中有“空洞”

蛋液快速凝固时，材料表面或中间会有凹凸的空隙，影响外观，被称为『空洞』。

隔水加热时，不要加热过度，慢慢蒸烤。

巧妙调整温度来加热凝固

布丁的温度调节

布丁隔水加热蒸烤时，将烤箱温度设定在160℃左右。热水不超过100℃，材料中的水分就不会蒸发，模具周边的温度也很难上升，慢慢受热，形成口感顺滑的布丁。

鸡蛋的效果③

乳化成奶油状

水分较多的蛋液，却能和油脂较多的黄油搅拌

制作甜点时，常看到油脂较多的黄油和水分较多的蛋液一起搅拌的步骤。本来油脂和水分就是分离的状态，但蛋黄中含有使其均匀混合的力量。水分和油脂均匀混合的状态，被称为“乳化”。

蛋黄中含有的“卵磷脂”，有助于油脂和水分乳化。因此，才可以搅拌成顺滑的奶油状。鸡蛋中的水分，必须完全搅散才能顺利完成乳化，因此必须用力搅匀。

分离

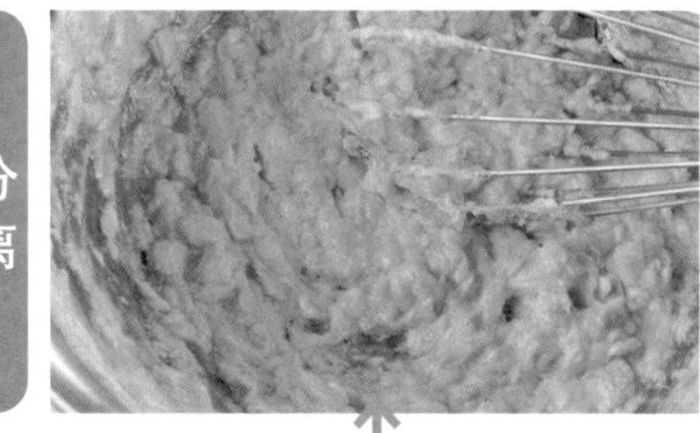

黄油和蛋液开始搅拌时的状态，另外也是温度过低搅拌不够时的状态，材料没有搅拌均匀，变得粗糙。

乳化

黄油中加入少量蛋液搅匀，再慢慢加入剩余蛋液搅拌，搅拌到顺滑。

在油脂中搅拌“蛋液”时

制作黄油蛋糕面糊或塔皮面团时，在黄油中分次少量加入蛋液搅匀。

在“蛋液”中搅拌油脂时

制作海绵蛋糕糊等，在加入蛋液的面糊中，放入黄油搅拌。

顺利使其乳化

1

2

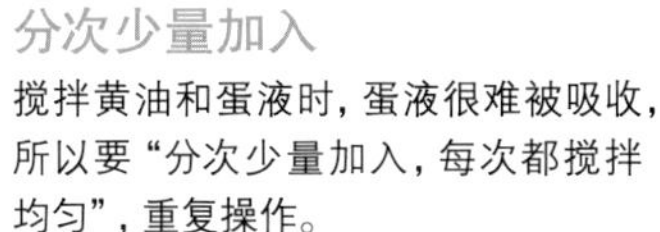

分次少量加入

搅拌黄油和蛋液时，蛋液很难被吸收，所以要“分次少量加入，每次都搅拌均匀”，重复操作。

充分搅匀

让蛋液中的水分被充分吸收，使整体保持稳定的乳化状态，保持很难分离的状态。

鸡蛋的效果④

刷涂的作用

鸡蛋有黏着性。在饼干面团等表面，用刷子刷一层蛋白或蛋液时，可以让面团和面团之间紧紧贴合。

用刷子将打散的蛋液刷在面团表面，再叠加上其他面团，烘烤后就会紧紧贴在一起。

鸡蛋的效果⑤

产生光泽

鸡蛋加热后会产生光泽。刷在派皮面团或者泡芙面糊表面，再放入烤箱烘烤，就会烤出光泽，颜色也很漂亮。

刷涂蛋白可以增加光泽，刷涂蛋液可以烤出金黄色，刷涂蛋黄可以烤出有光泽的漂亮颜色。

乳脂成分不同，对甜点的影响也不同

生牛奶经过加热杀菌制成牛奶。淡奶油是在加工时，将牛奶脂肪较多的部分分离后制作而成的。

淡奶油含有牛奶10倍以上的乳脂，淡奶油的打发和乳脂的多少有关。乳脂的颗粒会因搅拌被破坏，裹入空气，打发成轻盈柔软的淡奶油。

另外，牛奶和淡奶油的魅力，在于有着独特的甘甜味道。在添加了较多牛奶的蛋糕卷、戚风蛋糕中，有着柔和的奶香味。加入大量淡奶油的芭芭露、慕斯和甘纳许，都浓郁醇香。

牛奶和淡奶油的不同

淡奶油

乳脂含量35%~50%（动物性脂肪），制作甜点时多用于打发淡奶油或者慕斯。

牛奶

乳脂含量3.7%，制作甜点时多用于补充水分，增加柔和的味道。

植物性

利用菜籽油或椰子油等植物性油脂代替乳脂，制作而成的淡奶油。

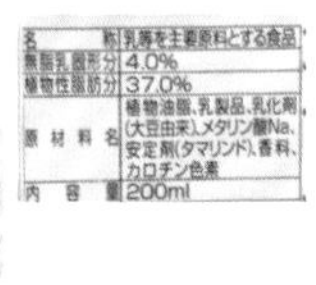

名称	乳等を主要原料とする食品
無脂乳固形分	4.0%
植物性脂肪分	37.0%
原材料名	植物油脂，乳製品，乳化剤（大豆由来），メタリン酸Na，安定剤（タマリンド），香料，カロテン色素
内容量	200ml

动物性

由牛奶制成的淡奶油。甜点制作需要乳脂含量40%左右的淡奶油。

这些乳制品在制作甜点时也经常用到！

脱脂奶粉

牛奶除去乳脂和水分，制成粉末状，用于制作奶糖。

酸奶

在牛奶或脱脂奶粉中添加乳酸菌或者酵母，使其发酵，因为味道略酸，所以要注意用量。

牛奶的效果①

打造浓郁柔和的味道

可以补充水分，所以面团会变得柔软

制作甜点时，牛奶的主要作用是补充水分，同时加速砂糖和面粉的搅拌。因为味道非常独特，让甜点也变得更柔和。另外，海绵蛋糕糊中加入牛奶，可以做成柔软的蛋糕卷。泡芙面糊中加入牛奶，可以做出色、香、味俱佳的闪电泡芙。牛奶让面糊的特性大大改变。

加入牛奶时的要点

要点 1 加热放入

加入冰冷的牛奶会使黄油变硬，砂糖不容易融化，因此和其他材料搅拌时，大多要把牛奶加热后再放入。

牛奶加热到60℃左右，表面会产生白色的薄膜，所以要边加热边搅拌。

要点 2 分次少量加入

将牛奶倒入含有黄油等油脂的面糊时，一次全部加入容易水油分离，为了能彻底乳化，要分次少量加入搅匀。

重复『分次少量加入搅匀』的步骤，充分搅拌直到加入全部牛奶。

要点 3 煮沸牛奶要先把锅浸湿

牛奶加热到快要沸腾时，蛋白质很容易粘在锅底，先用水把锅浸湿，水分会形成薄膜防止粘连。

蛋白质会粘在锅底细微的凹凸处，因此要先用水浸湿形成薄膜。

加入大量牛奶的甜点

戚风蛋糕
面糊中的面粉和砂糖会吸收水分，膨胀成松软的蛋糕。

意式奶酪
用淡奶油和牛奶打造出奶油般顺滑的口感。

可丽饼
加入牛奶而成为流动性的面糊，有利于烤出漂亮的焦黄色。

闪电泡芙
口感比普通泡芙更硬脆，有着奶油一样的风味。

蛋糕卷
比海绵蛋糕更绵润，颜色较浅，口感柔软。

淡奶油的效果①

可以调整打发程度

依照用途调整打发程度

淡奶油除了和牛奶一样，让甜点味道更浓郁之外，还有“起泡性”。

打发的形成正如第130页所介绍的，和蛋白打发的蛋白霜裹入空气的方法不同，所以能区分出硬度的强弱。

打发的硬度可以分为10个阶段，制作甜点主要集中在6分发~8分发阶段。

但是，淡奶油在温度高于5℃的环境中，起泡性会变差，因此要保持在冰凉的状态下才能打发。

打发的形成

饱含空气稳定膨胀状态

乳脂颗粒搅拌时受到刺激相互碰撞，破坏了原本的结构，此时搅拌进来的空气会将乳脂颗粒包裹，形成饱含空气的结构，所以气泡很难被破坏。

保持在5℃以下打发

盛淡奶油的碗要叠放在装有冰水的大碗中，在冰凉状态下打发。

温度过高时

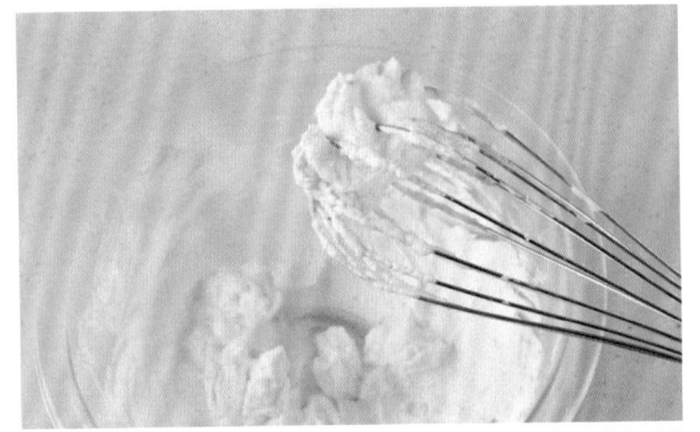

淡奶油中的乳脂和水分分离，变得干燥。过度打发也会形成水油分离的状态。

根据用途来打发

用作裱花的奶油，使用乳脂含量在35%以上的淡奶油，可以打出细致绵密的气泡。

6分发

提起打蛋器时，淡奶油到了可被提起的硬度，然后缓慢滴落。

用在这里!

搅拌巧克力时

制作巧克力慕斯时，6分发是最适合的硬度，使劲搅拌不要产生分离。

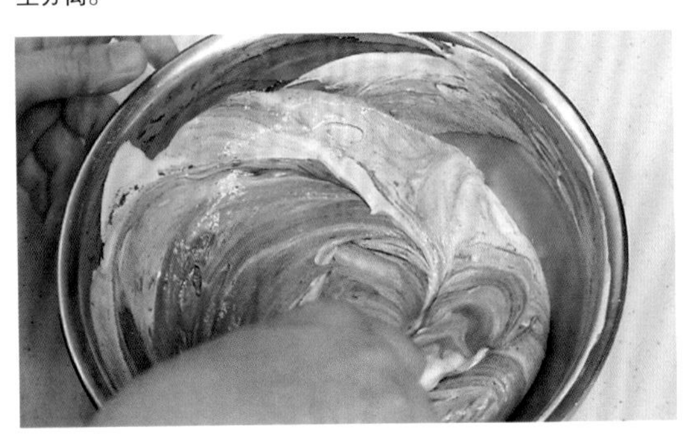

打发淡奶油时加入砂糖的理由

打发时加入砂糖，有两个目的。一是利用砂糖的保水性（参照第123页），抑制过度打发并稳定打发状态。二是为了提高甜度。制作芭芭露时打发程度可以略低，因为后续制作时会在面糊中加入砂糖，因此不加砂糖进行打发。但是稳定性不足，打发后要立刻搅拌到其他材料中。

7分发

提起打蛋器时，淡奶油充满了大量气泡，会大块掉落。

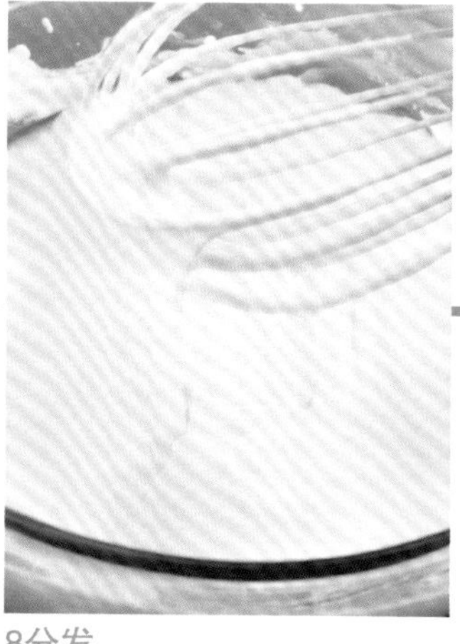

8分发

提起打蛋器时，有小角出现，可以用打蛋器舀起来。

9分发

提起打蛋器时，有直角立起，淡奶油已有硬度，不会从打蛋器上掉落。

用在这里！

涂抹蛋糕时

蛋糕片和蛋糕片之间夹上奶油，将奶油放在蛋糕胚中间。

抹刀的刀刃横向将奶油均匀涂抹在蛋糕胚上。

将溢出的奶油均匀涂抹在侧面，等整体涂抹均匀后放入冰箱冷藏。

用在这里！

制作慕斯时

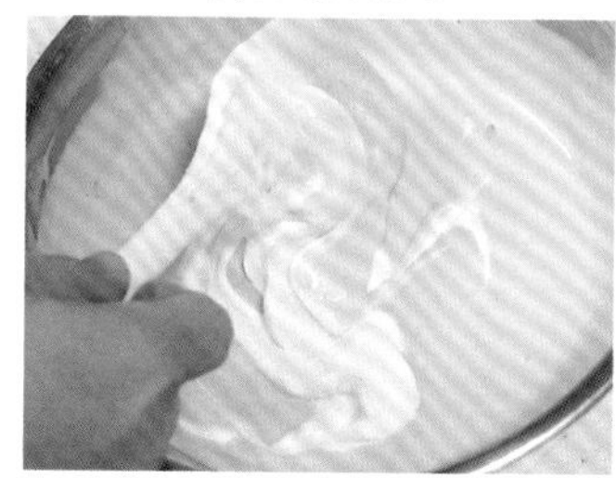

打发成与慕斯相同硬度后搅拌，淡奶油打发到8分发最合适。

用在这里！

与卡仕达奶油酱搅拌

要使劲搅拌，仿佛要压入卡仕达奶油酱中。

裱花装饰时

将淡奶油打发到略有硬度，大约8分发~9分发，可以用裱花嘴挤出花纹来。

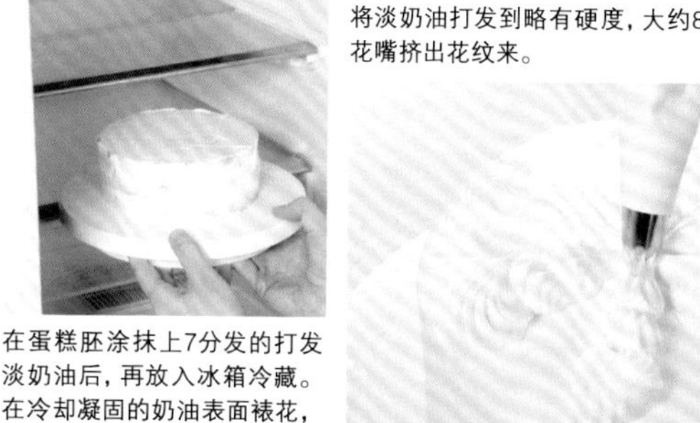

在蛋糕胚涂抹上7分发的打发淡奶油后，再放入冰箱冷藏。在冷却凝固的奶油表面裱花，完成漂亮的装饰。

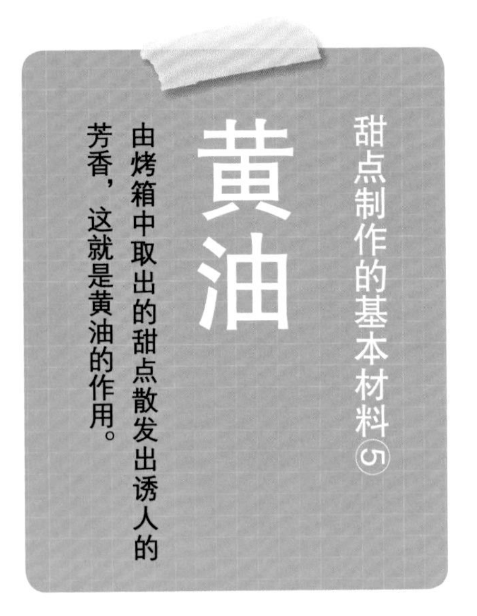

甜点制作的基本材料⑤

黄油

由烤箱中取出的甜点散发出诱人的芳香，这就是黄油的作用。

制作甜点，使用无盐黄油是基本常识

黄油是搅拌淡奶油使其分离，再搅拌加工制成的。虽然主要由乳脂的油脂构成，但里面含有大约17%的水分。

和烹饪不同，制作甜点需要加入大量的黄油，含有盐分的黄油会影响到成品的味道，所以要使用无盐黄油。

甜点制作的失败，大部分都是因为没有按照黄油硬度来操作所致。制作派皮时，要使用坚硬的黄油，过于柔软会粘连，影响顺利折叠。不过，海绵蛋糕糊需要将黄油融化后放入。冷却状态下无法顺利和其他材料搅拌均匀。在检查菜谱时，一定要确认黄油是何种硬度，必须提前准备好。

黄油的种类

无盐黄油

在制作过程中没有添加盐分，因此可以保留黄油原有的味道。

也有制作甜点专用的低水分黄油！

一般黄油内约含有17%的水分，但也有为了制作甜点将水分控制在14%的黄油。延展性好，最适合用来制作派皮。

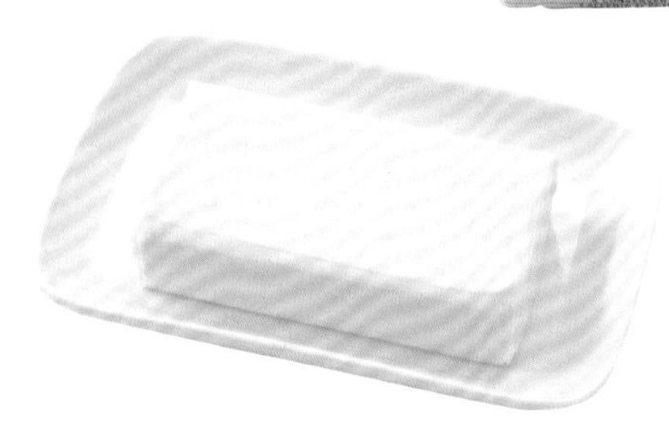

发酵黄油

制作过程中加入乳酸发酵而成的黄油，味道比普通黄油更加浓郁，是法国甜点制作的主流。

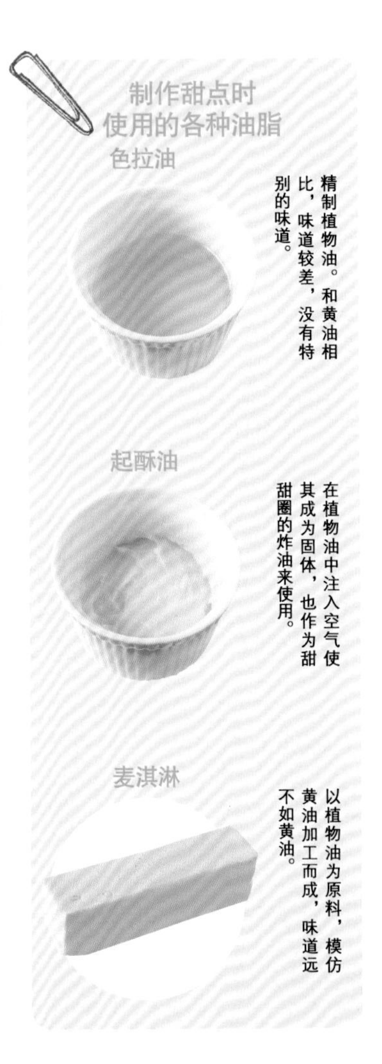

制作甜点时使用的各种油脂

色拉油

精制植物油。和黄油相比，味道较差，没有特别的味道。

起酥油

在植物油中注入空气使其成为固体，也作为甜甜圈的炸油来使用。

麦淇淋

以植物油为原料，模仿黄油加工而成，味道远不如黄油。

黄油的效果①

可以改变形状

搭配面团使用不同硬度的黄油

黄油在油脂中含有水分时呈乳化状态，因此，加热时水分蒸发黄油就会融化。反之，冷却时黄油又会变成固体的状态。制作甜点就是利用这一特性。在制作快速折叠派皮面团时，黄油以固体状态折入面皮中。在海绵蛋糕糊和泡芙面糊中，都是融化之后和其他材料搅拌。另外，制作费南雪时，焦化黄油用来增加香气和味道。

奶油状的黄油

搅拌到发白非常重要

搅拌室温放置软化的黄油时，因饱含空气使黄油呈白色奶油形状，这就叫“发白”。

搅拌到面团里的黄油60℃隔水加热。

低温 质地黏稠=很难搅拌

高温 顺滑流动=容易搅拌

什么是澄清黄油?

只取出隔水加热融化后黄油澄清的上半部分。使用在想要增添浓郁口感和味道或者不想加入水分的甜点中。

放在冰箱冷藏凝固，就能分出油脂的部分。（下半部分是水分的乳清，上半部分是澄清黄油）。

黄油的形状变化

坚硬 ↕ 柔软

冰凉的黄油

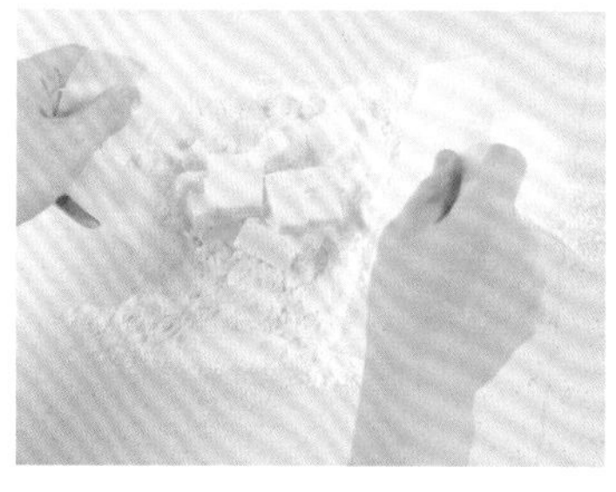

从冰箱取出时质地坚硬，进行切拌。用于塔皮、派皮等。

室温放置软化的黄油

由冰箱取出后，室温放置，使其软化。用于奶酪蛋糕、黄油面糊等。

融化黄油

隔水加热将黄油融化成液体，用于海绵蛋糕糊、泡芙面糊等。

焦化黄油

将黄油加热到呈现浓浓的茶褐色，用于费南雪、玛德琳等。

黄油的效果②

产生酥松的口感

必须趁黄油坚硬时操作

派皮或者饼干等入口时，口感酥松、入口即化。黄油具有“起酥性”，会妨碍面粉中薄膜面筋的形成（参照第120页），因为面筋结构变弱，面团几乎不会膨胀。

不融化黄油，而把黄油切成坚硬的小块和面团搅拌，才能做出酥松的口感。

塔皮面团酥脆的秘密

甜酥面团使用的是室温放置软化的黄油。
酥皮面团用冷却黄油切拌而成。

甜酥面团将空气搅拌到面团中

把黄油和砂糖用打蛋器打发到颜色发白，加入低筋面粉大幅度搅拌。

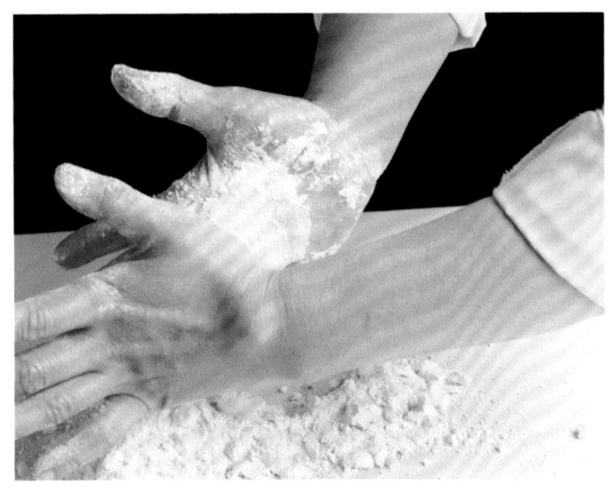

酥皮面团需要将黄油搓成砂粒状

冷却的低筋面粉和黄油切拌后，双手迅速搓成松散的砂粒形状。

饼干面团酥脆的秘密

室温放置软化的黄油，摩擦搅拌至白色奶油状，
再放入砂糖、蛋黄和低筋面粉。

充分搅拌到颜色发白

用打蛋器摩擦搅拌黄油，让黄油裹入空气颜色发白。

↓

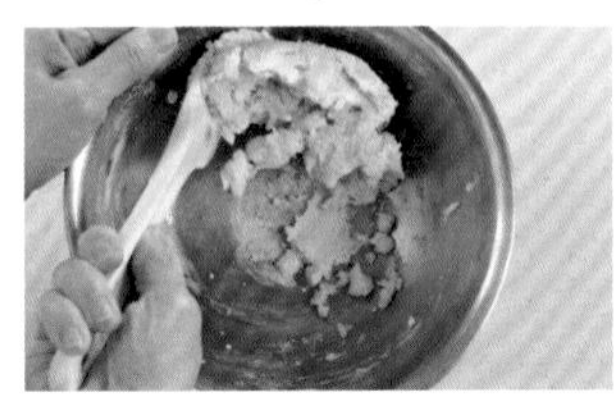

不要搅拌过度

放入低筋面粉后，为防止形成面筋，要大幅度地迅速搅拌均匀。

派皮面团酥脆的秘密

为了擀压派皮面团，
要充分发挥低筋面粉中面筋的作用。

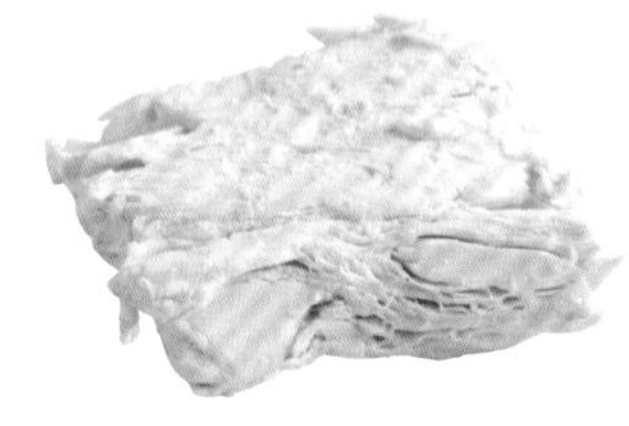

面团中残留块状黄油

快速折叠面团，是将坚硬的黄油以切拌的方式搅拌，搅拌到面团中还有黄油块即可。

↓

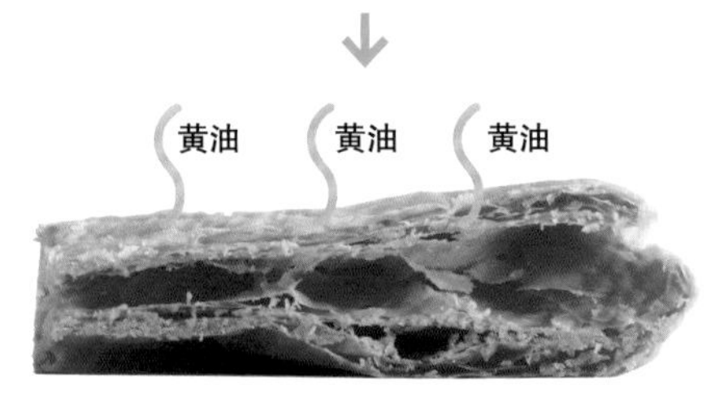

融化黄油的水蒸气会撑高派皮面团

折三折后用高温烘烤，面团和面团之间的黄油融化形成空洞，层次也更加酥脆。

黄油的效果③

可以擀薄

利用黄油的可塑性，像粘土一样擀薄

坚硬的黄油，可以像粘土一样擀薄，这被称为“可塑性”。13~18℃是最适合的温度。折叠派皮面团中和基本面团一起折叠的黄油，都是在这种状态下使用的。

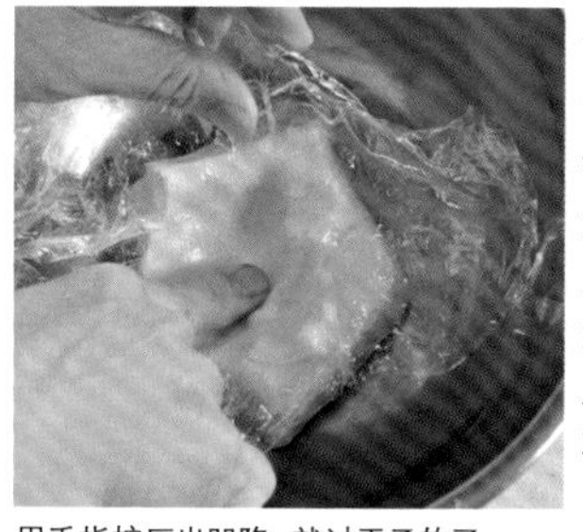

用手指按压出凹陷，就过于柔软了。

在冰冷坚硬的状态下擀薄

提前准备操作中“室温放置软化”时的硬度，就过于柔软了，无法用擀面杖等工具擀压，因此必须在坚硬的状态下才能使用。

折叠派皮面团的黄油

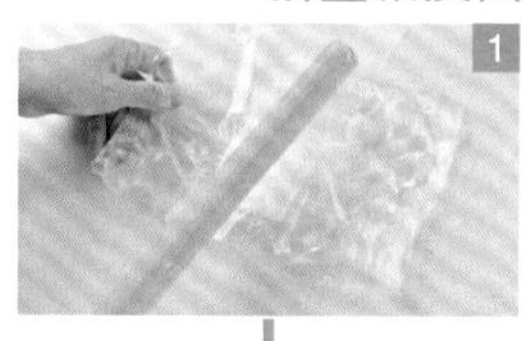

1 用擀面杖轻敲后再擀压

用保鲜膜包裹冷却的黄油，用擀面杖按压成可塑型的硬度。

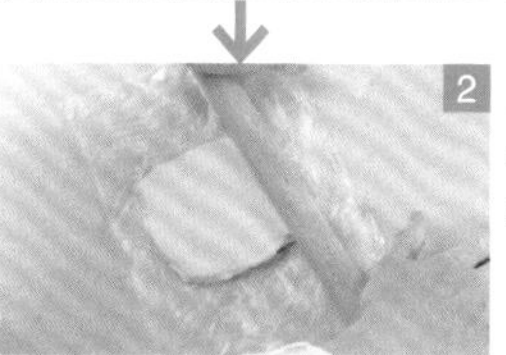

2 用擀面杖擀薄

等黄油稍软后，滚动擀面杖迅速擀压，整出形状。

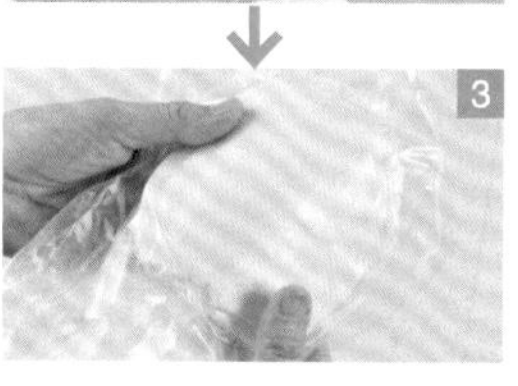

3 不会折断的硬度即可

双手拿起时，黄油不会因为弯曲产生裂纹或断裂，这样的硬度即可。

黄油融化后会粘连面团

室温或者手掌的温度会融化折叠在派皮面团里的黄油，使面团变软，容易破裂。

黄油的效果④

增加味道

加热时会飘出浓郁香气

加热后味道更强烈。焦化黄油的香气，是因为黄油中含有蛋白质，和砂糖的美拉德反应（参照第125页）有相同的作用，散发特殊香气。

享用时美味在口中蔓延开来

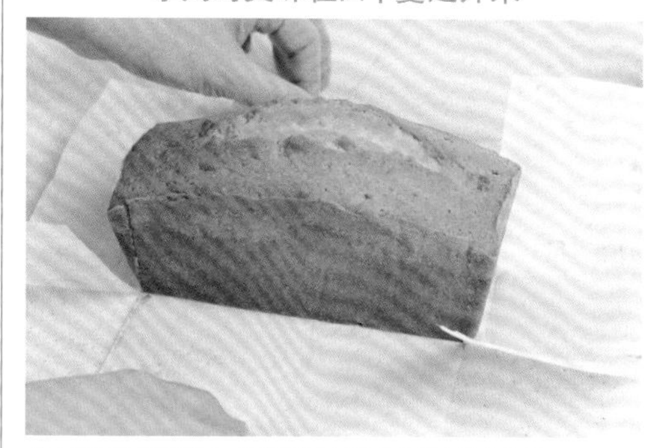

令人垂涎的烘烤甜点，正是因为材料中含有大量的黄油。

搅拌黄油和鸡蛋，使其产生乳化

乳化状态

在发白状态（搅拌到颜色发白）的黄油中，加入室温回温的鸡蛋（水分）。

用打蛋器充分搅拌到整体乳化，呈奶油状。

分离状态

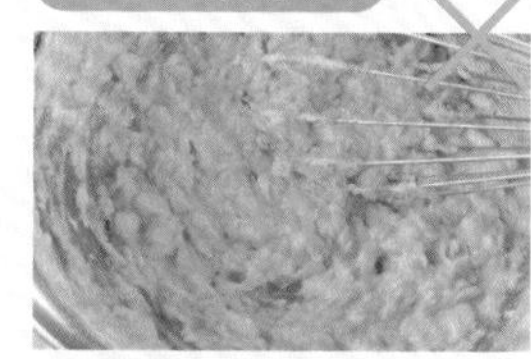

成为颗粒形状的状态。

制作甜点失败的理由！

无法顺利搅拌时，黄油和蛋液相互排斥导致水油分离，继续制作下去，甜点的口感也会变差。

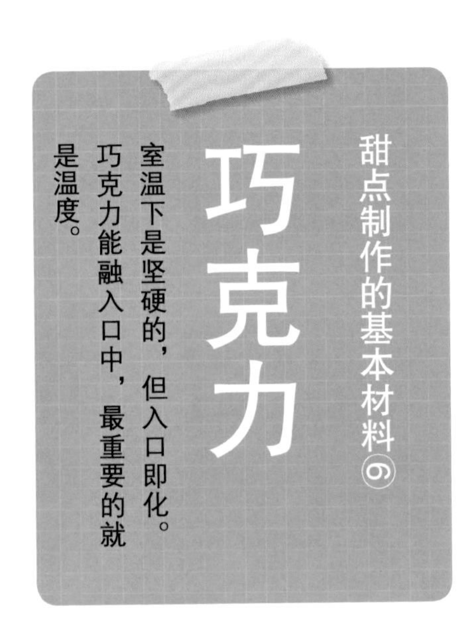

融化的巧克力放置后自然凝固，口感会变差。

“巧克力”是以可可豆为原料加工制成品的总称。制作甜点时使用的巧克力，是由油脂成分的“可可脂”以及味道来源的“可可膏”，再放入砂糖和奶粉等乳脂成分做成的。

固体巧克力用于制作造型巧克力或者酒心巧克力等甜点时，融化步骤必不可少。融化时巧克力的结构会产生微妙的变化，只要在恰到好处的温度下凝固，就可以变身成光泽、口感绝佳的巧克力。融化后自然凝固，会影响到口感和外观。

想让松露巧克力外表如锦缎般丝光润滑，就必须进行调温。这是甜点制作中难度颇高的操作，但只要反复练习就能掌握诀窍了。

巧克力的种类

苦甜巧克力

苦甜巧克力含有较多可可粉。颜色较重，几乎没有甜味，所以发苦。

甜巧克力

制作甜点时常用的巧克力。可可粉较多，味道浓郁。

牛奶巧克力

可可粉较少，含有脱脂奶粉等乳脂成分，味道略苦。

白巧克力

去除可可膏，乳脂成分较多，几乎没有苦味，味道柔和。

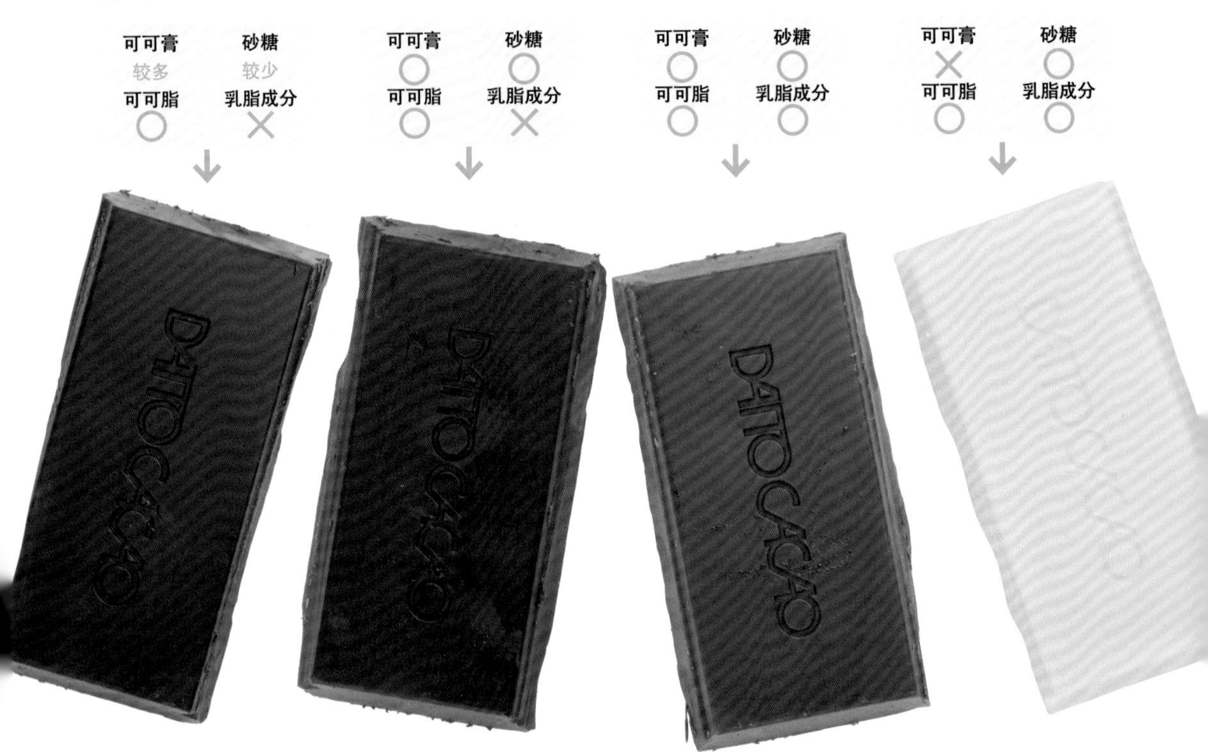

巧克力的效果①

入口即化

与淡奶油搅拌后，可以做成浓郁醇香的甘纳许

巧克力蛋糕或者松露巧克力等丝滑般的口感，是将巧克力和淡奶油搅拌而成的“甘纳许”的味道。巧克力含有大量可可脂，而牛奶和淡奶油中含有乳脂，里面含有乳化剂。因此，搅拌两者就会出现乳化反应。

但是将全部材料一块搅拌时，容易产生分离，也会影响口感，因此要分次少量加入并搅拌均匀。

什么是甘纳许

是将巧克力和淡奶油搅拌而成的混合物。用于松露巧克力，或者马卡龙的夹心。

使用甘纳许的甜点

- 松露巧克力
- 生巧克力
- 酒心巧克力
- 巧克力蛋糕等
- 马卡龙

错误的保存方法会影响品质

巧克力很难适应温度的急剧变化。在分离状态下冷却，或者巧克力中的砂糖被融出，会使口感粗糙，这种现象就被称为“霜花现象”。

出现霜花现象时，巧克力表面出现白色线条，影响外观和味道。

甘纳许的制作方法

1 切碎的巧克力放入煮沸的淡奶油中，等待自然融化。

2 从中央开始慢慢画圆搅拌，搅拌到整体顺滑。

3 菜谱中需要添加黄油时，将混合物整体搅拌均匀后加入，并再次搅匀。

4 将整体搅拌到均匀顺滑时就完成了，放置在阴凉处放凉备用。

温度变低时淡奶油会产生分离

淡奶油在低温状态下无法顺利搅拌，会变得干燥粗糙。隔水加热时，就能恢复原来的状态。

一旦淡奶油的温度降低，巧克力就无法融化，也无法乳化。可可脂和淡奶油分离，口感也会变差。

巧克力的效果②

让光泽和口感变好

想呈现出黑色光泽，就必须“调温”

装饰淋面的巧克力，最理想的就是带有光泽的状态。

巧克力融化再次凝固时，温度在31～32℃之间，就能形成漂亮的结晶。温度只要相差1℃，口感就会变差，因此必须调温（调节温度），才能做出最漂亮的结晶。要做出带有光泽的巧克力，这样才能在入口的瞬间，体会到入口即化的美妙口感。

调温的方法

升温法

隔水加热融化巧克力后，调整到合适的温度。家庭中最适合使用此法。

恒温法

边保持30℃，边搅拌使其结晶。工厂多采用此法。

调温（薄片法）

巧克力融化后加入切成薄片的巧克力来调节温度。

材料

苦甜巧克力……300g

准备巧克力板。建议使用适合调温的调温巧克力（参照第157页）。

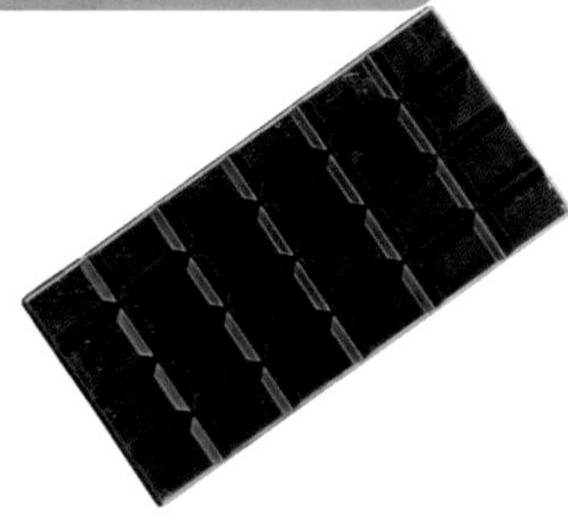

1 用刀将巧克力切成薄片。因为巧克力质地坚硬，双手从正上方轻轻按压，慢慢切片即可。

切成2种大小

将⅔的量切成1cm～2cm的正方形，剩下的切成细碎的薄片。

其他调温法

大理石法

摆放在大理石上均匀降低温度

利用冰凉且不宜导热的大理石，将融化的巧克力均匀摊在大理石操作台上，推开搅拌，使温度降到31～32℃。

冷水法

先降低温度后再调节温度

隔水加热融化巧克力，将碗叠放在装有冰水的碗内将温度降到28℃。再次隔水加热，将温度调节到31～32℃。

用50℃的热水隔水加热

在盆内放入粗略切块的巧克力，叠放在装有50℃热水的汤锅上。注意防止水滴或者其他物质落入巧克力碗中。

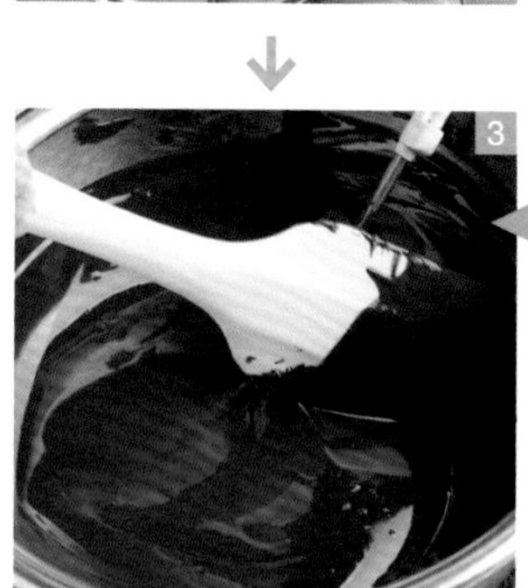

此时约为47℃

用耐高温的橡皮刮刀搅拌，融化巧克力。慢慢搅拌到45~50℃，不要拌入空气。

此时约28℃

停止隔水加热，分次少量倒入巧克力薄片搅拌，将温度降到27~29℃。

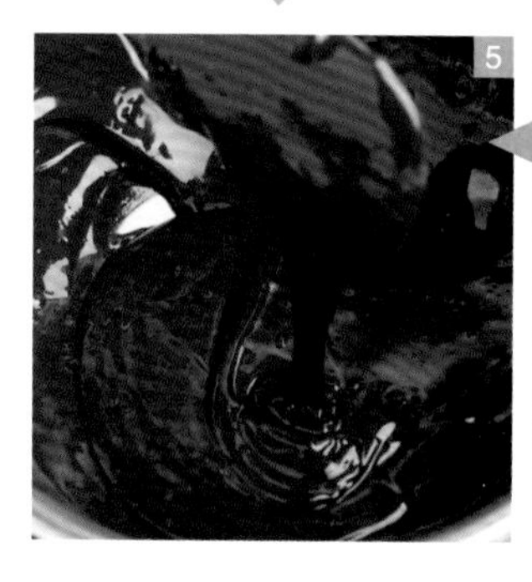

此时约为31℃

将锅内的热水加热到34℃，再次叠放上碗隔水加热。等温度升高到31~32℃时离火，搅拌均匀即可。

依照巧克力种类来调温

（℃）	苦甜巧克力	甜巧克力	白巧克力
融化的温度	45~50	45	43
降低的温度	27~29	27~29	26~28
保持的温度	31~32	29~30	28~29

检查调温成果

可以用勺子的背面裹上调温后的巧克力，检查完成结果。

调温成功时，巧克力呈丝滑状态

将勺子放入碗内，拿出时会立刻凝固。有着黑色的光泽，没有任何搅拌的痕迹，顺滑漂亮，就证明成功了。

失败范例

残留颗粒

残留没有溶解的巧克力碎，或者因为滴入水滴导致失败。

颜色发白

不能顺利凝固，或者表面融化出砂糖出现霜花现象。

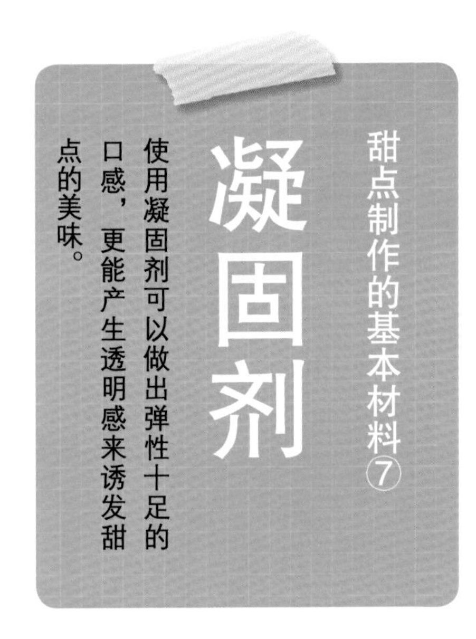

种类丰富的凝固剂，搭配理想中的甜点来挑选。

凝固剂有将液体凝固成半固体的作用，种类不同，性质也有所差异，因此也影响了甜点的透明度、硬度和口感。

制作甜点常用的凝固剂有动物性吉利丁、植物性琼脂、卡拉胶和果胶4种。

除此之外，最近厂商也在销售各种种类的凝固剂，像是洋粉，就是在卡拉胶中，加入刺槐豆、瓜尔豆等植物的种子，调和其中的增粘多糖体物质制作而成，透明度更高、形状很难被破坏，在夏季常用来代替很难凝固的吉利丁，非常受欢迎。

为了搭配自己理想的甜点成品，一定要尝试各种凝固剂。

凝固剂的种类

	吉利丁	果胶	卡拉胶	琼脂
原料	动物皮或骨骼	水果·蔬菜	海藻（杉紫菜等）	海藻（石花菜等）
成分	蛋白质	糖	糖	糖
口感	柔软，有少许黏性，用于甜点制作，做出入口即化的口感。	略有弹性和黏稠感，分为不同种类，有用水凝固和用牛奶凝固两种。	口感顺滑、没有黏度。用于制作甜点时口感很好。	清爽弹滑，哧溜一下滑到喉咙里。没有黏度。用来制作糕点，口感柔软，轻咬即碎。
胶化温度	要冷藏（10℃以下）	室温凝固	室温凝固	室温凝固
准备操作	用水浸泡使其膨胀	与砂糖搅拌	与砂糖搅拌	浸泡吸收水分
用于制作以下甜点	·果冻 ·芭芭露 ·意式奶酪等	·果酱 ·镜面果胶（淋面用）等	·牛奶布丁 ·果冻等	·羊羹 ·蜜豆甜点 ·杏仁豆腐等

凝固剂的效果①

呈现透明感

彰显衬托甜点材质的颜色

将凝固剂直接融化凝固，透明且没有味道。因为没有颜色，所以能衬托出果冻液或者果汁的颜色。相较于吉利丁粉，吉利丁片有更高的透明度。

吉利丁

虽然透明度高，但略微带有黄色。吉利丁片比吉利丁粉颜色更透亮。

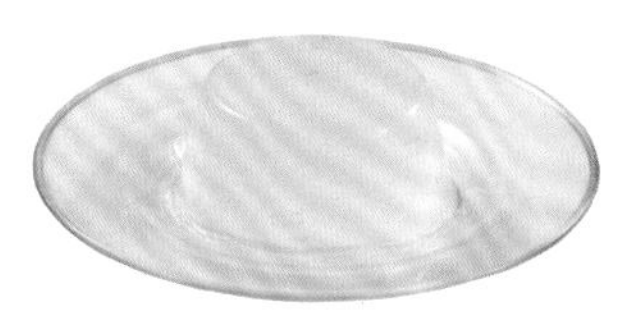

琼脂

看琼脂的颜色就知道，透明度较低，整体呈淡淡的浅褐色。

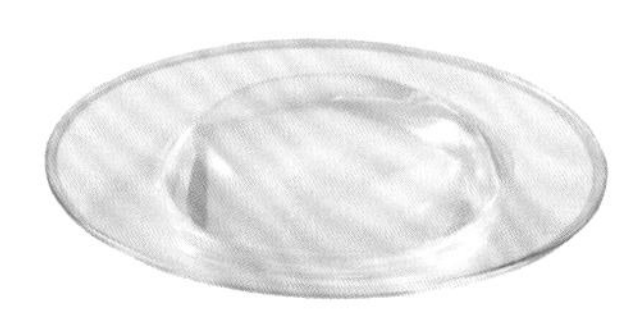

卡拉胶

相较于吉利丁和琼脂，卡拉胶更有透明感，也更有光泽。

吉利丁片的还原法

1 用冰水浸泡

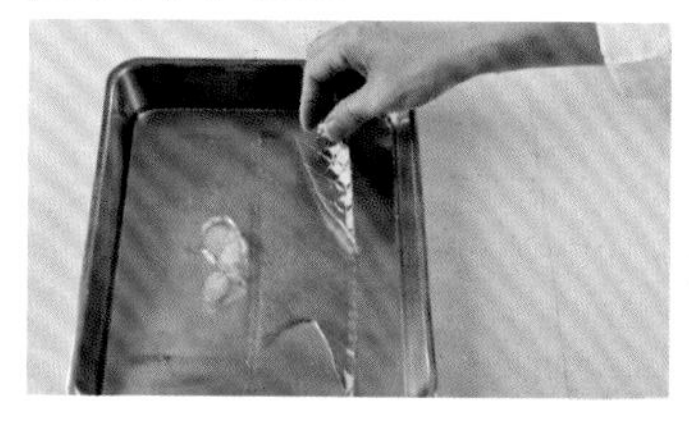

在浅方盘中装满冰水，将吉利丁一片片放入，浸泡大约10分钟。

2 挤干水分

用手握紧吉利丁片挤干水分。放入60℃的液体内融化或隔水加热。

凝固剂的效果②

有凝固力

凝固剂的主要作用就是使甜点柔软地凝固

使用吉利丁的果冻放入冰箱内冷藏凝固。虽然卡拉胶和琼脂都可以在常温下凝固，但用在凉点中时，也要放入冰箱冷藏，通过冷藏让结构紧实来增加美味。

基本的凝固方法

1 浸泡

使用吉利丁片，将浸泡还原的吉利丁放入加热到60℃的液体中。

2 融合

用橡皮刮刀慢慢搅拌，搅拌到吉利丁完全融合没有结块。

3 凝固

将放凉后的液体倒入模具中，暂时放入冰箱冷藏凝固。

为什么无法凝固?

动物性吉利丁有时会很难凝固。

加入猕猴桃之后，仍是液体状态，这种水果应在加热后再放入。

1. 因为过热

吉利丁融化煮沸后，凝固力会减弱而很难凝固。

2. 因为添加了酸

猕猴桃和菠萝含有蛋白质分解酵素，会减弱吉利丁的力量。

甜点制作的辅助材料1

预拌粉

即使操作复杂的甜点，只要使用预拌粉，就能轻松完成。家里多备一些，这样有访客时，就可以立刻做出甜点来招待。

简单制作经典甜点，更重要的是不会失败！

预拌粉是指除了黄油、鸡蛋、牛奶之后，几乎所有的粉类都已搅拌完成。只要搅拌材料放入烤箱烘烤，大约30分钟就可以做好。

提到预拌粉，一般都联想到松饼粉，最近也开始销售巧克力蛋糕、马卡龙等难度较高的预拌粉。

预拌粉最有魅力的地方，就是简化了之前很多的制作方法和步骤。甜甜圈不用进行发酵，布丁不用烘烤直接冷却凝固，直接省略掉了容易失败的操作。

简单的磅蛋糕或者饼干，可以添加坚果等辅助材料，做出自己的独家私房甜点。

因出产厂商不同，也有控制油脂和糖粉或者应对面粉过敏的预拌粉，选购时请注意查看成分表。

粉类受潮容易结块，所以要放入密封容器保存，并放在通风顺畅的地方。夏季时请放入冰箱冷藏。

松饼粉

以低筋面粉为基础，放入泡打粉、油脂、盐和香料等。

理想的成品

用淡奶油代替牛奶，煎出厚重浓郁的味道。

制作美味松饼的秘诀！

煎出醇香浓郁的松饼，最后装饰时可以简单地浇上黄油或者枫糖糖浆。

在煎松饼之前加热平底锅，移到濡湿的毛巾上。等降到合适温度时，再放回加热，倒入面糊。

在平底锅上摆上圆模（图片中为直径15cm、高度3cm），倒入面糊。转小火，等表面出现小空洞时，翻面继续煎。

也可以用松饼粉做出这样的甜点！

杏仁饼干

材料（30块的量）

松饼粉…175g 黄油…100g

糖粉…50g 蛋黄…20g

杏仁……60g

做法

① 黄油中加入糖粉，摩擦搅拌，再加入蛋黄搅拌。

② 将松饼粉和杏仁碎放入①中，搅拌均匀。

③ 搅拌成团，擀成5mm的薄片，冷藏静置30分钟以上。

④ 用切模切出形状，烤箱170℃烘烤约15分钟。

蛋糕卷

材料（4个的量）

松饼粉… 200g

鸡蛋…100g（蛋黄和蛋白分开）

牛奶…140ml 黄油…适量

淡奶油…150ml 草莓酱…1大匙

草莓…适量

做法

① 搅拌蛋黄、牛奶和松饼粉。

② 打发蛋白，与①混合。

③ 平底锅中放入黄油加热，倒入②的¼，小火慢煎。等煎到表面有小空洞时，翻面，对折放凉。

④ 打发淡奶油，加入草莓酱搅拌。在蛋糕卷上挤上淡奶油，

预拌粉的种类

觉得操作困难的甜点，可以尝试借助预拌粉的力量来挑战一下！

巧克力蛋糕预拌粉

和鸡蛋、黄油、牛奶搅拌，加入融化的巧克力后烘烤。

海绵蛋糕预拌粉

基本海绵蛋糕。在粉类中加入鸡蛋和牛奶，用电动打蛋器搅拌，倒入模具烘烤。

填充预拌粉

可以简单地制作出口感浓郁的蛋糕，也可以用在磅蛋糕或者玛德琳上。

磅蛋糕预拌粉

在粉类中加入鸡蛋、黄油和牛奶搅拌，倒入模具烘烤。用淡奶油代替牛奶，味道会更加浓郁。

意式奶酪预拌粉

粉类中放入加热过的牛奶和淡奶油搅拌，放入冰箱冷却凝固，也可以作为蛋糕的夹层。

冰淇淋预拌粉（牛奶）

搅拌粉类和牛奶，搅拌到黏稠后放入冰箱冷冻凝固，也可以添加蛋黄和淡奶油。

饼干预拌粉

尽享制作造型饼干、冰箱饼干或者各种花纹的裱花饼干的乐趣。

葡式甜甜圈预拌粉

葡萄牙流传到夏威夷的甜点。和鸡蛋、水、酵母粉搅拌，油炸而成。

比利时松饼预拌粉

搅拌黄油、牛奶、鸡蛋、砂糖和粉类，放入冰箱静置，烘烤成比利时松饼。

可丽饼预拌粉

搅拌粉类、鸡蛋和牛奶，薄薄倒入加热过的平底锅，两面煎好。

吉拿果预拌粉

搅拌水、鸡蛋、融化的黄油和粉类，放入裱花袋用星型花嘴挤出，油炸。

司康预拌粉

搅拌鸡蛋、黄油、牛奶和粉类，用擀面杖擀压，再用切模按压出形状后烘烤。

果冻预拌粉

粉类用热水融化搅拌，倒入模具，放入冰箱冷却凝固。

马卡龙预拌粉

粉类加入水分打发，制作成蛋白霜。加入糖粉，不用干燥直接烘烤。

佛罗伦萨饼干预拌粉

装饰有杏仁的法式甜点。和与粉类等量的坚果搅拌后，放在烤盘上烘烤。

甜甜圈预拌粉

搅拌粉类、鸡蛋、牛奶和黄油，揉成面团，整形后放入平底锅煎好。

甜点制作的辅助材料2

干燥水果

新鲜水果烘干水分做成干燥水果，酸甜成分也被浓缩。因为不含水分，可以直接放入面糊，也可以用洋酒腌渍后使用。

用浓缩水果的美味搭配甜点

干燥水果是用新鲜水果蒸发了水分后干燥而成的。一般干燥水果当中，还有约15%的水分。

即使是相同的水果，含水量不同味道也不尽相同。含水量越低味道越浓，越高口感就越绵润，选择合适的干燥水果搭配甜点。

半干燥水果的含水量约有35%，仍保持新鲜水果的口感，果肉较厚。建议搭配冰淇淋或者塔。

冷冻干燥水果的含水量约为5%。将水果急速冷冻，在真空状态下水分结冰，形成脱水状态。保留水果本来的鲜艳颜色，口感爽脆，非常适合搭配不喜水分的巧克力。

使用后剩余的干燥水果，可以用朗姆酒或者白兰地浸泡做成酒渍水果，放入密封容器可保存约1年。

用油脂包裹的干燥水果，可以用热水焯过，洗掉油脂，沥干水分后再浸渍。

常见的干燥水果

葡萄干的种类

一般除了加利福尼亚葡萄干之外，依其品种和含水量不同，分为很多种类。请挑选合适的甜度和果肉口感来搭配甜点。

绿葡萄干

麝香葡萄阴凉干燥而成，略甜，较酸。

黑葡萄干

无籽小粒的山葡萄干燥而成，略酸，带有紫色。

无籽葡萄干

颜色较淡、质地柔软的无籽葡萄，短时间日晒干燥，让香味和甜味恰到好处。

带枝葡萄干

颗粒大、甘甜的火焰无籽葡萄带枝干燥而成，所以非常甘甜。

成串葡萄干

整串葡萄干干燥而成，比平常的葡萄干味道更甜更浓。图片中是去枝的葡萄干。

糖渍果皮

柑橘类的果皮，用浓稠糖液腌渍而成，或者用糖液熬煮果皮后干燥制成，略苦的果皮和甘甜的砂糖是绝佳搭配。

冷冻干燥水果

水果在真空状态下极速冷冻干燥，保留水果本来的颜色和味道，适用于草莓、芒果等颜色鲜艳的水果。

糖渍柚皮

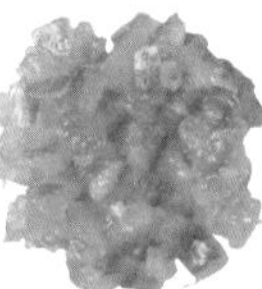

糖渍橙皮

草莓

覆盆子

切碎后搅拌到面糊中，或者直接用来装饰，画龙点睛。

用手就能捏碎，所以也可以撒在甜点表面作为装饰。

干燥水果的种类

水果不同，酸味、甜味、苦味、色彩各有不同。

杏干

能够强烈地感受到杏本身的酸味。也可以巧妙利用厚实的果肉。

黑枣干

干燥的枣。果肉味道浓郁，常整颗用来装饰塔。

无花果干（白）

白色的无花果，比黑色无花果要小要硬。制作甜点时会用热水浸泡，还原后再使用。

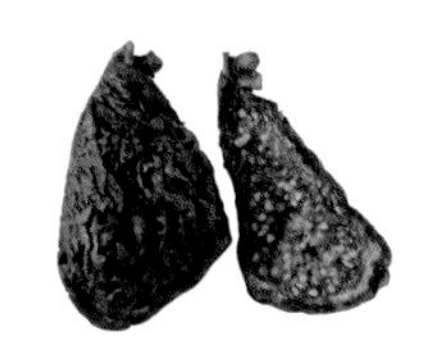

无花果干（黑）

黑色无花果，颗粒小，略硬，酸酸甜甜恰到好处。

椰枣干

椰枣干燥而成，味道像柿饼一样浓郁甘甜。

猕猴桃干

绿色，颜色略浅，保留着强烈的酸味。图片中添加了砂糖。

樱桃干

红色酸樱桃干燥而成，表皮用油脂包裹。

木瓜干

木瓜干燥后加糖切薄片，多为浅黄色或者红色。

蔓越莓干

保留蔓越莓略酸的口感，鲜艳的红色可以作为画龙点睛的装饰。

草莓干

加糖后干燥而成，稍稍留有草莓的口感和颜色。

蓝莓干

颗粒小，略甜略苦，口感松软，常用于装饰杯子蛋糕。

苹果干

甘甜爽口。图片中添加了糖后切碎而成。

菠萝干

蒸煮后，干燥加糖制成。图片中切成粒状。

覆盆子干

香气诱人，酸酸甜甜。图片是干燥后用油脂包裹而成。

黑加仑干

黑加仑干用添加了柠檬汁的糖液腌渍后干燥而成，酸味浓郁。

芒果干

保留芒果本身的甘甜，颜色鲜艳夺目。

甜点制作的辅助材料3

果酱·糖渍水果

搭配司康或者可丽饼，也可作为塔的内馅，用途广泛。草莓或者蓝莓等常见的果酱也很好，不过请大家一定要挑战一下各种水果哦。

使用应季水果，尝试一下手工制作果酱和糖渍水果

水果中含有被称作“果胶”的天然胶化物质，果胶溶于水中，加上砂糖、柠檬汁等一起加热，就会变成浓稠的果酱了。

糖渍水果是用水果和糖浆或酒一起煮到柔软黏稠制成的。与果酱相比，甜度较低，但能强烈地感受到水果本身的味道。

果酱和糖渍水果的制作方法非常简单，因此只要身边有很多水果时，就可以尝试制作。

无论是哪一种，只要多放一些砂糖就能长时间保存。果酱可保存约半年，糖渍水果连同糖浆一起放入瓶内腌渍，可以保存1~2周，也可以连同糖浆一起冷冻。

果酱涂在塔底或者派底时，可以防止表面奶油馅水分的渗透。另外，还可以用作镜面果胶（参照第27页）。

糖渍水果加热变得黏稠后，也可以代替酱汁，直接浇在可丽饼上，或者冷冻后制作成雪酪。

果酱的种类

添入面糊或者酱汁中，更能增添果实的风味。

黑加仑果酱

酸味较强的黑加仑果酱，酸酸甜甜惹人喜爱。

蓝莓果酱

独特的甜度和酸味，融合成优雅的味道，非常适合搭配奶酪蛋糕。

芒果果酱

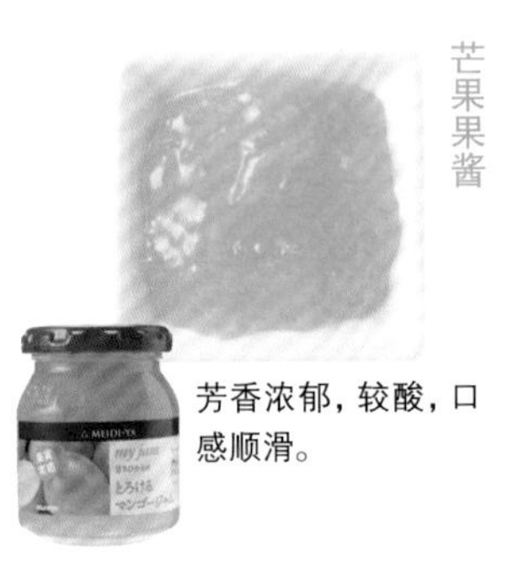

芳香浓郁，较酸，口感顺滑。

柠檬果酱

柠檬汁中加入砂糖、鸡蛋，是英国的经典果酱。

覆盆子果酱

略酸，颜色鲜艳，经常用在甜点装饰上，用途广泛。

猕猴桃果酱

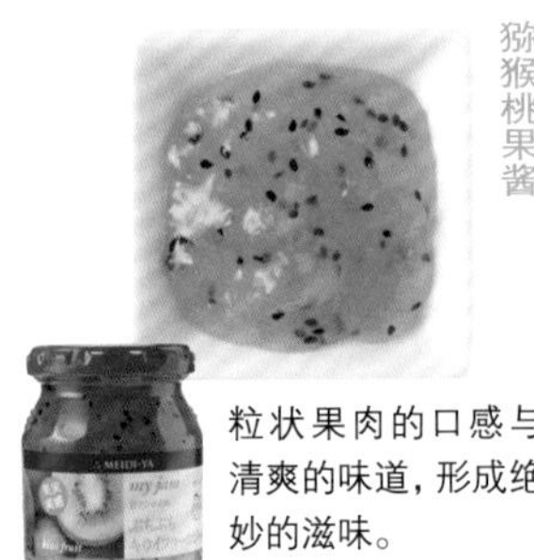

粒状果肉的口感与清爽的味道，形成绝妙的滋味。

黑樱桃果酱

保留水果的形状，最适合搭配塔和奶酪蛋糕。

玫瑰果果酱

略酸，甘甜淡雅，适合搭配巧克力甜点。

橘皮果酱的种类

虽然口味略苦，但是也有着不同的味道。

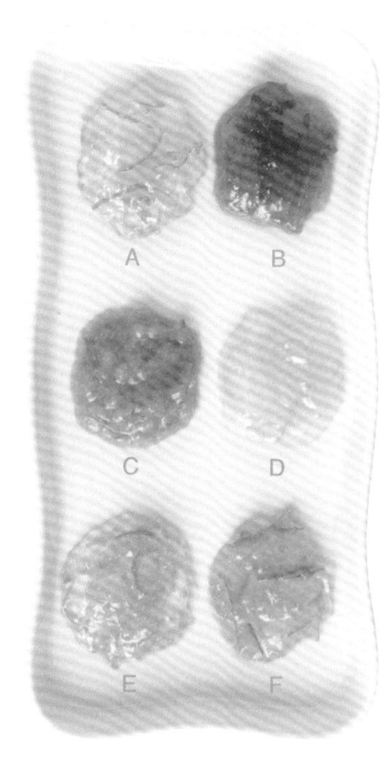

A 酸橙皮果酱

酸味浓烈，略苦，绿色的表皮非常有清凉感。

C 橘皮果酱

果肉柔软，甜味浓烈，味道柔和。

E 柠檬皮果酱

紧实的酸味中带有清新爽口的味道，有着透明的黄色。

B 葡萄柚皮果酱

果皮水润，酸味略弱的清爽口感。

D 日向夏橘皮果酱

日向夏柑橘特有的甘甜和酸味。

F 橙皮果酱

略苦的橙皮与果实的酸味相互融合，清新爽口。

糖渍水果

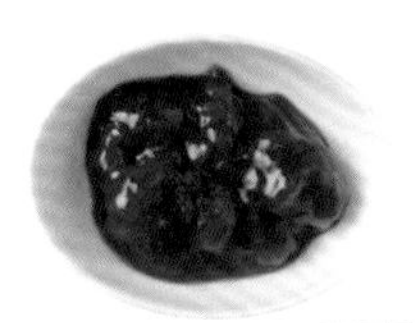

草莓

与果酱相比，更能品尝到水嫩的果肉。

苹果

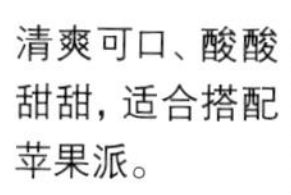

清爽可口、酸酸甜甜，适合搭配苹果派。

樱桃

酸甜绝妙均衡，适合用作派皮的内馅。

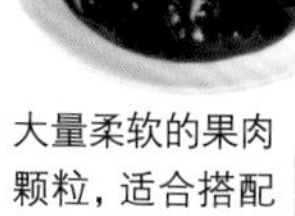

蓝莓

大量柔软的果肉颗粒，适合搭配派或者塔。

草莓果酱的制作方法

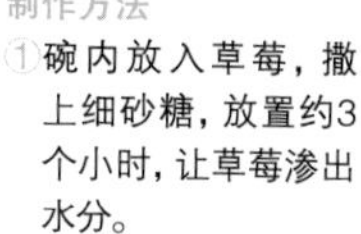

材料（方便制作的量）

草莓 …500g

细砂糖… 250g

鲜榨柠檬汁… 25ml

鲜榨橙汁…50ml

制作方法

① 碗内放入草莓，撒上细砂糖，放置约3个小时，让草莓渗出水分。

② 将所有的材料倒入锅中，小火慢煮约1个小时，煮时要撇去浮沫。

保存方法

① 密封罐和瓶盖要先用热水浸泡约15分钟来消毒。

② 擦干瓶内水分后，再装入瓶中。

③ 整瓶放入热水中浸泡，煮沸约5分钟消毒。

甜点制作的辅助材料4

香料·香草

蛋糕加入肉桂粉来诱出甜味，果冻装饰上薄荷体现清凉感。只需一点香料或香草，甜点就能更加高雅。

利用植物本身的风味，增加甜点的高雅气息

制作甜点时，添加香料和香草，主要目的都是为了丰富味道。大部分甜点都用烤箱烘烤，因此选择香气较强的香料比较好。特别是丁香或者豆蔻等，除了有杀菌作用外，还有消除乳制品腥味的作用。

香料分为粉末和整颗（原形）。粉末可以直接放入面糊中，或者像糖粉一样过筛到表面。整颗则是炒香，或者用水、牛奶煮出香气，也可以在完成时削片装饰。

香草分为新鲜和干燥两种。新鲜的香草颜色鲜艳，可以直接用来装饰，或者放入果冻中凝固，也很漂亮。干燥香草因脱去水分，香味更加浓郁，可以搅拌到面糊中，也可以做成香草茶，味道柔和。

初学者可以从罗勒和薄荷等常用的香草开始使用。

香料的种类

加入烘烤甜点等简单的甜点中提味，让味道更专业。

蛋糕

多香果

桃金娘科常绿树的果实干燥制成，可以消除鸡蛋和乳制品的腥味。

茴香籽

略甜略苦，搅拌到面糊中时要先弄碎。

红辣椒粉

微辣的红色辣椒粉，颜色鲜艳，有着蜂蜜般的香气。

烘烤甜点

洋茴香籽

芹科植物的种子，有着甘甜的香气，磨碎后使用。

肉豆蔻

肉豆蔻科常绿树的种子，搭配乳制品，适合黄油蛋糕。

丁香

桃金娘科常绿树的花蕾，香味浓郁，煮出香气后使用。

巧克力

卡宴红辣椒粉

红辣椒的粉末，辣味十足，少量使用。

小豆蔻

姜科果实，有着清爽的香气，经常磨碎使用。

粉红胡椒

像胡椒般的果实干燥而成，可以捣碎后加入巧克力中。

果冻·布丁

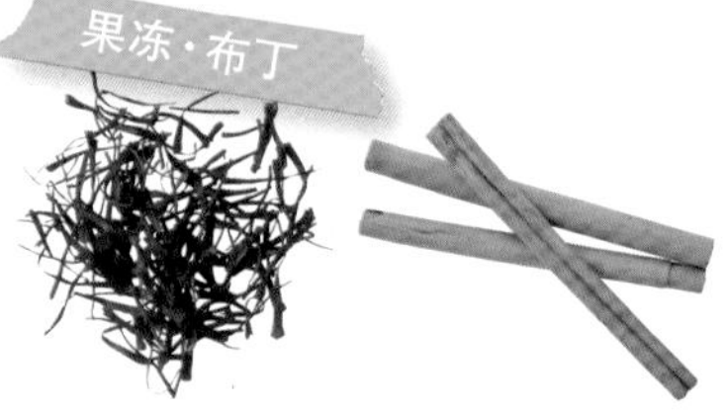

藏红花

藏红花的雄蕊，浸泡后会泡出颜色，可以和牛奶混合。

肉桂

锡兰肉桂的树皮，放入牛奶可以渗出香气。

八角

又称为星型大茴香，香气甘甜，可以倒入糖浆中，也可以加入果冻液。

香草的种类

加热后香气会变弱，所以尽量用于成品装饰。

干燥香草

迷迭香

香气浓郁，加入蛋糕或者饼干面糊烘烤后，香味变得清新。

罗勒

干燥罗勒与新鲜罗勒香气不同，加入戚风蛋糕时味道会更丰富。

薄荷

比起新鲜薄荷，更有清凉感，建议放入果冻等凉点中增添风味。

百里香

紫苏科，有浓郁舒缓的香气，可以用在香草茶或者随意撒入面团中。

薰衣草

紫苏科，香气淡雅持久，建议搭配烘烤甜点和巧克力。

洋甘菊

菊科洋甘菊干燥而成，有着苹果的香气，可以加入果冻液一起凝固。

木槿

锦葵科的花朵干燥而成，酸酸甜甜，熬煮后的红色汁液可以加入果冻中使用。

野玫瑰果

玫瑰科，味道沁香持久，加入果酱或者酱汁中，让甜点别具风味。

新鲜香草

绿薄荷

紫苏科，甘甜清爽的香气胜过胡椒薄荷，搭配巧克力让味道更浓郁。

胡椒薄荷

紫苏科，特征是口感清凉，呈黄绿色，清新凉爽，适合装饰果冻和蛋糕。

马郁兰

紫苏科，有着香料的甘甜香气，叶片是或深或浅的绿色，可以切下枝叶用来装饰。

香叶芹

芹科，叶片是新鲜的绿色，像蕾丝，装饰在甜点上更显华丽。

罗勒

紫苏科，鲜艳的绿色与奶油馅或奶酪的白色对比鲜明，也可以切碎装饰在蛋糕上。

迷迭香

紫苏科，如针般的叶片是最大的特征，香气浓郁，烘烤后香味犹存，烘烤时一般连同枝叶一起放入。

甜点制作的辅助材料5

坚果

杏仁、核桃、开心果等，可以直接使用，也可以切碎使用。果实作为秋季的代表，最适合用来制作秋季的甜点。

烘烤后再使用，香气更浓

甜点里放入坚果或者栗子，一口咬下，香脆的口感顿时蔓延开来。

即使是相同的坚果，整颗、切碎或磨粉之后，就有着不同的形状。像是带皮的果仁碎可以浇上巧克力或糖浆，用来装饰蛋糕，粉末可以和糖粉一起过筛撒粉，根据搭配的甜点来确定用途。

建议购买带皮的坚果，可以长时间保存。要去掉表皮时，放入沸腾的热水中煮约5分钟，捞起沥干水分，即可剥下表皮。开心果烫熟后为保持颜色美观，要放入冷水中再剥皮。

另外，坚果烘烤过后，可以增加香气。将坚果摆在烤盘上，放入170℃的烤箱，烘烤大约10分钟，不要烤焦，等烤出漂亮的颜色后，室温放凉。

坚果是油脂较多的食材，所以室温放置容易氧化，损伤味道，可以需要多少就买多少，或者放入冰箱中冷藏保存。

常见的坚果

杏仁

用于塔的内馅、杏仁巧克力等，是甜点中最常出现的坚果。形状各异，可以搭配口感来挑选。

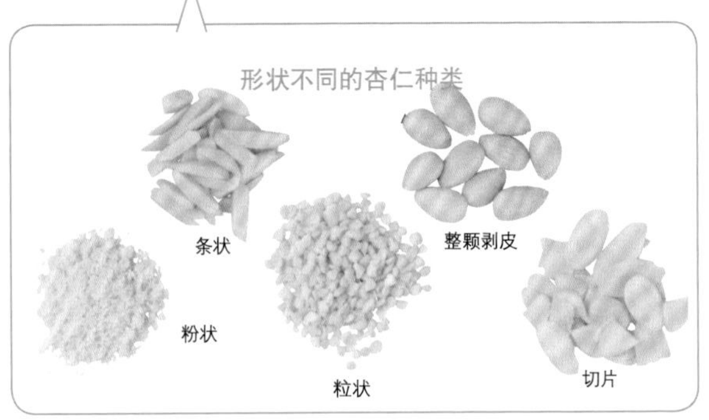

用栗子制作栗子酱

用栗子做的经典甜点"蒙布朗"，使用带皮糖煮栗子或者甘露煮栗子，外观和味道都大不一样。

带皮糖煮

剥下外壳，保留涩皮，用小火慢煮而成。

↓

成为这样的蒙布朗

加入朗姆酒的栗子奶油馅，味道更显成熟。

甘露煮

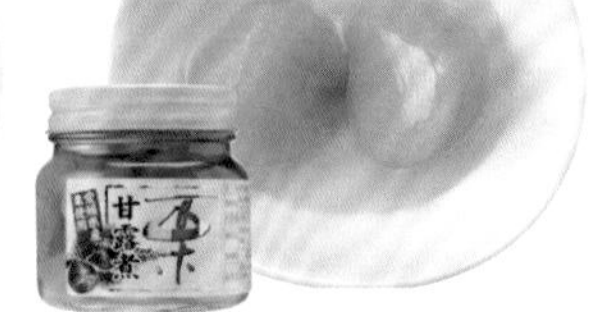

去皮煮栗子，再用糖浆浸渍熬煮。

↓

成为这样的蒙布朗

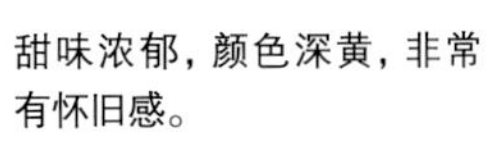

甜味浓郁，颜色深黄，非常有怀旧感。

坚果·栗子的种类

加热后口感仍然香脆

榛子

欧洲榛树的果实，脂肪成分高，香气浓郁，适合搭配巧克力。

开心果

风味独特，被称为“坚果女王”，可以和面糊混合，也可以用来装饰。

核桃

整颗在口中咀嚼，散发香甜气息，口感香脆，可以搭配柔软的面糊。

夏威夷果

口感爽脆，可以整颗放入巧克力中，也可以切碎放入面糊中。

栗子

蒸煮时可以调整甜度，整颗使用口感更松软。

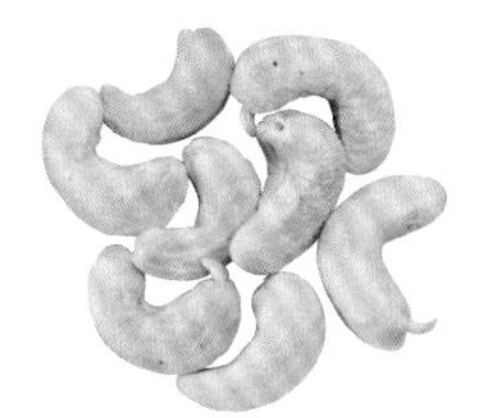

腰果

口感香脆，烘烤后放入甜点中，更能发挥香味。

葵花籽

剥去外壳后的葵花籽，口感柔软，适合搭配饼干或者玛芬。

山核桃

和核桃一样香甜，口感轻盈，适合搭配焦糖，加入甜点中让味道更浓郁。

椰丝

剥下椰子胚乳部分，干燥后切成细丝。口感清脆，带有一丝甜味。

南瓜籽

剥去南瓜籽白色外壳后的种子，可以用于南瓜塔或者派的装饰。

罂粟粒

香味浓郁，口感清脆，可以搅拌在黄油面糊中。

花生

落花生，口感轻盈爽脆。因为颗粒较小，可以直接放入玛芬中烘烤。

椰奶　　椰子粉

CHAO THAI

椰奶是将椰子胚乳制成液态，最适合用于果冻或者意式奶酪。
（左）椰奶　（右）椰子粉

在亚洲甜点中常用的椰子，到底是什么？

我们经常看到白色的椰子片，并不是椰子的果实，这是成熟椰子内的胚乳部分干燥加工而成的，在南美洲、东南亚、非洲等地方，经常用在烹饪或甜点上。用于制作甜点时，可以搭配奶酪或淡奶油等味道温和的乳制品。

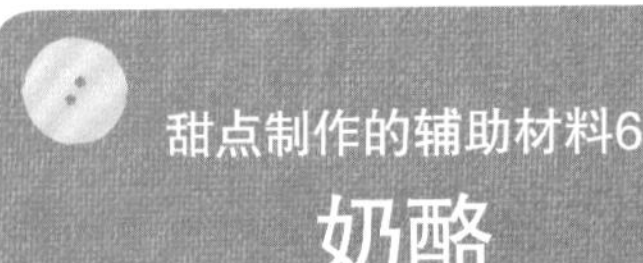

甜点制作的辅助材料6

奶酪

奶酪因为种类和熟制年份不同，味道、厚重感也各有不同，有的价格相当昂贵，所以要了解各自的特性，再用在甜点制作上。

认识不同味道和口感的奶酪

奶酪蛋糕或者提拉米苏，就是巧妙利用奶酪独特的味道、香味和酸味制成的。

几乎没有特殊风味的奶油奶酪或者乡村奶酪比较常用，但也可以尝试一下其他种类。

没有熟制的新鲜奶酪，味道近似黄油，使用方便。白奶酪常用在慕斯中，可以做出更轻盈柔软的口感。

白霉奶酪口感顺滑柔和，只是过度加热后会减弱香味，所以比较适合搭配装饰。可以先从卡蒙贝尔奶酪等味道普通的奶酪着手。

气味强烈的蓝纹奶酪，却与甜点十分契合。只是因为含有较多的盐分，可能会影响甜点的甜味。戈贡佐拉奶酪等盐分和香味强烈的奶酪，只能少量使用提味。

奶酪适合搭配酸味较强的水果，因此建议用在柑橘类、杏制作的甜点中，或者与橙皮果酱一起搭配。

奶酪种类一览表

新鲜类	白霉类	蓝纹类
原料牛奶乳酸发酵凝固后，不经熟制的奶酪。口感顺滑，水分较多，不能久放。	表面有白霉菌繁殖的奶酪，由外向内慢慢熟制，因此越往内部越柔软，切开时有浓稠感。	4～6个月熟制期间，让蓝霉菌在内部繁殖的奶酪。含有较多盐分，有独特的味道并略带苦味。
水洗类	**羊奶类**	**硬质类**
熟制期间，以盐水或者酒类先洗净表面的奶酪。散发强烈香气，黏稠浓郁。	以山羊奶为原料制成风味强烈的奶酪。为使其成为霉菌更易繁殖的环境，表面会撒上木炭粉。	放置1年以上熟制的奶酪。含水量为32%～38%，因此较为坚硬，多半刨削使用。

奶酪的形状

为配合甜点制作，加工过的奶酪更方便使用

切成粒状可搅拌到面糊中，粗丝状的可以撒入塔中，粉类则撒粉装饰。

粒状

粗丝状

粉状

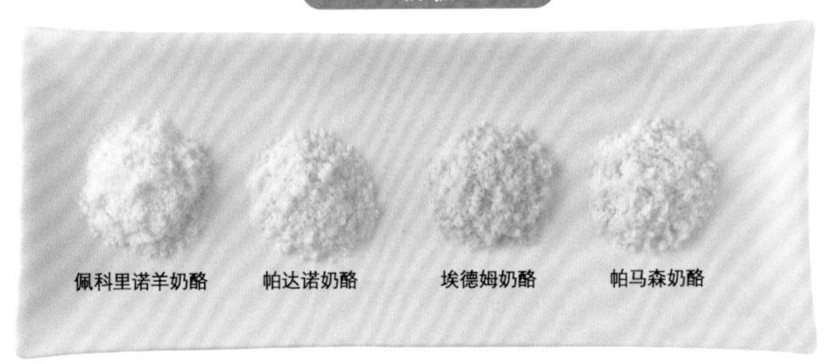

奶酪的种类

介绍一下适合搭配甜点的味道浓郁的奶酪

切达奶酪

颜色稍浓，香气浓郁，搭配杏仁丰富了甜点的味道。

莫苏里拉奶酪

水牛奶制成的新鲜奶酪，有弹性，拌入面糊时非常筋道。

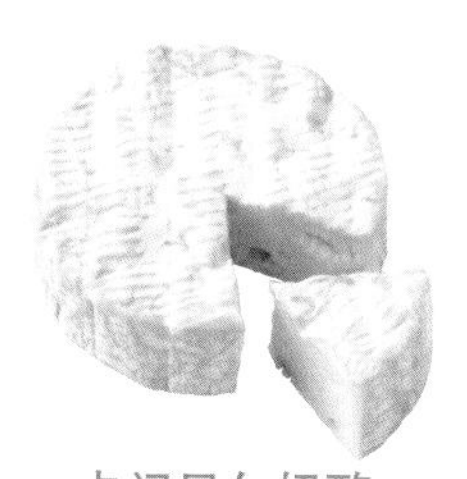

卡门贝尔奶酪

白霉奶酪的代表，口感黏稠，夹在派皮中烘烤后绵软鲜香。

奶油奶酪

混合牛奶、淡奶油等制作而成，味道柔和，制作奶酪蛋糕时必不可少。

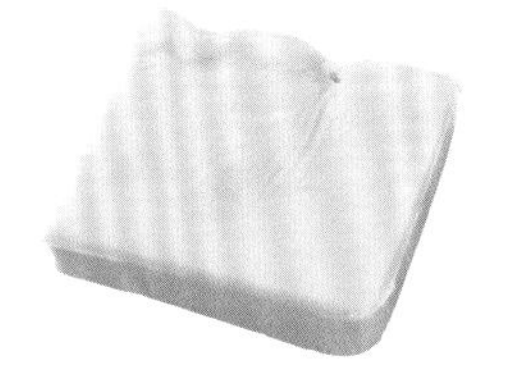

埃曼塔奶酪

有着果实的香气，整体呈可按压的柔软状态，可以加入法式咸派或者派当中。

古老也奶酪

用于奶酪火锅，口感坚硬，味道浓郁。也可以切碎加入饼干面团中。

高达奶酪

紧实坚硬，有着黄油的味道，切碎放在甜点上。

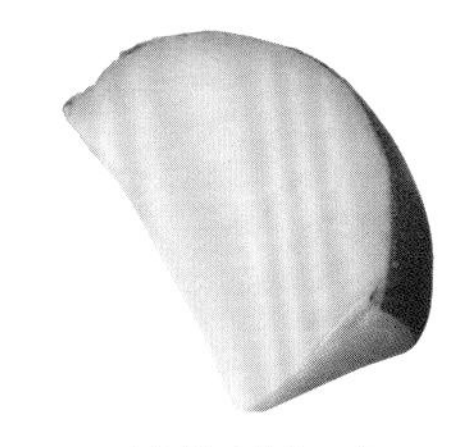

埃德姆奶酪

出口时为保护表面，会用红蜡密封，口味普通温和。

乡村奶酪

以脱脂牛奶等为原料制作的新鲜奶酪，清淡的口味非常适合法式咸蛋糕。

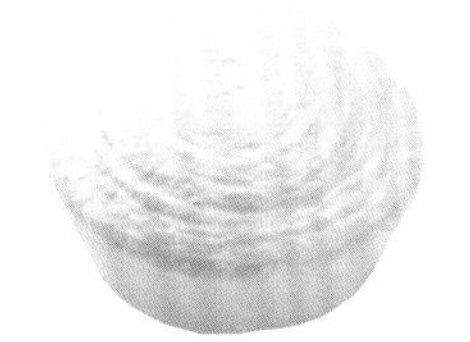

瑞克达奶酪

口感略甜，质地如豆腐般柔软，用于慕斯时，呈现奶油般顺滑的口感。

白奶酪

凝固乳脂制作的新鲜奶酪，味道浓郁，略酸，适合戚风蛋糕。

马斯卡彭奶酪

味道柔和甘甜，常用于提拉米苏，也可以放入果冻中。

决定奶酪蛋糕味道的关键?

烤奶酪蛋糕

感受浓郁的奶酪味道，最好使用清淡的水洗类奶酪。

轻奶酪蛋糕

味道浓郁，入口即化，也可以添加白霉奶酪提味。

舒芙蕾奶酪蛋糕

口感松软绵柔，味道温和，很适合少盐的新鲜类奶酪。

罗科夫蓝纹奶酪

香气独特，含盐分较高的蓝纹奶酪，适合搭配蜂蜜和水果的甜点。

甜点制作的辅助材料7

可可粉·巧克力

制作甜点时，不使用市售的巧克力成品，而是甜点制作专业店销售的、用于加工的品种。多了解一些关于巧克力的原料、可可豆的知识吧。

使用制作甜点专用的巧克力，可以让成品更加完美

如第138页介绍，巧克力当中含有可可脂、可可膏、砂糖和乳脂成分。

即使是单一的巧克力，味道和口感也会因厂商的制作方法、成分比例有所不同，各有千秋。其中也有比较昂贵的产品。可以做成惊艳的苦味或柔和的味道，搭配理想中的甜点选择适合的巧克力。

所谓调温巧克力，指的是含有较多可可脂，融化时流动性较好的巧克力。

可可脂较多时入口即化，凝固时有光泽，因此也适合用在慕斯或者甘纳许等甜点的制作上。

制作巧克力甜点时，必须多加注意，以免成品变质。室温升高时，巧克力的结晶会被破坏，影响光泽，因此操作时要将室温保持在约20℃。

另外，保存巧克力时，要避免高温潮湿的环境，也避免太阳直接照射。

用可可豆制成巧克力

必须去除可可豆的外皮烘烤，增加以可可粒制成的可可泥，添加乳脂成分和糖粉，调整制作而成。

可可粉的结构

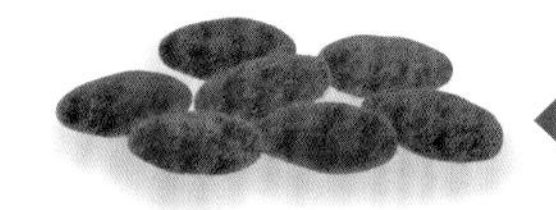

可可粉固体成分 45% ← | 可可脂 55%

可可豆的加工

从可可豆到巧克力的制作过程，
在甜点制作中，可以用少量来调整苦味或甜味。

可可脂

从可可豆中提炼出的天然油脂成分。在低温时呈凝固状态，但遇到高温就会液化。搅拌到巧克力中可以提高流动延展性。

可可粒

可可豆烘焙压碎后，取出外皮和胚芽物质。是可可粉味道的来源，因而味道略苦，加入饼干后就能尝出巧克力的味道。

可可膏

将可可粒融化成糊状，凝固而成。有强烈的巧克力味道，也可以代替苦甜巧克力使用。

可可粉

由可可膏分离出可可脂后制成的粉类，添加砂糖和乳脂成分，可以搅拌到面糊或者奶油馅中。

巧克力的种类

浇上巧克力或者用于搭配装饰，用途广泛。

巧克力削片

巧克力削下极薄的碎片，可以贴在蛋糕侧面用来装饰。

巧克力薄片

巧克力切成薄片，搅拌到面糊中，或者撒在甜点表面。

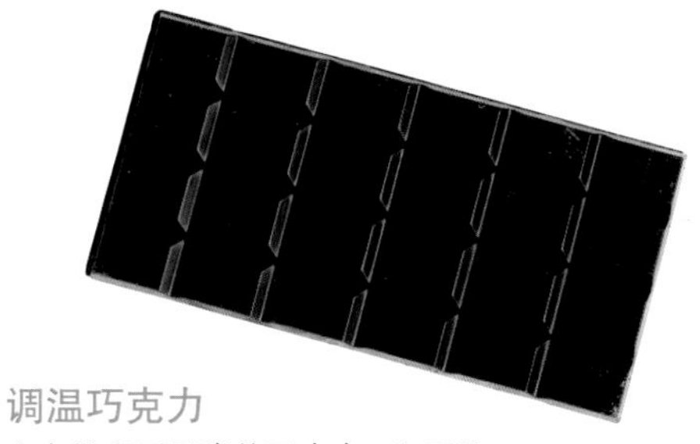

调温巧克力

含有较多可可脂的巧克力。入口即化，流动性好，适合制作甜点，也容易进行调温。

装饰用巧克力

不需要调温，只要融化即可。黄色是柠檬味道，绿色是哈密瓜味道，粉红色是草莓味道。

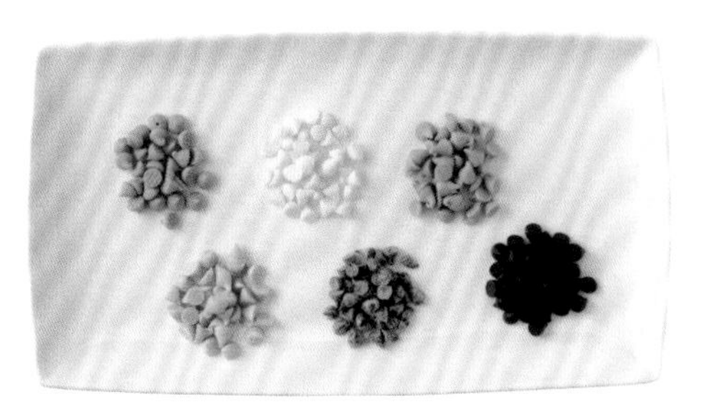

巧克力豆

耐热性强，搅拌到面糊中用烤箱烘烤后，还能留下痕迹，最适合用在玛芬和司康上。

巧克力糖浆

装饰冰淇淋用的装饰酱汁。浇上后会立刻变硬，也可以浇在打发淡奶油上。

转印纸

用可可脂上色，画上图案的转印纸，倒上调温过的巧克力，就能将图案转印到巧克力上。

甜点制作的辅助材料8

日式食材

日式甜点中大多使用别具一格的材料，加入西式甜点中，让甜点变身为日式风格，请一定用最受欢迎的粉类尝试挑战甜点。

想应景应季时，就选用日式甜点材料

与西式甜点不用，日式甜点主要是展现朴实的甜以及感受四季变幻的美。用于日式甜点的材料，有很多也非常适合与西式甜点搭配使用。

即使是初学者，也可以尝试使用抹茶粉。只要混入面糊或者奶油中，就能增加抹茶清新的口感，颜色也变成漂亮的绿色。等到熟悉甜点制作后，就可以在磨碎器中将自己喜欢的茶叶磨成粉末，研究私家专属口味。

学习日式甜点，可以将四季的味道融入甜点制作中。比如春天的盐渍樱花、夏天的南瓜、秋天的栗子和冬天的柚子等，遵循四季的变化来制作甜点。

另外，制作日式团子的米粉，可以代替低筋面粉使用。可以让蛋糕胚变成有弹性又柔软的成品，也可以搭配使用在蛋糕卷或者磅蛋糕中。请和低筋面粉一样过筛后使用。

米粉分成糯米粉和粳米粉。米粉不用担心面粉过敏的情况，所以非常适合做给小朋友吃。

挑战米粉甜点!

用米粉代替面粉，可以用在各种各样的甜点上。下面介绍使用米粉和豆腐的低卡路里磅蛋糕。

材料

（长18cm×宽7cm×高6.5cm的磅蛋糕模具）

嫩豆腐…100g

黑糖…90g

米粉…90g

黄油…70g

做法

①碗中放入嫩豆腐和黑糖，用打蛋器搅拌到顺滑。

②添加米粉继续搅拌，将黄油融化分3次加入，每次都搅拌均匀。

③在磅蛋糕模具中铺上烘焙纸，倒入②，连同模具一起在操作台轻敲2~3次，排出空气。

④等散出水蒸气后，放入蒸锅中，中火蒸30分钟。蒸熟后放置使其冷却。

茶叶的种类

可以将抹茶粉或者绿茶的茶叶混入甜点面糊中搭配，是很基本的变化，也可以尝试挑战比较少见的茶叶。

烘焙茶

用绿茶或者红茶烘焙煎好的茶叶。将茶叶捣碎后，放入布丁或者奶油中。

荞麦茶

将荞麦烘焙煎好。可以放入饼干面团，口感硬脆也是一大特色。

煎茶

将刚采摘的新芽蒸熟做成茶叶。将茶叶研碎后，放入玛德琳或者黄油蛋糕中，能丰富口感。

日式食材的种类

日式甜点中常用的食材，用在西式甜点中更彰显朴实的味道。

粉类

熟糯米粉

糯米蒸熟后干燥而成的一种米粉。撒入面糊中烘烤，口感脆硬。

黄豆粉

炒过的大豆去皮研磨而成的粉末，与黄油搅拌让香味更浓。

荞麦粉

荞麦籽脱皮制成的粉类。常用于奶油酥饼，可以增加饼干的色泽。

米粉

用糯米或者粳米等原料精制而成的粉类，代替低筋面粉制作的面糊，有弹性，口感柔软。

抹茶粉

涩味恰到好处，颜色鲜艳。可以搅拌在奶油和黄油中。

艾草粉

干燥煮过的艾草研磨成粉末。有强烈的苦味，只能使用少量来提味。

豆类

金时豆

也被称为大红豆，略带甜味。可以用于蛋糕卷或者咕咕霍夫等甜点中。

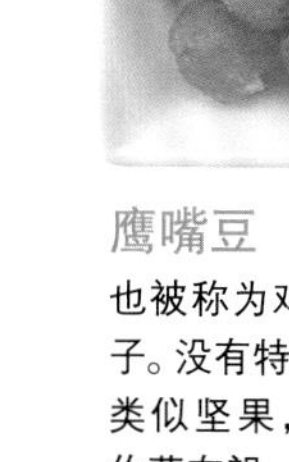

鹰嘴豆

也被称为鸡豆或者雪莲子。没有特殊味道，口感类似坚果，也能用于制作蒙布朗。

白豆

白芸豆，图片中是用糖浆浸渍而成，捣碎后可以用来制作豆沙馅。

豌豆

青豌豆。淡绿色，味道独特朴实，装饰在蛋糕上可增添装饰的色彩。

综合蜜豆

用砂糖煮过的豆类、栗子或莲子等，再撒上砂糖使其干燥。

糖蜜

抹茶糖蜜

在白糖蜜中混入抹茶粉制成。建议用于果冻或者冰淇淋装饰。

白糖蜜

融化冰糖后制成黏稠的液体。透明，加入酱汁中调味。

黑糖蜜

用水融化黑糖煮制而成，或者精制砂糖时，提炼出的糖蜜。非常适合搭配黄豆粉。

甜点制作的辅助材料9

洋酒

在面糊或者巧克力中滴几滴洋酒，味道立刻就会变得敦厚高雅。种类丰富，所以建议大家逐一尝试。

牢记洋酒的使用诀窍，可以让甜点制作更进一步。

在甜点中加入洋酒，可以加深味道，也能消除乳制品和鸡蛋的腥味。特别是使用含有香料成分的利口酒，更能诱发出甜点的甜味。

所谓利口酒，就是以威士忌或白兰地等蒸馏酒为基础，再加上水果、坚果、香草等制成。

比如，制作苹果塔时，可以使用同样以苹果为原料的苹果白兰地。同种水果搭配让味道更浓郁。特别是加在巧克力或者糖浆等甜味强烈的材料中，不仅味道香甜，而且优雅醇厚。另外，在第146页介绍过，也适合用于腌渍干燥水果。

酒精浓度较高的朗姆酒，或者甘甜香醇的杏仁香甜酒，只要使用少量即可。

很多味道珍贵的洋酒好不容易买来了，却并不常用。开始先买50ml的小瓶装，尝试鉴别一下各种洋酒的味道。

使用洋酒可以有这样的效果!

用于甜点时，
可以期待以下4种效果!

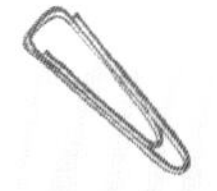

洋酒的效果

- 消除乳制品或鸡蛋的腥味
- 增加甜点的风味
- 抑制甜点中过度的甜味
- 使甜点易于保存

用刷子将酒糖液刷在海绵蛋糕胚上。

用于浸透

在蛋糕胚表面刷涂酒糖液（洋酒和糖浆的混合液），使其渗入蛋糕胚，可以让蛋糕胚口感更好，也更容易涂抹奶油馅。

可以抑制奶油的甜度，还能加深风味。

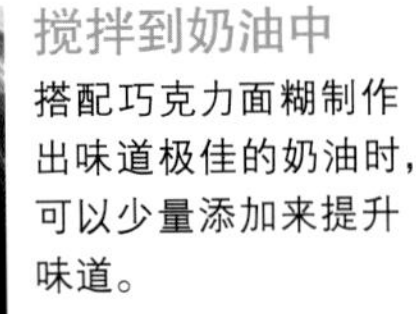

搅拌到奶油中

搭配巧克力面糊制作出味道极佳的奶油时，可以少量添加来提升味道。

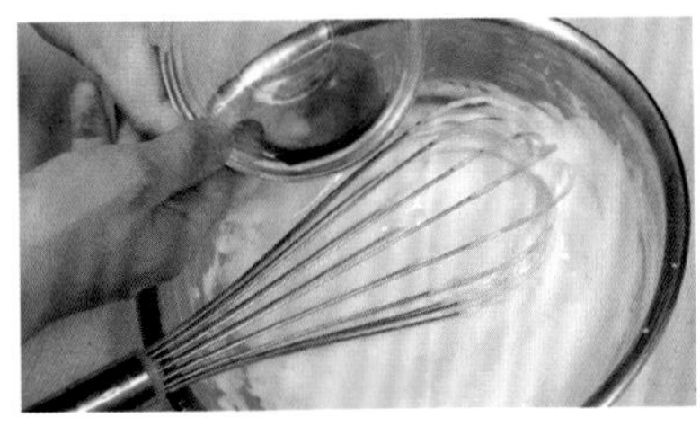

让一般面糊的味道立刻变得美味。

添加在面糊中

制作面糊的过程中，和鸡蛋同时加入，消除鸡蛋的腥味，丰富面糊烘烤完成时的味道。

在熬煮水果的同时添加洋酒。

油煎时使用

洋酒加热后会挥发掉酒精，只留下柔和的味道。也可以添加在苹果派的苹果熬煮阶段。

洋酒的种类

如果能备齐几种小瓶酒类，甜点制作会更加方便。

利口酒

黑樱桃酒

用意大利产的黑樱桃为原料，制作而成的透明利口酒。

杏仁香甜酒

由杏核中的萃取物为主要原料制作的利口酒。

香橙酒

干邑地区将苦橙皮糖渍，酒樽熟制的利口酒。

康图酒

苦橙和甜橙萃取出的香料制成。

咖啡利口酒

以咖啡豆为原料。保持咖啡芳香醇厚的风味。

黑加仑利口酒

以黑加仑为原料，是高甜度的深红利口酒。

柠檬利口酒

意大利的柠檬利口酒。由果皮制成，有清爽的甜味。

覆盆子利口酒

使用覆盆子制成的利口酒。有着清新爽快的香气。

蒸馏酒

樱桃白兰地

由发酵的樱桃果汁制成的白兰地。

朗姆酒

以甘蔗为原料制作的蒸馏酒。有深色朗姆酒，也有白色朗姆酒。

苹果白兰地

法国诺曼底地区以苹果为原料酿成的蒸馏酒。

伏特加

以大麦、黑麦、马铃薯等为原料，蒸馏制成。

白兰地

用果实酒等蒸馏储藏而成。

威士忌

以大麦、黑麦和玉米等谷物发酵酿成的蒸馏酒。

酿造酒

苹果酒

用苹果发酵制成的酒精饮料。

蒸馏酒和酿造酒有何不同？

酿造酒是以谷物或果汁等酒精发酵而成。蒸馏酒是蒸馏酿造酒，将酒精等挥发成分浓缩制成，蒸馏后的酒精刺激性较强，必须要使其熟制。

甜点制作的辅助材料10

香草

用于卡仕达奶油酱或者冰激凌，使甜点散发出有魅力的香甜气息，就是香草的力量。为了使香味完全挥发出来，请大家牢记香草正确的使用方法。

即使用过干燥后，也能散发出香气

本来香草豆荚有着四季豆般的绿色，经过不断的日晒干燥和熟制发酵后，变成黑色细长的形状。发酵使香草产生被称为香草醛的物质，这就是香气产生的原因。

使用香草醛的香料，有香草精和香草油。虽然使用方便，但香味仍不及香草豆荚。

香草豆荚，一般要切开外层，刮下香草籽来使用。香草籽有强烈的香气，香草豆荚有着温和的味道。因此，在甜点制作中两者都能加以利用。

想要让甜点有强烈香气时，可以切开香草豆荚，让香气转移到牛奶或者水分当中。放入香草豆荚和香草籽煮出香味后，取出香草豆荚。

如果只需要一点柔和香气时，不要切开香草豆荚，直接放入液体内煮出香味，煮后取出香草豆荚。

香草豆荚即使煮过一次，洗净干燥后，还能再次使用。或是在干燥后，与砂糖一起放入容器中，让香味转移到砂糖里，再放入食物料理机搅碎，就是香草糖，请过筛后使用。

香草豆荚

常见的市售香草豆荚，大多来自波兰。将香味转移到液体中，或者刮下香草籽放入甜点中使用。

香草豆荚的使用方法

刮出香草籽

用刀尖纵向切开香草豆荚，刮出其中的香草籽。搅拌到饼干面团或者蛋糕面糊中使用。

将香气移到液体

参考右侧说明将香草籽刮出，将香草豆荚连同香草籽一起放入液体中加热，将香味转移到液体后，过滤取出香草豆荚。

由香草制作而成的香料

将香草豆荚萃取的香气，溶入油脂当中，有强烈的香味，制作甜点时仅滴入数滴，就能增添香草味道。

香草油

容易渗入油脂中，即使加热也很难挥发，加入面糊等，用烤箱烘烤也可以保持香气。

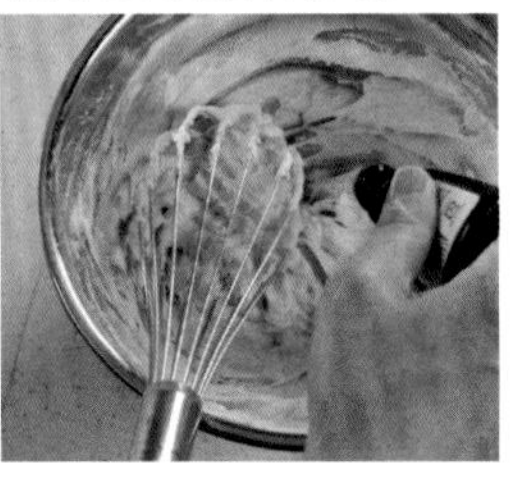

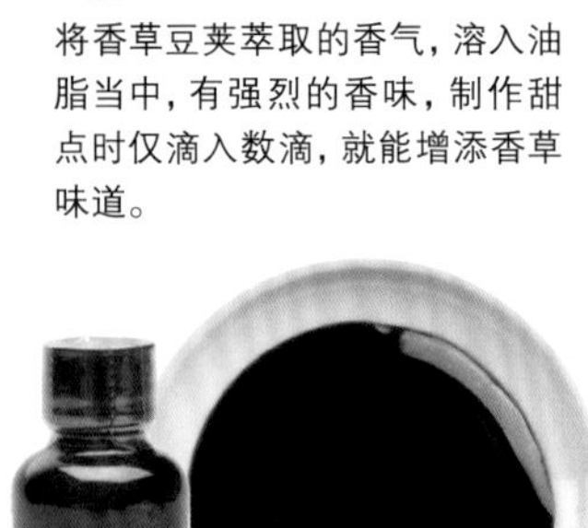

将香草豆荚萃取的香气，融入酒精当中。香气要比香草油淡一些。

香草精

一旦加热，香气就容易挥发，适合用于无需加热的果冻或者冰淇淋中。

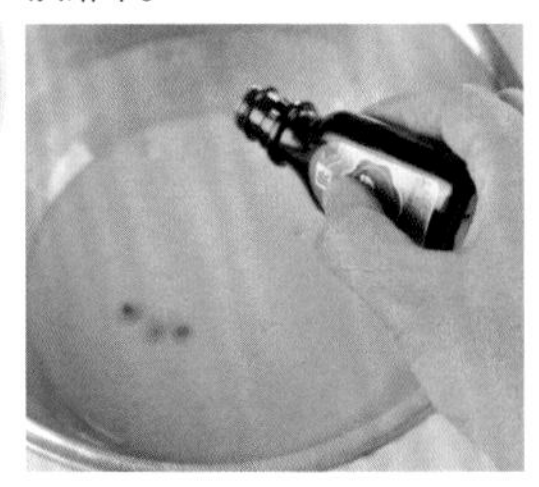

甜点制作的辅助材料11

膨胀剂

使甜点产生“膨胀”，除了面粉和鸡蛋的力量，膨胀剂也十分有用。要了解小苏打、泡打粉和酵母粉的作用。

化学反应制造甜点的膨胀

甜点制作商经常使用的泡打粉，主要成分就是小苏打。小苏打即碳酸氢钠，放入面糊中溶解，遇热发生化学反应分解，因而形成二氧化碳。二氧化碳让甜点膨胀起来。

泡打粉由小苏打添加磷酸盐制成。可以持续产生二氧化碳，所以用于多种甜点中。

特别是磅蛋糕或玛德琳等重油面糊，单凭面粉和鸡蛋的力量膨胀不够，需要放入泡打粉来补充。

泡打粉对温度和水产生反应，所以开封后一定要密封，存放时避开高温多湿的环境。

酵母菌是酵母的一种微生物。加入面团时，酵母菌活动产生二氧化碳，面团就会膨胀，这就叫“发酵”。

与泡打粉的膨胀稍有不同，发酵会产生面包一样蓬松的口感，适合用于甜甜圈和薄煎饼。

泡打粉

以小苏打为主要成分的膨胀剂。用烤箱加热，短时间就会膨胀，让甜点口感绵润。

事前过筛使用

和面粉、砂糖等其他粉类一起搅拌，过筛后使用。颗粒大小均匀，才比较容易搅拌。

使用泡打粉的甜点

玛德琳

重油面糊。高温烘烤，短时间就会膨胀。

司康

擀成厚3cm的面团，用切模压出形状后烘烤，膨胀成山型。

玛芬

将面糊倒入模具中8分满烘烤，面糊超出模具膨胀开来。

速溶酵母粉

酵母菌分为3类，新鲜酵母、酵母粉，还有使用方便的速溶酵母粉。

用在这样的甜点中

- 甜甜圈
- 华夫饼
- 薄煎饼

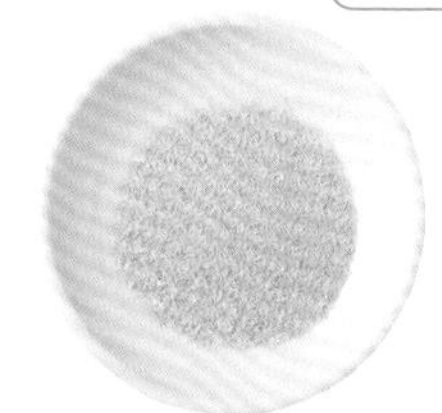

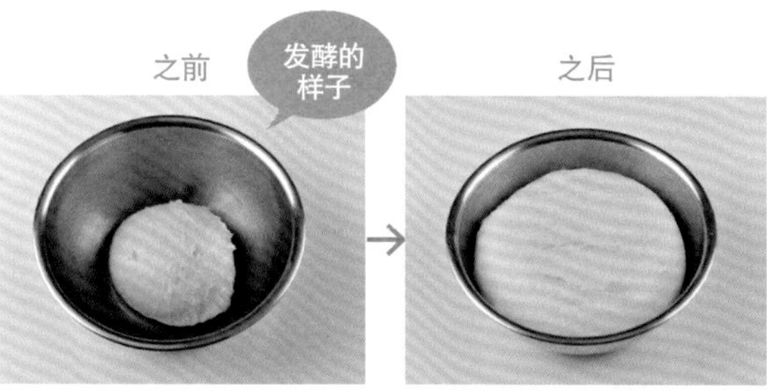

将面团揉圆后静置。酵母菌在30~40℃时最活跃。

产生二氧化碳，面团膨胀起来，散发出香味。

制作甜点用语词典

上色（Dorer）

烤出漂亮的颜色。在糕点上涂抹蛋黄，用烤箱烘烤，烤出焦黄色。

淋面（Nappage）

浇淋。为防止糕点和水果干燥，保持光泽，给糕点刷上一层薄薄的糖浆。

抹面（Napper）

涂抹奶油。装饰糕点时，将奶油均匀抹平。

叉孔（Piquer）

在面团上叉上小孔。派皮和塔皮在烘烤前叉上小孔，这样烘烤时面皮就不会膨胀。

撒粉（Farine）

揉合面团时，为了防止操作台和擀面棒或面团粘连，撒上高筋面粉再操作。

沸腾（Bouillir）

让液体沸腾。煮沸砂糖水做成焦糖，或者加热制作甘纳许用的淡奶油。

入模（Foncer）

将派皮等铺在模具中。要用派皮将模具塞满，这样才能烤出好看的形状。

发白（Blanchir）

制作分蛋海绵蛋糕糊（分蛋打发法）时，将蛋黄和砂糖搅拌到颜色发白。

焦化（Bruler）

用烙铁或者喷枪将糕点表面焦化，烧出焦黄色。焦糖布丁就是因表面焦黄得名。

油煎（Poeler）

用平底锅煎。制作苹果派时炒苹果，煎可丽饼皮。

腌渍(Macerer)

用酒或者糖浆腌渍水果。将干燥水果用酒腌渍,或者用红酒煮洋梨。

大理石(Marbre)

揉和面团时将大理石作为揉面垫(参考第9页)。因为不导热,所以可以保持低温操作。

混合(Melanger)

搅拌混合。这是制作面糊或奶油等制作甜点过程中的基本动作。快速搅拌叫做快速混合。

打发(Monter)

将蛋白打发成蛋白霜,将淡奶油打发成打发淡奶油。

缎带(Ruban)

缎带形状。制作海绵蛋糕时,将鸡蛋和砂糖一起打发,提起打蛋器时,可以用面糊画出缎带形状。

静置(Reposer)

制作饼干、派、塔等时,将面团放入冰箱暂时冷藏。这样可以减弱面团中面筋的作用。

划线(Rayer)

用蛋液涂抹糕点时,用刀子划线。制作闪电泡芙时用叉子划出花纹。

图书在版编目（CIP）数据

最详尽的甜点基本功教科书 / (日) 川上文代著；周小燕译. -- 北京：中国民族摄影艺术出版社, 2015.4
ISBN 978-7-5122-0689-2

Ⅰ. ①最… Ⅱ. ①川… ②周… Ⅲ. ①甜食－制作－教材 Ⅳ. ①TS972.134

中国版本图书馆CIP数据核字(2015)第084539号

TITLE：［ひと目でわかるお菓子の教科書　きほん編］
BY：［川上 文代］

策划制作：北京书锦缘咨询有限公司（www.booklink.com.cn）
总 策 划：陈 庆
策　　划：邵嘉瑜
设计制作：季传亮

书　名：最详尽的甜点基本功教科书
作　者：［日］川上文代
译　者：周小燕
责　编：张 宇 吴 叹
出　版：中国民族摄影艺术出版社
地　址：北京东城区和平里北街14号（100013）
发　行：010-64211754 84250639 64906396
网　址：http://www.chinamzsy.com
印　刷：北京美图印务有限公司
开　本：1/16 170mm × 240mm
印　张：11
字　数：120千字
版　次：2015年7月第1版第1次印刷
ISBN 978-7-5122-0689-2
定　价：48.00元